国家林业和草原局普通高等教育"十四五"规划教材

中国消防救援学院规划教材

森林火灾监测与预警

（第2版）

李 勇　殷继艳　主编

内 容 简 介

林火监测、预警是森林防火工作中非常重要的环节，是及时发现火情、科学扑救森林火灾的重要手段。近年来，世界上新的林火监测技术发展迅速，这些新技术的应用，大大提高了林火监测的及时性和准确性。本版教材重在介绍监测技术在森林防火中的应用，如红外线监测、电视监测、地波雷达监测、雷击火监测、微波监测和卫星监测等。随着社会的发展及科学技术的进步，气象科学、遥感技术、电子计算机、激光、通信和航空航天技术的蓬勃发展，化学和生物技术的不断革新，为森林防火提供了先进的手段和技术条件，加上现代科学管理的渗透，林火预警、响应机制的建立使得林火管理的模式从被动防火转变为主动防火，本版教材重在介绍这一根本性的变化。全书由 6 章构成，分别介绍绪论、林火预报、林火监测、森林火险区划、森林火险预警和森林火险预警响应的内容。编写过程中重视理论与实践相结合，在大量吸收森林火灾监测与预警方面的研究与发展的理论基础上，将林火预报、森林火险区划、林火监测和森林火险预警的基础理论、基本方法与实践相结合进行阐述，并在火险预报模型、卫星林火监测、森林火险预警和森林防火信息化方面辅以大量的实践应用实例，为读者学习提供参考。

图书在版编目（CIP）数据

森林火灾监测与预警 / 李勇，殷继艳主编. -- 2版.
-- 北京：中国林业出版社，2022.11（2025.1重印）
国家林业和草原局普通高等教育"十四五"规划教材
中国消防救援学院规划教材
ISBN 978-7-5219-1920-2

Ⅰ. ①森… Ⅱ. ①李… ②殷… Ⅲ. ①森林火—火灾监测—高等学校—教材②森林防火—预警系统—高等学校—教材 Ⅳ. ①S762

中国版本图书馆CIP数据核字（2022）第190096号

中国林业出版社·教育分社

策划、责任编辑：丰 帆　　　　责任校对：苏 梅
电　　话：（010）83143558　　传　　真：（010）83143516

出版发行	中国林业出版社（北京市西城区刘海胡同7号　100009）
印　刷	北京中科印刷有限公司
版　次	2018年2月第1版（共印1次） 2022年11月第2版
印　次	2025年1月第3次印刷
开　本	787mm×1092mm　1/16
印　张	12.5
字　数	296千字
定　价	39.00元

未经许可，不得以任何方式复制或抄袭本书之部分或全部内容。

版权所有　侵权必究

《森林火灾监测与预警》(第2版)
编写人员

主　　编：李　勇　殷继艳

副 主 编：赵国刚　张　恒　程朋乐

编写人员：（按姓氏笔画排序）

　　　　　王力承（中国消防救援学院）

　　　　　王玉霞（内蒙古农业大学）

　　　　　王爱斌（中国消防救援学院）

　　　　　田　甜（应急管理部北方航空护林总站）

　　　　　李　勇（中国消防救援学院）

　　　　　杨　林（应急管理部南方航空护林总站）

　　　　　杨　强（中国消防救援学院）

　　　　　张　恒（内蒙古农业大学）

　　　　　张　博（中国消防救援学院）

　　　　　郑　婷（中国消防救援学院）

　　　　　赵国刚（中国消防救援学院）

　　　　　殷继艳（中国消防救援学院）

　　　　　郭赞权（中国消防救援学院）

　　　　　黄　金（应急管理部北方航空护林总站）

　　　　　黄　琼（中国消防救援学院）

　　　　　程朋乐（北京林业大学）

　　　　　韩丽琼（中国消防救援学院）

　　　　　翟杰休（中国消防救援学院）

第2版前言

中国消防救援学院主要承担国家综合性消防救援队伍的人才培养、专业培训和科研等任务。学院的发展，对于加快构建消防救援高等教育体系、培养造就高素质消防救援专业人才、推动新时代应急管理事业改革发展，具有重大而深远的意义。学院秉承"政治引领、内涵发展、特色办学、质量立院"办学理念，贯彻对党忠诚、纪律严明、赴汤蹈火、竭诚为民"四句话方针"，坚持立德树人，坚持社会主义办学方向，努力培养政治过硬、本领高强，具有世界一流水准的消防救援人才。

教材作为体现教学内容和教学方法的知识载体，是组织运行教学活动的工具保障，是深化教学改革、提高人才培养质量的基础保证，也是院校教学、科研水平的重要反映。学院高度重视教材建设，紧紧围绕人才培养方案，按照"选编结合"原则，重点编写专业特色课程和新开课程教材，有计划、有步骤地建设了一套具有学院专业特色的规划教材。

系列教材以马克思列宁主义、毛泽东思想、邓小平理论、"三个代表"重要思想、科学发展观、习近平新时代中国特色社会主义思想为指导，以培养消防救援专门人才为目标，按照专业人才培养方案和课程教学大纲要求，在认真总结实践经验，充分吸纳各学科和相关领域最新理论成果的基础上编写而成。教材在内容上主要突出消防救援基础理论和工作实践，并注重体现科学性、系统性、适用性和相对稳定性。

本教材由中国消防救援学院李勇、殷继艳任主编，赵国刚、张恒、程朋乐任副主编。参加编写的人员及分工：殷继艳、程朋乐、韩丽琼（第1章），王爱斌、张博、翟杰休、郑婷（第2章），赵国刚、杨林、黄金、杨强（第3章），殷继艳、张恒、田甜（第4章），李勇、郭赞权、黄琼（第5章），李勇、王玉霞、王力承（第6章）。

本教材在编写过程中，得到了应急管理部、相关院校及科研院所的大力支持和帮助，谨在此深表谢意。

由于编者水平所限，教材中难免存在不足之处，恳请读者批评指正，以便再版时修改完善。

中国消防救援学院教材建设委员会
2022年1月

第 1 版前言

森林防火的观念、战略、政策随着科学技术的发展而发展，森林防火的各种问题由于科学技术的突破才得以解决。近年来，世界各地森林火灾频繁发生，气候变暖和极端天气增多，导致全球进入森林火灾高发期。当前，森林资源日益增长，林内可燃物载量持续增加，加之极端天气的频繁出现，我国也进入了森林火灾的易发期和高危期，森林防火形势极其严峻，森林火灾已成为我国生态文明建设成果和森林资源安全的最大威胁。进入 21 世纪，虽然各国政府都加大了在林火管理和经费上的投入，森林火灾并没有减小的迹象，因此，森林防火仍是各国政府面临的重要课题。当前，我国森林防火面临着许多新的问题，如森林防火经费不足、火源管理难度大、预防措施不落实、扑火指挥决策困难等，都需通过提高森林防火的科技水平来解决，其中，对森林火灾监测与预警作用也急需有新的认识和提高。

林火监测、预警是森林防火工作中非常重要的环节，是及时发现火情、科学扑救森林火灾的重要手段。近年来，世界上新的林火监测技术发展相当迅速，如红外线监测、电视监测、地波雷达监测、雷击火监测、微波监测和卫星监测等。这些新技术的应用，大大提高了林火监测的及时性和准确性。随着社会的发展及科学技术的进步，气象科学、遥感技术、计算机、激光、通信和航空航天技术的蓬勃发展，化学和生物技术的不断革新，为森林防火提供了先进的手段和技术条件，加上现代科学管理的渗透，林火预警、响应机制的建立使得林火管理的模式从被动防火转变为主动防火，发生了根本性的变化。

林火监测预警与其他学科存在着广泛的联系，主要涉及林学、数学、物理学、计算机和气象学等领域，还引进了遥感、空间和航空先进技术，对整个国家和部分特殊地区进行森林火险预报、林火监测、清查火灾造成的损害、损失评估、监测森林的重建状况提供数据和理论支撑。我国在林火监测与预警的道路上仍相对落后，互联网的发展和经济的腾飞为林火监测与预警提供更多的机会和空间，林火的预报、监测和预警等系统逐渐通过信息化技术整合在一起，随着森林防火物联网应用、森林防火信息化管理、辅助决策系统构建、防火综合管理系统构建等工作的推出，火险预报模型、卫星林火监测和森林火险预警等方面的研究和发展，在提高协同作战能力的同时，实现了"预防为主、积极消灭"的战略方针。森林火灾监测与预警研究是当前和今后一段时期内面临的重要课题之一。

本教材由 7 章及附录构成，编写过程中重视理论与实践相结合，在大量吸收森林火灾监测与预警方面的研究与发展的理论基础上，将林火预报、森林火险区划、林火监测和森林火险预警的基础理论、基本方法与实践相结合进行阐述，并在火险预报模型、卫星林火监测、森林火险预警和森林防火信息化方面辅以大量的实践应用实例，为读者学习提供参考。教材编写立求简要、务实，可作为林业本科院校林学及相关专业教材，亦可作为防火相关专业研究生的参考书，还可作为林业从业人员参考资料。

本教材的结构和大纲由殷继艳提出，第1章由殷继艳、李勇、张国壮、张恒编写；第2章由李勇、殷继艳、张国壮、王玉霞编写；第3章由张国壮、郭亚娇、阚振国、郭赞权编写；第4章由殷继艳、郭亚娇、刘东明、张恒编写；第5章由李勇、殷继艳、卢玉梅、王忠良、王希才编写；第6章由李勇、阚振国、王玉霞、吴建国编写；第7章由张国壮、殷继艳、李勇、吴建国编写。全书由殷继艳、李勇和张国壮负责统稿。

本教材在编写过程中得到了国家森林防火指挥部办公室、国家林业局调查规划设计院、内蒙古农业大学、中国林业科学研究院、吉林省林业科学研究院、黑龙江省森林保护研究所等单位领导和同仁的关心、支持、帮助和指导，在此表示最诚挚的谢意！

本教材在以往研究的基础上，综合本教学研究团队近些年的教学、科研和实践进行编写，教材吸收了森林火灾监测与预警相关领域的最新研究，更新与修订了部分理论知识，并根据林业领域的最新发展，列举了很多范例和案例以利于读者更好地学习与参考，迎合森林防火工作发展的需要。由于时间仓促和水平所限，难免有不足和遗漏之处，恳请各位读者提出宝贵意见，以便再版时进一步完善。

编　者

2017年6月

目录

第 2 版前言
第 1 版前言
第 1 章 绪论 ··· 001
    1.1 林火监测与预警基础 ··· 002
        1.1.1 应急管理 ·· 002
        1.1.2 森林火灾应急管理 ·· 004
        1.1.3 林火监测、报告与预警机制 ······································ 006
    1.2 林火监测与预警体系构成 ··· 006
    1.3 林火监测与预警的意义 ·· 008
        1.3.1 林火管理的出发点 ·· 008
        1.3.2 管理策略的引导标 ·· 009
        1.3.3 防火工作的警示钟 ·· 009
    1.4 林火监测与预警的历史沿革与展望 ······································· 010
        1.4.1 森林火险预警的发展历史 ··· 010
        1.4.2 林火预测预报的发展 ··· 011
        1.4.3 展望 ·· 013
    思考题 ··· 015

第 2 章 林火预报 ·· 016
    2.1 林火预报基础 ··· 017
        2.1.1 概念 ·· 017
        2.1.2 分类 ·· 019
        2.1.3 预报因子 ·· 020
    2.2 林火预报方法 ··· 025
        2.2.1 林火预报的学科基础 ··· 025
        2.2.2 林火预报的研究方法 ··· 026

  2.2.3 林火预报方法介绍 ·············· 028
 2.3 林火预报应用 ····················· 034
  2.3.1 我国火险天气等级 ·············· 034
  2.3.2 美国国家火险等级系统（NFDRS）······ 041
  2.3.3 加拿大森林火险等级预报系统（CFFDRS）·· 044
 思考题 ·························· 046

第 3 章 林火监测 ···················· 047

 3.1 林火监测体系 ····················· 048
  3.1.1 林火监测国内外发展现状 ············ 048
  3.1.2 林火监测体系的构成 ·············· 049
 3.2 地面巡护 ······················ 050
  3.2.1 地面巡护的任务和特点 ············· 050
  3.2.2 地面巡护的组织形式 ·············· 051
  3.2.3 巡护路线和方法 ················ 052
  3.2.4 地面巡护的优势与不足 ············· 052
 3.3 近地面监测 ····················· 053
  3.3.1 瞭望塔监测 ·················· 053
  3.3.2 视频监测 ··················· 056
  3.3.3 其他近地面监测 ················ 058
 3.4 航空巡护 ······················ 060
  3.4.1 飞机巡护 ··················· 060
  3.4.2 无人机巡护 ·················· 065
 3.5 卫星监测 ······················ 068
  3.5.1 卫星在林火监测中的作用 ············ 068
  3.5.2 林火卫星监测技术 ··············· 069
  3.5.3 国内外林火卫星监测研究及应用 ········· 072
  3.5.4 全国卫星林火监测信息网 ············ 073
 思考题 ·························· 074

第 4 章 森林火险区划 ·················· 075

 4.1 森林火险区划基础 ··················· 076
  4.1.1 内涵 ····················· 076

    4.1.2 原则 077
    4.1.3 现状 078
  4.2 森林火险区划结果及应用 080
    4.2.1 森林火险区划的基础工作 080
    4.2.2 森林火险区划结果 083
    4.2.3 区域结果应用 083
  4.3 森林防火区划区域特点 088
    4.3.1 森林火灾高危区 088
    4.3.2 森林火灾高风险区 094
    4.3.3 一般森林火险区 099
  思考题 104

第5章 森林火险预警 105
  5.1 森林火险预警基础知识 106
    5.1.1 预警的理论基础 106
    5.1.2 预警的内涵 109
  5.2 森林火险预警机制 115
    5.2.1 概念 115
    5.2.2 主要任务 117
    5.2.3 预警分级 119
    5.2.4 预警的发布、解除和级别调整 119
    5.2.5 森林火险预警的流程 121
    5.2.6 森林火险预警的常用技术方法 122
  5.3 森林火险预警信号 124
    5.3.1 森林火险预警信号分类 124
    5.3.2 我国森林火险预警信号标识 124
    5.3.3 森林火险预警信号发布 126
  5.4 森林火险监测预警信息化 127
    5.4.1 信息化基础 127
    5.4.2 监测预警信息化现状 128
    5.4.3 监测与预警信息技术应用 133
  思考题 141

第 6 章　森林火险预警响应 ………………………………… 142

6.1　森林火险预警响应原则与任务 ………………………… 143
6.1.1　原则 …………………………………………………… 143
6.1.2　任务 …………………………………………………… 144

6.2　森林火险预警响应机制 ………………………………… 145
6.2.1　级别划分 ……………………………………………… 145
6.2.2　总体规则确立 ………………………………………… 146
6.2.3　预案编制 ……………………………………………… 149
6.2.4　发展完善 ……………………………………………… 152

6.3　森林火险预警响应实施 ………………………………… 155
6.3.1　基本原则、任务和业务程序 ………………………… 155
6.3.2　森林火险预警响应状态 ……………………………… 158
6.3.3　林火预防体系、机制的构建 ………………………… 165

思考题 …………………………………………………………… 172

参考文献 ………………………………………………………… 173
附录　国家森林草原火灾应急预案 …………………………… 175

第1章 绪论

监测与预警是《中华人民共和国突发事件应对法》规定的4项突发事件应对活动之一，而森林火灾监测与预警是国家将森林火灾纳入应急管理体系之后，按照应急管理原理对原有森林防火运行机制进行科学化调整的新产物。森林火灾监测与预警既有自然科学知识又有社会科学知识，既有理论基础又有技术应用，是一个复杂的综合系统。

1.1 林火监测与预警基础

1.1.1 应急管理

1.1.1.1 概念与内涵

根据《国家突发公共事件总体应急预案》和《中华人民共和国突发事件应对法》，突发事件是指突然发生，造成或者可能造成严重社会危害，需要采取应急处置措施予以应对的自然灾害、事故灾难、公共卫生事件和社会安全事件。其中，自然灾害主要包括水旱灾害、气象灾害、地震灾害、地质灾害、海洋灾害、生物灾害和森林草原火灾等；事故灾难主要包括工矿商贸等企业的各类安全事故、交通运输事故、公共设施和设备事故、环境污染和生态破坏事件等；公共卫生事件主要包括传染病疫情、群体性不明原因疾病、食品安全和职业危害、动物疫情以及其他严重影响公众健康和生命安全的事件；社会安全事件主要包括恐怖袭击事件、经济安全事件和涉外突发事件等。

应急管理是指可以预防或减少突发事件及其后果的各种人为干预手段。应急管理可以针对突发事件实施，从而减少事件的发生或降低突发事件作用的时空强度；也可以针对承灾载体实施，从而增强承灾载体的抗御能力。应急管理的环节可以归纳为突发事件的预防与应急准备、监测与预警、应急处置与救援、事后恢复与重建等应对活动。

1.1.1.2 内容与特征

突发事件的应急管理通常包括自然灾害应急管理、事故灾难应急管理、公共卫生事件应急管理和社会安全事件应急管理。本书只针对自然灾害应急管理进行论述，其他3类应急管理不再赘述。

自然灾害应急管理是指政府等社会组织在应对突发自然灾害的整个过程中，通过建立必要的应急体系以及管理体制和机制，采取一系列必要措施，防范和降低自然灾害所带来的人民生命财产损失，恢复社会运行秩序，促进社会和谐健康发展的有关活动。自然灾害应急管理，既有总体上的全面把握推进，也有分地区、分部门和分类别的有重点和有针对性的管理；既可以基于不同的自然灾害类别开展一系列管理活动，也可以基于自然灾害发生演变的过程进行管理。

（1）自然灾害应急管理的内容

① **预防与应急准备** 自然灾害应急管理所强调的预防与应急准备是指为灾害应急响应与处置，保障应急需要，以尽可能降低灾害损失，在自然灾害未发生时和灾害发生前所做的一切防范和准备工作。主要包括：应急管理组织与制度建设（管理体制、机制和法律制度以及预案等）、应急救援队伍建设、应急物资和装备保障、应急资金保障、防灾减灾工程与技术准备、演练与宣教等。

② **监测、预报和预警** 监测是指专业和群众性的自然灾害监测网和监测体系监视成灾预兆，

测量变异参数及灾害发生后对灾情进行监视和评估等。

预报分为长期、中期、短期预报和临灾预报，通过对自然灾害的监测提供数据和信息，进行示警和预报，是自然灾害管理工作的前期准备和灾害发生后进行再应对和管理的科学依据。

自然灾害的预警是指由指定部门或机构根据监测和预报信息等做出的自然灾害即将发生并要求开展应急准备的警示通告。科学的监测、预报和预警机制是开展应急管理、最大限度地减轻自然灾害所带来危害的重要前提。自然灾害的监测应急管理不仅要求进行保持实时数据信息监测，还应当建立或者确定区域统一的特定类别自然灾害信息系统，汇集、储存、分析、传输有关自然灾害的信息，并与上下级政府及其有关部门、专业机构、监测网点和毗邻地区的突发事件信息系统实现互联互通，加强跨部门、跨地区的信息交流与情报合作。自然灾害发生前大多可以进行预警。我国有关法规规定，自然灾害的预警级别，按照其发生的紧急程度、发展势态和可能造成的危害程度分为一级、二级、三级和四级，分别用红色、橙色、黄色和蓝色标示，一级为最高级别。预警是对即将可能发生的自然灾害情况的一种警示通告，同时也蕴涵着对预警区域政府、社会单位和民众采取相应自然灾害防范措施的提示和要求。宣布进入预警期后，政府应当根据即将发生的突发事件的特点和可能造成的危害，采取相应措施：如预案的启动、应急物资的调拨和人员临战的准备等。

③ **应急响应、处置与救援** 应急响应、处置与救援是指各种应急资源在灾害发生、预警发布或预案启动后，迅速进入各自应急工作状态，并按应急管理指挥机构的部署和指令安排迅速开展应急处置和救援活动，消除、减少事故危害，防止事故扩大或恶化，最大限度地降低事故造成的损失或危害，直至应急响应结束。按过程可分为接警与响应级别确定、应急启动、开展救援行动、应急恢复和应急结束等。

应急响应、处置和救援是自然灾害应急管理的核心环节，是由一系列极为复杂的、社会性的、半军事化的紧急行为组成的高速运转的复杂动态系统。在这一系统中，各要素、子系统均围绕着搜寻、抢救人民生命财产和次生灾情的抢险而展开。

④ **灾后恢复与重建** 灾后恢复与重建的主要工作是迅速恢复社会生活、生产和经济秩序，实现由"战时"向"平时"的转化。一次大灾过后，各种建筑设施的破坏，工矿企业的停产，金融贸易的停滞，家庭结构的破坏等均会引起巨大的衍生损失，因此为了尽快安置灾民、恢复生产，必须强调灾后重建工作的极端重要性。在灾后恢复与重建的过程中，资金和政策支持极为重要。在自然灾害应急处置结束或者恢复重建工作基本结束之后，还需对本次自然灾害的发生发展情况和应急管理情况做认真的总结。这里所指的总结，既包括对经验教训的总结，更重要的是为健全应急体系，提高应急管理能力，防范未来发生自然灾害起重要的支撑作用。

（2）自然灾害应急管理的特征

① **自然灾害应急管理的主体是政府及其他公共组织** 影响范围大是自然灾害的主要特点之一，自然灾害应急管理属于公共管理的范畴，因而其主体与一般公共管理的主体是一致的。政府和其他公共组织机构除了常规管理之外，还应居安思危，准备和应对各种可能出现的紧急情况。自然灾害应急管理机构主要是政府综合部门和相关专业部门，同时还有行使公共管理职能的其他公共机构，如非政府组织（NGO）、社会公共事业单位等。突发事件应急管理是通过建立必要的应对机制来防范和化解危机，不同于一般的公共管理。常规的公共管理机制不足以处理突发的、

不确定的、易变的、破坏性强的自然灾害等突发事件，需要通过特殊的机制，采取特殊的应对手段，建立起相应的、完整的、严密的灾害管理体制与运作机制，其中包括必要的机构设置。

② **自然灾害应急管理的目的是防范自然灾害、减轻灾害损失和恢复秩序**　自然灾害应急管理是全方位、全过程的管理工作，是一个完整的系统工程。自然灾害管理包括事前预防、事发应对、事中处置和善后管理几个环节，通过建立必要的应对机制，采取一系列必要措施，保障公众生命财产安全，促进社会和谐健康发展。应急管理应坚持六大原则，即以人为本、减少灾害的原则，居安思危、预防为主的原则，统一领导、分级负责的原则，依法规范、加强管理的原则，协同应对、快速反应的原则和依靠科技、全民参与的原则。自然灾害应急管理最为强调的是已经发生的自然灾害事件，通过预警、应急响应、组织群众疏散、实施灾民救助和人工干预灾害，以缓解灾害发展，减少由灾害造成的损失。同时，自然灾害应急管理并不排除在日常工作中未雨绸缪，做好自然灾害事件防范工作，以降低由于自然灾害发生可能带来的损失。自然灾害过后，自然灾害应急管理并未结束，还需着手组织家园重建、心理抚慰、生产生活秩序恢复等工作。

③ **"一案三制"是自然灾害应急管理工作有效开展的保证**　所谓"一案三制"，是指自然灾害应急预案和自然灾害应急管理的体制、机制与法制。其中，体制设计解决的是应急管理主体的问题，包括应急指挥主体、协调主体、行动主体等。机制设计解决的是应急响应程序的问题，包括预防与准备机制、监测与预警机制、响应机制、联动机制和保障机制等。法制设计解决的是应急规则问题，对应急响应主体之间的权责关系和应急响应程序的合法性进行明确的法律界定。健全科学的自然灾害应急预案，拟定处置应对自然灾害的基本规则和程序，保证自然灾害应急管理有章可循，是突发自然灾害事件应急响应的操作指南。自然灾害应急管理体制和机制，对应着应急管理的组织机构、权责关系、运行机理和制度。自然灾害应急管理要求建立健全、集中、统一和强有力的指挥机构，建立健全领导指挥和组织的责任制，形成强大的社会动员体系，形成统一指挥、功能齐全、反应灵敏、相互协调、保障有力、运转高效的应急机制。自然灾害应急管理的法制，主要是指要依法开展自然灾害应急管理工作，努力使自然灾害的应急处置逐步走向规范化、制度化、法制化轨道，并注意通过对实践的总结，促进法律、法规和规章的不断完善，做到有法可依、有法必依、执法必严、违法必究。

④ **自然灾害应急管理是一项意义重大的社会管理工作**　加强应急管理，提高预防和处置包括自然灾害在内的各种突发事件的能力，是关系经济社会发展全局和人民群众生命财产安全的大事；是构建和谐社会的重要内容；是坚持以人为本、执政为民的重要体现；是全面履行政府职能，进一步提高行政能力的重要方面。通过加强自然灾害应急管理，可以最大限度地预防和减少自然灾害的发生及其造成的损害，保障公众的生命财产安全，维护国家安全和社会稳定，促进经济社会全面、协调、可持续发展。

1.1.2　森林火灾应急管理

2018年，我国成立应急管理部之后组建新的国家森林草原防灭火指挥部，森林防火已从传统的部门业务迈入大国应急的范畴。总体来看，我国应急体系经历了不同寻常的建设过程，时间短、基础弱、底子薄，依然面临巨灾风险，应急管理体系和能力现代化建设亟待完善。

在"应急管理"的概念出现之前，我国对于森林火灾的应对多使用"森林防火"，即

"防止森林火灾发生、防止森林火灾蔓延"，包括森林、林木和林地火灾的预防和扑救。而随着应急管理理论的成熟和国家体制机制改革的深化，森林防火、灭火分属不同部门管理，形成"防"、"灭"分治的形势，同时森林火灾应急管理也逐渐形成了完整的体系，包括森林火灾应急管理法规制度、体制和机制，具体工作则包含火灾的预防、监测预警、扑救、保障和善后处置等。

法规制度建设方面，2008年12月1日，国家总理温家宝签署国务院令公布了修订后的《森林防火条例》，该修订条例自2009年1月1日起实施。《森林防火条例》是依据《中华人民共和国森林法》制定的，适用于我国境内非城市市区森林火灾的预防和扑救，共计6章56条，对森林火灾的预防、扑救、灾后处置和法律责任做出了规定，是森林火灾应急管理的根本制度。

除《森林防火条例》外，云南、四川、贵州、重庆等省、直辖市也依据《中华人民共和国森林法》《森林防火条例》等有关法律法规，结合各省市实际情况制定了各自的地方性条例，如于2012年5月1日开始实施的《云南省森林防火条例》等。

体制建设方面，依据《森林防火条例》规定，我国的森林防火工作实行各级人民政府行政领导负责制。在我国，从中央到辖区有森林的地方各级人民政府均设有森林草原防灭火指挥部（根据具体情况，可由地方政府直接负责），指挥部下设办公室。森林草原防灭火指挥部总指挥或指挥长一般由各级应急管理或林业主管部门第一负责人兼任，必要时由各级人民政府行政首长或分管领导兼任；副指挥长或副总指挥由与森林火灾防范和扑救直接相关部门领导担任，承揽单位涉及林草、发改、民政、公安、财政、交通、通信、卫生、广电、气象、军队、武警、新闻宣传以及外交外事等部门。森林火灾的扑救，按照属地管理、分级负责、专群结合的原则，由当地人民政府或者森林草原防灭火指挥部统一组织和指挥，同时将火情和扑救情况按规定逐级上报市森林草原防灭火指挥部。当森林火灾发生时，根据情况可成立扑火前线指挥部。

国家森林草原防灭火指挥部是代表国务院行使森林防火工作组织领导、指挥协调、监督检查职能，指导各地、各部门开展森林火灾预防和扑救工作的领导机构。国家森林草原防灭火指挥部办公室设在应急管理部，其主要职责为：联系指挥部成员单位，贯彻执行国务院、国家森林草原防灭火指挥部的决定和部署，组织检查全国森林草原火灾防控工作，掌握全国森林草原火情，发布森林草原火险和火灾信息，协调指导重大、特别重大森林火灾扑救工作，督促各地查处重要森林火灾案件，承担国家森林草原防灭火指挥部日常工作。遇有重大、特别重大森林火灾时，国家森林草原防灭火指挥部总指挥可决定启动《国家森林草原火灾应急预案》，按《应急预案》要求开展各项工作。

地方各级人民政府设立森林草原防灭火指挥部，由政府主要领导或主管领导任指挥部总指挥，有关部门和当地驻军领导为指挥部副总指挥、成员。森林草原防灭火指挥部是同级人民政府的森林火灾应急指挥机构，负责本行政区的森林防火与火灾应急管理工作。地方森林草原防灭火指挥部办公室按需要设立，并在指挥部的领导下开展以下工作：宣传并组织实施有关森林草原防火的法律、法规和规章；制订并组织实施森林防火规划，指导森林防火基础设施、设备的建设推广预防和扑救森林火灾的先进技术，培训森林草原防火专业人员；实施森林草原防火监督检查；制订扑救森林草原火灾预备方案，组织扑救森林草原火灾；指导并协调有关部门、单位的森林草原防火工作；组织调查、处理森林火灾案件；进行森林草原火灾统计，建立森林草原火灾档案等。

机制建设方面，根据森林火灾的发生、演化和扑救规程的规律，森林火灾应急管理机制主要包括：火灾监测、报告与预警机制；火灾应急处置机制；后期处置机制。

1.1.3 林火监测、报告与预警机制

森林火灾的监测通常分为4个空间层次，即地面巡护、瞭望塔监测、航空巡护和卫星监测。各级应急管理、林业草原主管部门和森林草原防灭火指挥部、气象部门以及林业单位应经常关注森林火情，做好森林火灾的监测工作。森林火灾发生前后，有关部门、单位和个人的主要监测工作包括：利用卫星林火监测系统，及时掌握热点变化情况，制作卫星热点监测图像及监测报告；通过森林消防飞机巡护侦察火场发展动态，绘制火场态势图；火灾发生地的地面瞭望台、巡护人员密切监视火场周围动态。

任何单位和个人一旦发现森林火灾，必须立即扑救，并及时向当地人民政府或者森林草原防灭火指挥部报告。当地人民政府或者森林草原防灭火指挥部接到报告后，必须立即组织当地军民扑救，同时逐级上报省级森林草原防灭火指挥部或者林业主管部门。一般火情，由省级森林草原防灭火指挥部按照林火日报、林火月报的规定进行统计、上报。省级森林草原防灭火指挥部对下列森林火灾，应当立即报告中央森林防火总指挥部办公室：距国界或者实际控制线5 km以内，对我国或者邻国森林草原资源构成威胁的森林草原火灾；重大、特别重大森林草原火灾；造成3人以上死亡或者10人以上重伤的森林草原火灾；威胁居民区或者重要设施的森林草原火灾；24h尚未扑灭明火的森林草原火灾；未开发原始林区的森林火灾；省、自治区、直辖市交界地区危险性大的森林草原火灾；需要国家支援扑救的森林草原火灾。

平时，气象部门要依据天气预报信息，制作全国24 h森林火险天气预报，应急管理部通过森林防火网站向全国发布；应急管理部应依据气象部门气候中长期预报，分析各重点防火期的森林火险形势，向全国发布火险形势宏观预测报告；遇有高火险天气时，在中央电视台的天气预报等栏目中要向全国发布高火险天气警报；在森林火灾发生后，气象部门全面监测火场天气实况，提供火场天气形势预报。出现森林火灾前兆和森林火灾发生后，森林防火部门、气象部门和政府可根据火情灾情发布相应级别的火警预报和报告。

1.2 林火监测与预警体系构成

森林防火的观念、战略、政策随着科学技术的发展而发展，森林防火的各种问题由于科学技术的突破才得以解决。近年来，世界各地森林火灾频繁发生，气候变暖和极端天气增多，导致全球进入森林火灾高发期。当前森林资源日益增长，林内可燃物载量持续增加，加之极端天气的频繁出现，我国也进入了森林火灾的易发期和高危期，森林防火形势极其严

峻，森林火灾已成为我国生态文明建设成果和森林资源安全的最大威胁。进入 21 世纪，世界各地仍然是森林大火频发，虽然各国政府都加大了在林火管理和经费上的投入，森林火灾并没有减小的迹象，因此，森林防火仍是各国政府面临的重要课题。当前我国森林防火面临着许多新的问题，如森林防火经费不足、火源管理难度大、预防措施不落实、扑火指挥决策困难等，都需通过提高森林防火的科技水平来解决，其中森林火灾监测与预警也急需有新的认识和提高。

林火监测、预警是森林防火工作中非常重要的环节，是及时发现火情、科学扑救森林火灾的重要手段。近年来，世界上新的林火监测技术发展相当迅速，如红外线监测、电视监测、地波雷达监测、雷击火监测、微波监测和卫星监测等。这些新技术的应用，大大提高了林火监测的及时性和准确性。随着社会的发展及科学技术的进步，气象科学、遥感技术、电子计算机、激光、通信和航空航天技术的蓬勃发展，化学和生物技术的不断革新，为森林防火提供了先进的手段和技术条件，加上现代科学管理的渗透，林火预警、响应机制的建立使得林火管理的模式从被动防火转变为主动防火，发生了根本性的变化。

林火监测预警与其他学科存在着广泛的联系，主要涉及林学、数学、物理学、计算机和气象学等领域，还引进了遥感、空间和航空先进技术，对整个国家和部分特殊地区进行森林火险预报、林火监测、清查火灾造成的损害、损失评估、监测森林的重建状况提供数据和理论支撑，我国在林火监测与预警的道路上仍相对落后，互联网的发展和经济的腾飞为林火监测与预警提供更多的机会和空间，林火的预报、监测和预警等系统逐渐通过信息化技术整合到一起，随着森林防火物联网应用、森林防火信息化管理、辅助决策系统构建、防火综合管理系统构建等工作的推出，火险预报模型、卫星林火监测和森林火险预警等方面的研究和发展，在提高协同作战能力的同时，实现"预防为主、积极消灭"的战略方针。森林火灾监测与预警研究是当前和今后一段时期内面临的重要课题之一。

预防和应对危机，始终贯穿于人类历史发展的进程，一部人类文明发展史，从一定意义上说，就是不断应对各种危机、战胜各种灾难的奋斗史。森林火险是森林火灾发生的前提条件，正确认识和科学应对森林火险，是森林火灾预防和扑救工作的出发点，也是各级政府和森林防火机构组织开展森林防火管理活动的重要理论依据之一。2009 年 1 月 1 日实施的《森林防火条例》，对于森林火险区划、预报等做出了十分明确的规定。在森林防火实践中，大力研究和组织开展以森林火险监测、预警为基础的科学化、规范化的森林火灾预防，进而建立起森林火险预警响应运行机制，是当前我国森林防火工作由传统的经验型管理向现代的科学型林火管理方向迈进的必经之路，具有特别重要的意义。

森林火灾监测、预警体系包括 5 个方面内容：林火监测、森林火险区划、林火预报、森林火险预警和森林火险预警响应。

监测是获取灾害信息的基本手段，对自然变异和人类活动的监测是减灾的先导性措施，灾害预报预警都必须在监测的基础上进行，同时灾害监测还可以为防灾减灾对策措施提供依据。林火监测是对林地的看护和数据采集，一个重要任务是林火的及时发现与报警，防止森林火灾发生，是控制和扑灭森林火灾的基础。林火监测的主要目的就是为了及时发现火情，是实现"打早、打小、打了"的第一步。

森林火险区划指根据时间和空间上相对稳定的森林火险指标,按照统一的自然、行政或经济界限,将不同的林区、地区按照一定的规律划分为不同的等级。森林火险区划是森林防火管理的一项重要基础性工作,承担着确定森林防火工作重点和布局的任务。森林火险区划也是制订森林防火规划、计划,安排设施建设投资,是火险监测、预警系统的基础性工作。森林火险区划不同于森林火险预报,森林火险区划主要是反应长期稳定的森林火险状况,在时间和空间上具有长远和宏观的指导意义,而森林火险预报突出的是短期的、经常变化的森林火险。

灾害预报是灾害管理专业部门对于某种灾害是否反伤及其特征向有关部门或社会公众预先告知的行为。大多数自然灾害具有一定的可预测性,灾害预测是根据过去和现在的灾害及致灾因素数据,运用科学方法和逻辑推理,对未来灾害的形成、演变和发展趋势进行估计和推测,是发布灾害预警和制定防灾、抗灾、救援决策的依据。林火预报指通过测定和计算某些自然和人为因素来预估林火发生的可能性、林火发生后的火行为指标和森林火灾控制的难易程度。林火预报为森林火险预警、响应和应急处置提供技术依据。预报与预测的区别在于预测是一项技术性工作,预测结果不一定向外发布,在我国防火领域两者并无严格界限,"报"的工作主要在火险预警阶段完成。

森林火险预警是指森林防火系统严密监控森林火险要素的变化动态,科学分析,一旦发现规定的警戒性危险程度征兆时,立刻向相关方面发布警示信号和防御指南。火险预警是监测和预报工作的进一步延伸,对日常防火工作具有很强的现实指导意义。

森林火险预警响应是指森林防火管理机构及其工作人员、林区群众根据森林火险等级预警信息而做出的森林火险应对、森林火灾预防等一系列行动的总和。在监测、预警体系中,预警响应的落实是重要一环,即使有准确的技术支撑如果没有良好的应对落实依然不能构筑起稳固的林火预防体系。

在监测、预警系统组成的林火预防体系中,严密监测、科学区划是基础,准确预报是前提,迅速预警和落实响应是手段,这5个方面构成一个完整的有机体,规范着林火预防工作向科学化方向发展。

1.3 林火监测与预警的意义

1.3.1 林火管理的出发点

森林防火工作实质上是一种风险管理事项,是以控制可控性森林火险因素为活动出发点,以尽最大努力减少森林火险事故(即森林火灾事件)和森林火灾损失为目标的管理活动。因此,预判森林火灾危险程度、提高森林火险意识是森林防火管理过程中所有行为的第一步,是森林防火管理的出发点。

防火首先是要防好火险,防止火险演变为火灾。只有这样,才能在实际行动上真正落实

"预防为主，积极消灭"的森林防火工作方针，做到以防为主，防消并举，森林防火工作才能事半功倍。预防是森林防火的前提和关键，消灭是被动手段和挽救措施。

随着森林防火事业建设的快速发展，特别是林火管理概念在森林防火实践中引入和开展，我国开始建立以森林火险预测预报为森林防火工作切入点的双预案制度。防火部门建立两套预案，即森林火险预警响应预案和森林火灾扑救预案，日常工作按林火预报得来的火险等级所对应的预警响应预案来安排和实施，有火灾发生时，按扑火预案行动，两个预案牵动整个防火工作有序实行。

1.3.2 管理策略的引导标

林火预报、预警体系是森林火灾预防措施和扑救工作的引导标。森林防火的基本任务可以概括为化险、防灾、减损。就森林火灾事件本身来分析，火险是因，灾害是果。因此，森林火险程度和它的变化，始终是引导森林防火资源分配和组织管理措施施行的标示性依据和着眼点，只有这样"因险施策"才能科学合理地进行战略部署，克服经验主义，最大限度的满足森林防火安全的需要。

如森林消防队伍实施的"靠前驻防"，是防火期森林消防队伍前出到指定位置实施的临时性驻防行动，是预防森林火灾、保卫森林资源的具体行动。靠前驻防是以火险预报、预警为出发点合理布防，自2011年大规模实施以来收效明显，对"先发制火，防患未然"起到关键性作用。

1.3.3 防火工作的警示钟

防火部门将当地、当时或短期的森林火险情况向自己系统内部和社会公众发布，起到提示和预警的作用，是防火工作的警示钟。

向社会公众预警，当预报的火险等级达到四级火险标准的时候，政府部门会通过电视、广播等公共媒体在天气预报栏目中向社会公众进行发布，使社会公众特别是林区社会公众保持高度的森林火险意识，按照国家和当地政府的规定注意野外生产、生活用火，这方面已经取得了比较好的社会效果。

向防火部门系统内部预警，主要是督促、提醒系统内部按照预警预案安排好本职工作，履行好防火责任。火险预警可以直接引导着当地森林防火工作："应该干些什么？""应该哪些地方和单位参加？""用什么措施和用多大力度来做？"这可以有效避免经验主义的盲目性。在经验主义指导下防火部门进入防火期只能每天高度戒备，每天"等火"对森林火险缺少科学预判，一线防火工作者神经高度紧张，这一定程度上影响他们的工作效率，同时浪费社会资源。在监测、预警体系指导下，防火工作有了依据，有什么样的火险预警对应什么样的应对措施，不同等级的预案涉及的人员、范围不同，防火工作可以紧张有序、张弛有度、规范高效。

1.4 林火监测与预警的历史沿革与展望

1.4.1 森林火险预警的发展历史

森林火灾监测和预警体系的发展是跟随人类社会减灾管理的历史发展演变而来的。减灾管理经历了盲目减灾、被动减灾管理、单灾种减灾管理、综合减灾管理和减灾风险管理等几个阶段。

1.4.1.1 盲目减灾阶段

盲目减灾阶段指古代社会由于生产力水平低下和对大自然缺乏科学认识，把自然灾害看成是神对人类的惩罚，把对上天的祈祷作为主要减灾活动。

1.4.1.2 被动减灾管理阶段

封建社会中后期统治者日益重视减灾，但缺乏预测和预防，主要是针对已出现的重大灾害和紧急事态组织赈灾救灾，具有很大的被动性，灾民往往以逃荒迁徙方式避灾。

1.4.1.3 单灾种减灾管理阶段

从中华民国到新中国成立初期（1912—1949 年），陆续建立了气象、水利、消防、地震、地质、海洋、植保、防疫等专业部门，除发生特大灾害由中央组成领导小组或临时机构应急救灾外，平时都由各专业部门分兵把守各自为战，以纵向联系为主，减灾管理技术含量与效率明显提高。

1.4.1.4 综合减灾管理阶段

我国从 20 世纪 90 年代到 21 世纪初，逐步进入了综合减灾管理阶段，其标志是制定综合减灾法律和建立国家和地方各级专门的减灾管理机构，尤其是 1990—2000 年联合国开展的"国际减灾十年"活动，世界上大多数国家都成立了国家级减灾管理机构和相应的地方减灾机构加强社区减灾管理，初步形成政府主导和统筹协调、专业部门分工负责、社会公众广泛参与的减灾格局，减灾效益日益显著，减灾能力有很大提高。我国也于 1989 年成立了中国国际减灾十年委员会，1999 年改名为国家减灾委员会。

1.4.1.5 减灾风险管理阶段

随着全球气候变化和人类对资源的掠夺与对环境的破坏不断加剧，自然灾害与事故灾难造成的损失不断增大，现有综合减灾管理已不能充分满足社会经济可持续发展的要求。为此，联合国大会 1999 年 12 月通过决议开展"国际减灾战略"活动，作为"国际减灾十年"活动的延续，并成立国际减灾战略秘书处，以协调联合国机构和区域机构的减灾活动与社会经济及人道主义救灾活动。与"国际减灾十年"活动相比，"国际减灾战略"更加强调通过合乎伦理道德的预防措施来减少灾害风险。要求通过系统的努力来全面分析和减少致灾因素，减少承灾体的暴露度和脆弱性，并通过良好的土地和环境管理改进备灾来降低灾害风险并指出减少灾害风险是可持续发展的组成部分，也是每个人的事业。与原有减灾管理模式相比，减灾风险管理更加强调预防和主动减灾。2011年5月8日至13日在日内瓦召开的减少灾害风险全球平台第三届会议确定该平台为全球一级减少灾害风险战略咨询协调和发展伙伴关系的主要论坛。

全球减灾管理由综合减灾管理转变为应急管理，客观背景是全球气候变化、全球经济一体化和科技迅猛发展，使得自然灾害与人为事故灾难的风险增多和更加复杂化。在灾害发生和演变的不确定性增加的情况下，必须加强风险分析和管理才能争取到减灾的主动。国务院全面组织各部门和各地开展"三制一案"工作，标志着中国的减灾管理进入了应急管理阶段。在此大背景下，森林火灾扑救预案也进入了我国的应急预案体系，后经过了10年的努力，2012年12月国务院办公厅颁布修改后的森林火灾应急预案，这时的预案明确划分为两部分：预警响应预案和扑救预案，这标志着国家层面森林火险预警体系的建立。

1.4.2 林火预测预报的发展

林火预测预报技术的出现早于森林火灾监测、预警体系的建立，从被动减灾阶段开始就萌发了林火预报、监测的初始形态。作为森林火险系统的重要组成部分，预测水平直接决定了预警能否科学开展，这里有必要对林火预测预报在国内外的发展情况做一介绍。

林火预测预报是一门新兴学科，与其他学科存在着广泛的联系，主要涉及林学、数学、物理学、计算机和气象学等领域，还引进了遥感、空间和航空先进技术。

1.4.2.1 世界林火预测预报的发展

林火预测预报从出现至今仅有百年历史，在世界各国发展很快。1914年美国就开始研制火险等级；沙俄时期曾采用桧柏枝条和木柱体的方法来预估林火的发生；1928年加拿大莱特（Wright）利用空气中的相对湿度来进行火险预报，以相对湿度50%为界限，小于50%就有发生林火的可能；1936年美国吉思鲍恩（GISBORNE）提出多因子预报方法。20世纪40年代日本昌山久尚提出实效湿度法；1944年苏联聂斯切洛夫提出综合指标法等。以上方法均属于火险天气预报范畴，将火险等级划分为不燃、难燃、可燃、易燃、强烈燃烧等五级。20世纪50年代以后，研究林火预报的国家越来越多。到20世纪70年代，这两个国家首先形成了国家级火险预报系统。例如，1972年加拿大提出"加拿大森林火灾天气指标系统"。该系统是在大量火灾资料和天气资料以及野外试验的基础上，利用水热平衡原理，预报全国统一的3种可燃物湿度码，每天只需测定气温、相对湿度、风速和降水量4个气象因子就可进行3d预报。1972年美国也提出国家火险级系统，计算着火分量，蔓延分量和能量释放分量，并确定3个独立指标，即雷击火发生指标，人为火发生指标和燃烧指标，将这3个指标又归纳为火负荷指标。该系统到1978年又进行了修订。改为"国家最新火险等级预报系统"。从定性预报向定量预报迅速发展。美国北方林火实验室还设计出一种测算火行为的袖珍计算器，程序简单、计算速度快、精确度高，使用者只要输入一定的数值，就可以获得火灾特征值，用于预测火行为。1974年苏联在个别林区也提出利用电子计算机编制林火预报程序的新方法。

美国和加拿大是世界上森林火险等级系统应用最为成熟的两个国家，加拿大森林火险等级系统（CFFDRS）是当前世界上发展最完善、应用最广泛的系统之一，美国国家火险等级系统是目前世界上最先进的林火预报系统之一。国家级火险预报系统既能做好火险预报，也能做林火发生预报，还能做林火行为预报的综合性系统，代表世界现代林火预报的最高水平。

林火预测预报方法全世界逾100种，主要有经验法、数学方法、物理方法、野外实验法和室内测定法等，在技术方面还涉及林学、计算机、气象、遥感和航空技术。1972年加拿大提出的"加拿大森林火灾天气指标系统"，主要是在大量火灾资料和天气资料以及野外试验的基础上，通过测定气温、相对湿度、风速和降水量4个气象因子，利用水热平衡原理，预报全国统一的可燃物湿度码。自20世纪80年代起，美国气象局、林务局结合高空天气形势的数值预报和森林火险等级系统，做出森林火险的中长期预测；在2001年形成了最新的森林火险等级系统，利用NOAA/AVHRR数据估测活可燃物和死可燃物的比例，引用地理信息系统技术进行火险等级制图方法，分别预测地方级、区域级和国家级的森林火险等级。为了完善系统，近年来，美国学者不断地引进遥感、GIS和网络等新技术。欧洲林火信息系统（EFFIS）由两部分组成，其中一部分是森林火险预报系统（EFFRFS），在火险高峰期提供火险预测预报。该系统使用不同的火险指数和气象数据进行长期和短期的火险预测预报，目前它所涵盖的范围包括了地中海的几个国家，以及德国、芬兰、澳大利亚、塞浦路斯、保加利亚、罗马尼亚等国。

1992年，波兰发生森林火灾面积达到37 000 hm^2，是1991年的12倍之多。长期干旱及高温天气等因素提高了森林火灾发生的风险。在此情形下，波兰政府采取了新的技术和手段（如GIS、RS）来预防火灾，主要表现在：对整个国家和部分特殊地区进行森林火险预报、林火监测、清查火灾造成的损害、损失评估、监测森林的重建状况。

1.4.2.2 我国林火预测预报现状

美国1977年研制了自动遥测天气站（RAWS），重约90 kg，由太阳能电池供电，进行自动测量，储存和发送风速、风向、气温、可燃物湿度、降水量、空气相对湿度，气压等参数，所提供的风的数据是每10min的平均数值，自动遥测天气站每隔1h观测一次数据，每隔3h将测量得到的所有数据经传感器发送到同步气象卫星，由国家海洋大气管理局控制的气象卫星，把这些数据发送到接收站，从这里再自动传送到电子计算中心进行储存、处理。之后，数据自动输送到国家林火信息管理系统（AFFIRMS），再传到广播系统对最近天气状况和火险天气提供不间断的广播。在天气形势严峻时，停止常规的火险天气广播，使用专门报警通讯，1984年美国自动气象站引入我国气象部门。1987年黑龙江省森保所与黑龙江省科学院自动化所合作，也研制出我国的"森防SF森林天气自动遥测系统"。林火预报的研究方面，世界各国林火预报方法很多，到目前为止全世界共有100多种，我国也有10多种。

我国到了20世纪70年代和80年代，全国已研制的火险天气预报方法就有10多种，并且研制多种火险尺。火险天气预报方法和火险尺预报的精度准确率都在80%以上，有的还达到90%以上。从20世纪80年代开始，我国研制了许多林火预测预报自动化仪器设备。东北林业大学在20世纪80年代中期成功研制"火灾发生预报"仪器设备，到20世纪80年代后期开始深入研究火行为预报，20世纪90年代初研制成功中期、长期火险天气预报。

20世纪90年代开始，计算机技术取得了重大进展，微机性能及运算速度大幅度提高，存储容量增大，使得GIS技术日益普及。连同网络和多媒体技术的普及、通信技术的发展、卫星技术在林火监测中的应用等使林火预测预报的水平发生了根本的变化，从而使林火测报向前迈进了很大的一步。主要体现在两类林火预测预报系统的出现：①实时预报系统，如澳大利亚的实时林火测报系统，该系统能够根据火场实际发展情况的反馈，动态调整预报系统的参数，以提高准确度。②基于GIS平台的预报系统，如加拿大的SPATIALFIRE、美国的BEHAVEPLUS、FARSITE等。这些系统基本原理上并不比20世纪90年代前的更先进，但利用GIS技术，更好地处理了可燃物的空间分布、地形对林火的影响等，这是以前难以做到的。我国在这些方面也做了大量的研究工作，20世纪90年代的国家林火信息管理系统等都是属于这类系统。

许多专家学者研究利用经验法、数学方法、计算机方法以及物理法对林火进行预测预报。孙义等人提出利用案例推理技术（CBR）进行林火预报，根据时间、植被、空气温度、空气湿度、风力、连旱天数等环境因素，运用最邻近算法进行案例检索，再根据已发生的火灾数量进行预测，判断火灾预警级别。田晓瑞等人指出根据每日最高气温、每日总降水量和年降水量等天气信息，计算上层土壤和枯枝落叶层失水量估计值，进而估计潜在火险。

覃先林等人提出利用MODIS数据获得森林可燃物的类型、长势和湿度等因子，并在地理信息系统技术、数据库技术以及网络技术等信息技术的支持下，与地面资料相结合，分别计算可燃物状态指数和背景综合指数，利用火险指数，对国家级森林火险等级进行分级，实现国家级森林火险等级定量估测。黄作维利用"3S"技术、计算机技术和数学模型技术，利用叠加分类模型和聚类分析方法的数学知识，建立了广州市森林火险预测系统和森林防火林火行为子系统，能做出森林火险区划和森林火险天气预报。

当前，国内外所提出的用于预测林火行为的林火蔓延模型已经很多，但应用于具体区域的模型很难确定。技术上主要采用模糊数据挖掘、渗透理论知识、迷宫算法，以及采用王正非与毛贤敏的组合模型、二维森林火灾元胞自动机模型和三维曲面元胞自动机，实现动态模拟林火蔓延。

1.4.3 展望

森林防火的观念、战略、政策随着科学技术的发展而发展，森林防火的各种问题由于科学技术的突破才得以解决。当前我国森林防火面临着许多新的问题，如森林防火经费不足、火源管理难度大、预防措施不落实、扑火指挥决策困难等，都需通过提高森林防火的科技水平来解决，其中森林火灾预警预测是可以借鉴国外的成功经验。

1.4.3.1 建立森林火险及林火发生预测预报系统

建立国家级森林火险预测预报系统，该系统预报全国范围的短期（以1d、2d、3d为周期）和中长期（以旬、月、季、年为周期）的、以县为基本单元的森林火险，为国家森林草原防灭火指挥部和国务院领导提供宏观决策建议。同时在东北、西南重点林区建立省级森林火险及林火发生预测预报系统，在森林防火期内逐日预报森林火险等级和预测林火发生的地点和时间，为重点林区森林火灾预防工作提供辅助决策。

1.4.3.2 建立火行为预测预报系统

森林火灾发生后,及时准确预测火行为即火势的发展,对于扑救工作是至关重要的,这方面的工作已经取得初步经验。如在现有基础上,参照国外的先进技术,在省(地)一级行政单位进一步完善和提高,以便在全国重点林区进行推广。

1.4.3.3 森林火灾天气预警及预测预报

森林火灾预警及预测预报是在天气预报的基础上进行的,天气预报的准确性直接影响林火预报的准确性。但林火预报有其本身的特点,要充分估计到地形,可燃物的干湿程度,可燃物类型特点以及火源等。所以,天气预报不能代替林火预报。一般林火预报由气象站(局)结合林业部门共同进行。有条件的地方,林业部门可以设立气象观测站点,单独进行林火预报。实践证明,大面积、高强度的森林大火通常是在气候异常或特殊的天气系统造成高温、低湿伴有大风的天气情况下发生的。应在加强气象中、长期趋势预报和引发危险天气的中、短期预报的基础上,做好森林火险预测、预报,并形成区域化、网络化。加强森林火灾监测,及时发现火灾,对森林火灾的扑救特别是初期灭火十分重要。

1.4.3.4 气象信息及雷电探测系统

加拿大、美国的林火信息系统都与气象部门的计算机网络相连接,各种气象站的观测数据、气象卫星的遥感数据、气象雷达的探测数据和雷电定位系统的雷电探测数据随时输入林火管理部门的计算机网络。森林防火部门通过计算机上的数学模型,自动计算出森林火险形势分析图和雷击的时间和位置,为预防和扑救森林火灾及时提供决策信息。

1.4.3.5 各类林火管理计算机程序

实现林火管理信息系统高速高效、畅通无阻的运行,必须要有各种可靠的计算机软件,加美两国林火管理部门近些年在这方面取得了很多成果。如林火管理决策综合程序、森林火险预测预报模型、林火发生预测模型、雷击火监测模型、可燃物分类模型、火行为预测模型、森林防火预算分析模型、森林火灾评估模型等,基本满足了现代林火管理的需要。

1.4.3.6 加强林火防控国际合作

森林火灾对人类和环境影响和威胁是空前的,严峻的林火形势已超出一个国家的处理能力。火是一个具有多维社会与环境影响的全球力量,世界性的森林火灾问题必须通过国家之间和国际社会的合作共同来解决。特别是林火对全球气候变化和对碳循环的影响等问题,是全球共同面临的问题,需要全球参与进行多学科、多部门合作。加强国际合作,以提高地区和全球林火管理水平。国际间进行的合作主要有建立和完成全球林火监测中心、国际救援组织建立野火救助组、制定了一套火灾数据收集和报告的国际标准系统、区域性合作、国际发展项目等。在欧洲经济委员会、联合国粮食及农业组织、国际劳工组织的林火专家组和其他联合国组织和区域性组织的参与下,开展了许多林火国际合作项目,如东南亚烟雾管理项目、地中海国家林火合作项目、波罗的海地区合作项目及美国、加拿大和俄罗斯之间的合作项目等。

思考题

1. 简述我国森林火灾监测与预警的体系构成。
2. 简述我国林火监测与预警的发展历程。
3. 简述国外森林火灾应急管理经验对我们的启示。
4. 查阅资料，总结我国森林防火目前面临的主要问题。

第 2 章 林火预报

主要介绍林火预测预报的概念、分类、预报因子和预报方法，同时对林火预报的应用进行简要阐述，以利于学习者掌握林火预报的基本知识，了解实际应用，对林火预测预报从理论到实践有一个全面认识。

2.1　林火预报基础

林火预报是林火管理工作中的重要环节，通过林火预报，可以掌握未来的火险形势，使森林火灾预防工作更加有的放矢。林火预测预报是综合气象要素、地形、可燃物的干湿程度、可燃物类型特点和火源等，对森林可燃物燃烧危险性进行分析预测，天气预报的准确性直接影响林火预报的准确性。一般林火预报由气象站（局）结合林草部门共同进行。有条件的地方，林草部门可以设立气象观测站点，单独进行林火预报。

2.1.1　概念

2.1.1.1　相关定义

（1）火险

林火预测预报研究从20世纪20年代至今，已有百年的历史，人们过去、现在一直比较关心的是"火险"危险程度的问题，换句话说，某一地区某一时间内发生林火的可能性。由于森林火灾成因的复杂性及其结果受社会经济活动影响的不确定性，迄今对于森林火险尚没有形成统一的概念和明确的定义。

森林火险可以是林火管理理论研究中常用的专业术语，被定义为相关因子的综合作用或评价，如1973年，Brown等在《林火控制和利用》中指出，"火险是由稳定因子和变化因子综合作用的结果，它直接左右林火的发生、蔓延以及控制林火的难易程度和林火可能造成的损失"，1987年Merrill等在林火管理专业词典中将火险定义为："火险是一个一般性词汇，它所表达的是对影响着火、蔓延速度、难控程度和火后影响的火环境中所有变化因子和固定因子的综合评价"，1996年，美国国家野火协调小组（National Wildfire Coordinating Group，NWCG）指出火险为影响林火的发生、蔓延、难控程度和造成损失大小的有关因子的集合；森林火险可以是世界各国林火管理的重要参考指标，其等级的高低指示火险天气、可燃物和火源所决定的林火发生的可能性的大小、燃烧蔓延的快慢、能量释放速度的强弱、难控程度的难易以及火灾所产生的后果严重程度。

森林火险现已集成为林火预测预报系统的主要组成成分，作为系统的重要输出参数，如美国国家火险等级预报系统（US National Fire Danger Rating System，NFDRS）、加拿大森林火险等级预报系统（Canadian Forest Fire Danger Rating System，CFFDRS）、澳大利亚的森林火险预测模型（Australia Forest Fire Danger Rating System，AFFDRS）和俄罗斯的林火风险预测系统（Russian Nesterov Index，RNI）等。森林火险等级预报系统是把一些选择的火险因子综合为一个或多个定性或定量表示的指标系统，用来综合气象要素、地形、可燃物的干湿程度、可燃物类型特点和火源等，对森林可燃物燃烧危险性进行分析预测，是各国在总结历史经验教训的基础上，通过大量实验室和试验场研究而得出的用以预报林火发生发展和控制火灾的方法。随着科学化林火管理水平的不断提高，森林火险概念和森林火险等级预报系统的研究和应用也越来越深入。

（2）林火预报

林火预报指通过测定和计算某些自然和人为因素来预估林火发生的可能性、林火发生后的火行为指标和森林火灾控制的难易程度。其中用来估算林火发生可能性和火行为等的因素包括气象要素、可燃物因子、环境因子等，林火发生的可能性通过火险等级、着火概率等表现出来，火行为一般包括蔓延速度、林火强度等指标。

林火预报研究历史已经百年，在世界各国发展很快。初期的林火预报以火险天气预报为主，二者既有联系也有区别。天气预报是森林火灾预报的重要基础之一，天气预报的准确与否，直接影响森林火灾预报的精度。例如，降水、温度、空气相对湿度和风速等气象因子能直接影响可燃物的湿度变化，并进而影响到森林火灾的发生和火行为的特点，特别是降水量的多少与分布对森林火灾的发生发展影响更大。森林火灾预报的准确程度的建立在天气预报基础上的。但是森林火灾预报有其本身的特点，要充分估计到地形、森林可燃物类型、火源、自然条件和人为等是不相同的。所以，天气预报不能代替森林火灾预报，两者有一定联系，又有一定区别。

2.1.1.2 发展现状

林火预测预报在百年发展中，取得了长足的进步。一些林业发达国家已根据本国的森林类型与林火环境研制出国家级森林火险等级系统并实际应用，并不断进行修正，使其进一步完善，如日本的实效湿度法，瑞典指标法（Swedish Angstrom Index），法国的土壤湿度法和干旱指数法，澳大利亚的草地和森林火险尺（McArthur's Grassland and Forest Fire Danger Index），美国国家火险等级预报系统，加拿大森林火险等级预报系统等。

一些国家或地区引进或移植林业发达国家的先进系统的模块或研究思想，也形成了自己的林火预报系统，如新西兰、斐济、墨西哥以及美国的阿拉斯加州和福罗里达州引进或移植了加拿大火险等级预报系统，克罗地亚、俄罗斯、智利和美国密歇根州等也对加拿大火险等级预报系统在当地的应用进行了评估，欧盟委员会下属的联合研究中心（JRC）根据美国国家火险等级预报系统、加拿大的火险等级预报系统的原理发展了欧洲尺度上的森林火险预测方法，通过欧洲森林火险预报系统（European Forest Fire Risk Forecasting System，EFFRFS）提供高火险期内的火险预测。

我国林火预报研究始于1966年，起步较晚，但20世纪80年代后取得了较大的发展，取得了一定的成绩。特别是20世纪末21世纪初国家发布的几个行业标准对火险区划和火险天气等级做出了明确规定，如2008年国家林业局*颁布《全国森林火险区划等级》（LY/T 1063—2008），代替1992年3月国家发布的《全国森林火险区划等级》林业行业标准（LY 1063—1992），规定了全国森林火险等级及其区划方法；1995年6月国家发布了《全国森林火险天气等级》林业行业标准（LY/T 1172—1995），规定了全国森林火险天气等级及其使用方法；2007年6月国家发布了《森林火险气象等级》气象行业标准（QX/T 77—2007），规定了我国森林火险气象等级的划分标准、名称、森林火险气象指数的计算和使用。但由于这两项行业标准存在指标不统一、数据资料难获取、计算方法不够严谨不便于操作、森林火险气

---

* 现国家林业和草原局。

象指数和等级定义不清晰等问题,非常不利于全国推广应用。2015年,中国气象局提出修订完善《森林火险气象等级》。2018年9月,国家市场监督管理总局、国家标准化管理委员会发布中华人民共和国国家标准公告,国家标准《森林火险气象等级》(GB/T 36743—2018)获得批准。新标准主要是根据降水、积雪、气温、湿度、风向、风速等气象条件对森林火灾易燃和易蔓延的影响程度,划分气象影响等级,即从气象条件的角度,以气象影响等级表示森林火灾易燃和易蔓延的风险,并采用国家级森林火险气象等级预报业务中,经过多年业务实践和检验的"修正布龙—戴维斯方案"计算森林火险气象指数。

这些行业标准的制定和颁布为全国各地开展森林火险等级预报研究奠定了科学基础。林火预测预报越来越受到重视、研究进展较快,已由单纯的火险天气预报向林火发生预报和潜在火行为预报发展,并开始研制全国性的林火预报系统。

2.1.2 分类

林火预报分类按不同标准有不同分类方法,这里按预报功能和预报时效分类加以说明。

2.1.2.1 按功能划分

林火预测预报按照系统功能、输入因子和输出结果可以划分为仅预测预报天气条件能否引起火灾的可能性,它不包括火源在内的火险天气预报;综合考虑天气条件的变化,可燃物干湿程度变化和森林可燃物类型特点及火源出现的危险等,来预测预报火灾发生的可能性,包括雷击火和人为火发生的可能性的林火发生预报;预报火灾发生后,预测预报林火蔓延速度、能量释放、火强度以及扑火难易程度的林火行为预报。这3种林火预报类型所考虑的因子模式为:

$$气象要素 \rightarrow 火险天气预报$$

$$气象要素 + 植被条件(可燃物)+ 火源 \rightarrow 林火发生预报$$

$$气象要素 + 植被条件 + 地形条件 \rightarrow 林火行为预报$$

(1)火险天气预报

主要根据能反应天气干湿程度的气象因子来预报火险天气等级。选择的气象因子通常有气温、相对湿度、降水、风速、连旱天数等。它不考虑火源情况,仅仅预报天气条件能否引起森林火灾的可能性。

(2)林火发生预报

根据林火发生的3个条件,综合考虑气象因素(气温、相对湿度、降水、风速、连旱天数等)、可燃物状况(干湿程度、载量、易燃性等)和火源条件(火源种类和时空格局等)来预报林火发生的可能性。

(3)火行为预报

在充分考虑天气条件和可燃物状况的基础上,还要考虑地形(坡向、坡位、坡度、海拔等)的影响,预报林火发生后火蔓延速度、火强度等一些火行为指标。

2.1.2.2 按时效划分

预报时效是林火预报的有效期限,在林火预报的业务中,从预报时效上看林火预报还可分为短期预报（2d以内）、中期预报（3~10d）、长期预报（10d以上）和超长期预测预报。

2.1.3 预报因子

2.1.3.1 因子的分类

林火预报涉及的因子繁多，其中有些是稳定因子（即不变因子），如气候区、地形地势、森林特征等；有些是不稳定因子（即可变因子），如可燃物含水量、气象因子、火源等；在预测预报研究中应该选择哪些因子，不应该选择哪些因子，这对于精确、简便地进行林火预测预报具有决定性作用。目前在林火预报研究中常采用的主导因子是可燃物的含水量、降水量或干旱日数、相对湿度、温度和风五个因素。从我国南方林区来说，主要采用气温日较差、相对湿度、降水、连旱天数等主要气象因子。

（1）稳定因子

随时间变化，不随地点变化，对林火预报起长期作用的环境因素称为稳定因子。这些因子在某种具体林火预报系统中并不是直接输入，但必须考虑到稳定因子的作用，作为参考。特别是在国家级火险预报系统中，这些因子常作为大区划分火险区的基本资料而存入自然地理数据库。主要包括气候区、地形条件、土壤条件。

①气候区　能反映某一区域水热条件和植被分布，进而影响可燃物种类、分布和数量，同一气候区内火险天气出现的季节和持续时间是比较一致的。例如，东北气候区，冬季寒冷干燥，夏季高温多湿等基本保持不变，特别年份除外。因此，在研究林火预报系统时可先以气候区为单位划分出较大的火险区，再根据不同气候区的特点制定出具体可行的预报方法。

从大的气候区来看，林火有其明显的地理分布规律。南北回归线属热带地区，林火出现的比较少；从回归线向南或向北到极地带，尤其是纬度在48°~61°之间为多火灾区。我国的东北地区、加拿大、美国北部属于这一带。1978年美国国家火险等级系统把全国划分为4个气候等级区，分别用干旱、半干旱、半湿、湿来表示气候区的水湿程度。在进行火险预报时首先确定其地理位置属哪个区，然后选择适合该区的可燃物模型，确定预报方法。澳大利亚根据气候区的干湿状况划分出不同的火险带，以此来决定选用林火预报系统或是草地火预报系统。

②地形　地形是地质变迁的结果，其变化要用地质年代来度量、比较缓慢，在短期内基本保持不变。但是，作为地形因素的坡向、坡位、坡度和海拔等对林火的发生发展有直接影响。因此，在林火预报时，特别是在进行林火行为预报时，是必须要考虑的因子。

目前，美国、加拿大和澳大利亚的林火预报系统在进行火行为预报时，都考虑了坡度因子作用，采用坡度修正蔓延模型。例如，美国1972年国家火险级，根据坡度把地形划分为3级，见表2-1所列，1978年又对系统进行了调整，见表2-2所列。

表2-1　1972年坡度分级系统

坡度级	1	2	3
陡坡占比重（%）	0~20	21~40	>40

表 2-2　1978 年坡度分级系统

坡度级	1	2	3	4	5
陡坡占比重（%）	0~25	26~40	40~55	56~75	>75

③**土壤**　在某一区域，土壤条件在短期内是基本保持不变的，具有相对稳定性。土壤含水率直接影响地被物层可燃物的湿度。因此，有人用土壤的干湿程度来预报火险的高低。例如，澳大利亚的火险预报尺就是根据降水量和最高气温来决定土壤的干旱度，用以预报火险。法国也是以土壤含水率大小来确定森林地被物的干旱指标，对火险做出预报的。

（2）半稳定因子

随着时间变化，随地点变化明显的相对稳定的环境因子。林火预报半稳定因子包括火源、大气能见度、可燃物特征、林火管理水平等。这些因子中有些可直接输入到林火预报系统中，有的只能作间接参考，有的可以通过统计方法得出，有的则需实际测定。

①**火源**　火源大体上可以划分为人为火源和自然火源两类。不论哪种火源都包含着既是固定的，又是不固定的因素。在一般情况下，某一地区常规火源可以看作是固定的。例如，雷击火、机车喷漏火、上坟烧纸等都属于相对稳定的火源；而吸烟、野外弄火、故意纵火等火源都非常不固定。随着一个地区经济的发展和生产方式的改变，火源种类和出现的频度也在不断发生变化。例如，迷信用火曾近乎绝迹，现又有抬头之势；随着森林旅游事业的发展，林区旅游人员增多，由此而引发森林火灾亦呈上升趋势等。火源种类和出现的频度也不断发生变化。因此关于火源的历史资料不宜较长时间地使用，国外一般使用最近 5~10 年的火源统计资料，以保证预报的准确性。

火源作为林火预报的因子只是最近 20 年才被采纳，现已成为林火发生预报的重要输入参数。东北林业大学研究的"林火发生预报"在国内首次引入了火源因子，但由于我国目前雷电预报水平有限，只采用人为火源，因此应该说是人为火发生预报，在东北林业大学林火发生预报系统中，火源是经过预处理，以火源等级形式输入的。火源等级是按计算火源指标 I 来划分的，共分为 5 级。

$$I = N/S \tag{2-1}$$

式中　N——某林业局 10 年林火发生次数；

　　　S——该林业局的面积。

美国国家火险等级系统把雷击火和人为火源同时引入预报系统内，其输出的雷击火发生指标和人为火发生指标是林火发生预报的重要参数。

②**大气能见度**　能见度是指人肉眼所能看到的最远距离。空气中的烟尘、薄雾、飘尘等都能降低大气能见度。在某一地区某一季节的大气能见度是相对稳定的。在早期的林火预报中有人应用过大气能见度这一气象指标，现在几乎没有人考虑这一指标。但是，大气能见度对于林火探测和航空护林非常重要。许多小火不易被发现，最终酿成火灾，因此在林火管理上要给予足够的重视。在我国东北地区，烟、霾和风沙天气往往是林火天气的预兆。

③**可燃物特征**　森林可燃物是林火预报必须考虑的要素之一，它是一种相对稳定的因子。例如，同一地段上的可燃物（类型、种类、数量等）如果没有外来干扰，年际之间的变化很小，具有一定的动态变化规律。就可燃物本身来讲，不但有其一定的动态变化规律，而且也

与环境条件密切相关。在研究森林燃烧的几乎所有的可燃物特征都很重要，但在研究林火预报时多数系统只考虑可燃物类型（模型），可燃物负荷量，可燃物组成、结构，可燃物含水率。其中除可燃物含水率以外，其他几项都相对稳定。森林可燃物是森林燃烧的基础物质，不论是火险预报还是火行为预报必须针对预报区的可燃物类型，其燃烧性和对火行为的贡献。在林火预报中，先要对森林可燃物进行分类，划分可燃物类型。然后对每种可燃物的基本性质透彻的研究，制订出可燃物模型，以此来进行火险和火行为预报。美国1972年国家火险等级系统共制定9个可燃物模型，1978年系统增加到20个，以提高预报的准确性。可燃物模型可以提供有关火行为的可燃物参数，输入到罗森迈尔林火蔓延模型，进行林火强度和林火蔓延计算。这些可燃物参数包括可燃物结构、组成、密实度、大小、热值、矿物质含量等。可燃物负荷量是预报火行为的另一个重要参数。美国系统把它包含在可燃物模型中。澳大利亚系统则把它作为一个单独因子来预报火强度、林火蔓延速度、火焰长度和平均飞火距离。其可燃物负荷量划分为5级，即Ⅰ级：5 t/hm^2；Ⅱ级：10 t/hm^2；Ⅲ级：15 t/hm^2；Ⅳ级：20 t/hm^2；Ⅴ级：25 t/hm^2。加拿大也在火险天气指标的基础上划分出14种可燃物模型用以火行为预报。

④**林火管理水平** 林火管理水平涉及面很广，并直接关系到林火预报工作实施的好坏。林火管理水平低，即使是有良好的防火设备，也难以发挥应有的作用。在林火预报中，林火管理水平的高低是用控制火的能力来评价的。比较先进的林火预报系统，可以在火险预报的基础上通过计算机辅助决策系统派遣扑火力量，确定最佳扑火方案。因此，就要考虑到林火管理水平和控制火的能力。一般来说，同一地区林火管理水平短时期内变化不大，只是不同地区之间有所差别，因此这个因素比较稳定。

（3）变化因子

变化因子指随时间和地点时刻发生变化的环境因素。林火预报变化因子是林火预报的最主要的因子，可以通过观测和计算直接输入到林火预报系统中。林火预报变化因子主要包括可燃物含水率、风速、空气温度、相对湿度、降水量、连旱天数、雷电活动等。

①**可燃物含水率** 可燃物含水率大小决定森林燃烧的难易程度，也就是点燃的难易程度。因此，可燃物的含水率是判断林火能否发生，进行林火发生预报的重要因子、可燃物含水率的大小还决定林火蔓延速度，能量释放大小和扑火难易程度。因此，可燃物含水率也是林火行为预报的重要因子。其中细小可燃物含水率大小对火灾能否发生影响最大。一般经验告诉我们，当细小可燃物含水率大于8%时，一般的火源是不能引起森林火灾的，当细小可燃物含水率小于4%时，点火就非常容易。

可燃物含水率在自然状态下受空气湿度、空气温度和降水的影响。而不同种类的可燃物对气象因子的反应是不一致的。例如，细小可燃物含水率主要随大气湿度变化，吸收水分和散失水分都很快，几小时内就可从不燃到可燃；中等可燃（大枝条、中层腐殖质等）其含水率变化比较缓慢，而且是累积性的，其含水量也可视为林地的干燥程度；粗大和重型坚实可燃物（原木、倒木、深层腐殖质、泥炭层等）含水率变化更为缓慢，只有在长期干旱或持续降水情况下才能改变其含水率。活可燃物的含水率主要受本身的生理过程影响，在生长季节水分含量较大，不易燃烧。

在研究可燃物含水率时经常用到两个重要概念：平衡点含水率和时滞，这两个概念比较抽象，我们接触的比较少，在此应理解为：平衡点含水率是可燃物水分含量的基准，可燃物的干与湿是由其含水率低于或高于平衡点含水率来决定。不同种类可燃物含水率平衡点不一样。可燃物含水率在达到平衡点之前是逐渐吸水过程，而达到平衡点含水率则趋于稳定。但是改变环境条件，如降水增加等还会使可燃物继续吸水。可燃物吸水饱和后如果天气干燥又开始逐渐失水。而时滞是指不同种类可燃物含水率对外界环境的反应，时滞小的可燃物种类对环境变化反应快，时滞大的可燃物种类对环境条件反应慢。这与可燃物本身的结构大小密切相关。由于时滞是可燃物对水分反映的结果，所以美国、加拿大等国普遍用时滞来划分可燃物种类。美国国家火险等级系统按时滞大小把可燃物分为4种。

可燃物含水率是林火预报的基础，不论哪个系统，尽管采用的方法不同，但都必须考虑可燃物含水率在林火预报中的作用。

②**风速** 风速的大小对森林火灾的发生发展具有非常大的影响。俗语称"火借风势，风助火威"。这充分说明风因子对林火影响的程度。在火险和林火发生预报中，常把风速作为间接因子考虑对可燃物含水率的影响；而在火行为预报中，风是决定火蔓延速度、火强度及火场扩展面积大小最重要的指标。风在林火预报中是除可燃物含水率外另一个十分重要的因子。风速和风向对林火蔓延影响很大。一般来说风速小于 2.2 m/s，风速与林火蔓延速度之比为 1:1；风速大于 2.2 m/s，林火蔓延速度为风速的 1.5 次幂。风速加速可燃物水分的蒸发，直接影响到可燃物的含水率。

目前各国火险预报多数把风速作为间接因子来考虑对可燃物含水率的影响，而在火行为预报中把风作为决定火强度、林火蔓延速度、火场面积的直接因子。例如，美国系统采用的罗森迈尔蔓延模型把风速因子作为一个重要参数。

加拿大系统中初始蔓延指标：

$$R=0.208 f(U) f(F) \tag{2-2}$$

$$f(U)=e \tag{2-3}$$

$$f(F)=(91.9e-0.138M)(1+M4.65/7.95) \tag{2-4}$$

式中 R——初始蔓延指标；

$f(U)$——风速函数；

$f(F)$——细小可燃物湿度码函数；

U——中午风速；

M——细小可燃物含水率。

澳大利亚林火预报系统的林火蔓延速度是由火险指标和风速等气象因子确定的。

③**空气温度** 温度是火险预报的直接因子，从火险预报研究一开始就普遍受到重视。现代林火预报从两方面来考虑温度作用。可燃物本身温度和土壤温度直接影响可燃物点燃的难易程度。因此，在做林火预报时可以直接输入系统中。例如，美国国家火险等级系统直接输入空气温度和可燃物温度。空气温度高低可以通过对环境的影响间接作用于可燃物，改变可燃物物理性质，影响火险等级。利用可燃物含水率随空气条件变化的关系，可以通过空气温度、湿度等来预估可燃物含水率。例如，澳大利亚最初林火预报系统就是靠空气温度和湿度

与可燃物含水率的关系，利用回归分析方法来计算可燃物含水率的。

④**相对湿度** 空气湿度是林火预报采用的诸多气象要素中又一非常重要的因子，它直接影响可燃物的燃烧性，对林火发生和林火行为等均有重要影响。空气中水分含量是森林能否燃烧以及衡量林火蔓延速度的重要参数。空气对可燃物含水率影响最大，几乎所有预报系统都离不开空气湿度这一输入因子，只是采用的表达方式不同。有的系统用平均相对湿度，有的系统用最低相对湿度，还有的系统用空气饱和差。空气相对湿度可以直接从气象台站天气预报获取，但考虑到气象台站地理位置与林内小气候的差别，最好采取某种修正方法来真实反映火场实际湿度情况。

⑤**降水** 降水包括雨、雪、露、冰雹、霜、雾等。降水量大小和持续时间长短决定了可燃物含水率的大小。因此，降水也是火险预报、火发生预报和火行为预报的重要因子。在具体的林火预报中，考虑较多的是降水量和降水持续时间两个因子。

⑥**连旱天数** 连旱天数指连续无降水的天数。连旱天数直接影响可燃物含水率变化，进而影响火险等级的高低。与其相对应的是累积降雨即指从某时开始降雨的累积日数。连旱天数和累积降雨日数不但对细小可燃物含水率和地下水位有影响，而且还能影响到粗大可燃物含水率变化。因此，在研究粗大可燃物含水率时首先要考虑连旱天数和累积降雨日数，而研究细小可燃物含水率时应着重考虑24h降水量。目前各系统对连旱天数都给予一定的重视。

⑦**雷电活动** 雷电活动是雷击火发生预报的必要参数。对于雷电活动进行预报要求技术较高。但是，世界上许多国家包括我国在内，都在积极进行雷击火预报与监测，以减少雷击火的发生和损失。雷击火的分布有一定的区域局限性，俄罗斯集中在西伯利亚地区，美国集中在落基山脉和西太平洋沿岸各州，加拿大各省均有雷击火公布。我国主要分布在大兴安岭林区和阿尔泰林区。目前，美国国家火险等级系统可以通过雷电探测仪对每日雷电活动进行探测，输入雷击火发生预报系统进行预报。我国这方面的工作刚刚开始。

除上述一些因子之外，气压、地下水位、蒸发量等变化因子对林火预报也有直接或间接的作用。

2.1.3.2 因子的选择

林火预报精度大小的关键，除了系统本身方法的科学性外，主要是看如何选择适当的因子，客观真实地反应林火发生的可能性。选择哪些因子，怎样应用这些因子，要根据预报系统的原理和方法来定。

（1）火险预报因子的选择

火险预报主要是根据气象要素和植被对环境条件的反应来估计林火发生的可能性，也就是天气条件是否有利于林火发生。因此，火险预报应主要选择一些能反应天气干湿的气象要素，绝大多数为变化因子。例如，空气温度，相对湿度，降水，风、连旱天数等。植被条件则主要选择可燃物含水率，特别是细小可燃物含水率。根据这些火险因子，利用数学或统计学方法计算出火险指标，划分火险等级，这就是火险预报。

（2）林火发生预报因子的选择

林火发生预报是在火险预报的基础上进行的。林火发生预报要求预报出某一地区某一时间段内林火出现的概率或次数，所以选择的因子不仅要有火险预报的变化因子，还由于林火发生预报涉及因子较多，不可能全部输入到预报系统中，应经过筛选，取那些对林火发生影响最大的因子。这一工作现在已由计算机来完成。

（3）林火行为预报因子的选择

林火行为预报要求输出一些定量指标，如火强度、蔓延速度、火焰长度、火场周界和火场面积等。因此，输入因子也要求定量化。如果某些因子对火行为预报很重要，但又不能直接测定得到所需定量指标，则需经数学方法进行量化处理，然后输入系统中。概括起来，林火行为预报要求选择如下3类因子：

①**可燃物因子**　含水率、负荷量、结构、组成、密度、表面积体积比等。

②**气象因子**　空气温度、湿度、风速、风向、降水量、降水持续时间等。

③**地形因子**　坡度、坡向、坡位等。

2.1.3.3　因子的测定

预报因子测定的时间、地点和方法是火险数据可靠性的前提，是预报准确性的基础。因此，一定要认真做好，如一天内火险最高的时间一般在13：00~15：00，因而在这时测定森林可燃物含水量，比其他时间测定的为佳。森林防火范围大，在山区，地形、小气候、森林可燃物类型等常有变化，测定的地点则应设在火灾发生次数频度最大，可燃物最易燃，最容易出现火灾的地形、地段。

预报因子的测定，气象因子用常规方法测定（即百叶箱放于草地上，并与周围建筑物有一定间隔），风速要取3~4min的平均值，可燃物含水量的测定：

$$W=[(Q_0-Q)/Q]\times 100\% \tag{2-5}$$

式中　W——含水量；

Q_0——取样的重量；

Q——105℃烘干后的重量（即可燃物含有活动水分与其干重之比）。

一般采用腐殖质层或地表枯枝落叶层或指示板的含水量，每天在标准地内采集样品或指示板，称其湿重，放到烘干箱里加热到105℃，持续24h，称其干重，算出含水量。

2.2　林火预报方法

林火预报系统的研究是一项复杂的系统工程，一个完善的林火预报系统，是林学家、数学家、物理学家、计算机专家和气象学家等共同的研究结果。以下分别介绍林火预报中涉及的学科基础和基本研究方法。

2.2.1　林火预报的学科基础

2.2.1.1　气象学

气象学一直是林火预测预报的基础。早期林火预报就是以单纯的火险天气预报为主的，现今预报方法仍离不开气象要素。关键是选择什么样的气象要素，怎样选择以及各气象要素在林火预报中的作用。另外，气象观测台站的分布、格局、观测手段都将影响到林火预报的精度。

我国的林火预报研究工作之所以进展迟缓，其中重要的一点就是主要林区气象观测网密度太小，且分布不合理，不能如实反映出山地条件下气象的变化。

2.2.1.2 数学

数学是林火预报研究的重要工具，特别是定量的研究更离不开数学和统计学。多数国家的现有预报系统大部分是以数学模型为理论基础的。通过模型来反应林火发生条件、林火行为与气象要素及其他环境因素之间的关系，找出规律。作为预报系统的关键构件，与其相应的统计学方法在林火发生预报中也得到应用。利用林火发生概率来做林火发生预报的方法国内外都已出现，目前常用的有判别分析、逻辑（Logistic）回归和泊松（Poisson）拟合等方法。

2.2.1.3 物理学

物理学，特别是热力学和动力学在研究林火行为预报时非常重要。林火预报比较发达的国家，如美国、加拿大和澳大利亚，进行了大量室内和室外燃烧试验，模拟林火。从中探讨林火蔓延规律以及与环境条件的关系。目前，美国、加拿大都建立起专门用于林火蔓延研究的林火实验室，力求通过物理学方法来揭开森林燃烧与蔓延机制。我国目前也初步具备开展类似研究的能力。

2.2.1.4 其他学科和技术

遥感技术、空间和航空技术、计算机技术，特别是 GIS 技术，在林火预测预报中发挥越来越大的作用。这些新技术的引进，使林火预测预报逐步走向现代化的道路。目前，美国、加拿大、澳大利亚等科技发达的国家已基本上解决气象遥感、图像信息传输、计算机处理等环节，真正使林火预测预报达到了适时、快速、准确。

植物学、生态学、土壤学等生物学科也是研究林火预报十分重要的学科。这主要是从森林可燃物的角度出发的。可燃物的分布规律、组成、燃烧特性和能量释放都是林火预报，特别是火行为预报必须考虑的问题。

2.2.2 林火预报的研究方法

林火预报的研究方法与林火预报类型密切相关，研究方法决定林火预报的类型。每种研究方法都有其特定的理论基础和原理。常见的林火预报的研究方法包括以下几种。

2.2.2.1 利用火灾历史资料进行林火预报研究

利用火灾历史资料，通过统计学的方法找出林火发生发展规律，这是最简单的一种研究方法。该方法只需对过去林火发生的天气条件、地区、时间、次数、火因、火烧面积等进行统计分析，即可对林火发生的可能性进行预估。其预报的准确程度与资料的可靠性、采用的分析手段、主导因子的筛选和预报范围等都有密切关系、一般来说，这种方法预报的精度较低，其原因有如下 2 个方面：①林火发生现场当时的气象条件与气象台（站）所测定的天气因子观测值不一定相符，有一定的出入。火灾现场大部分在林区山地，受山地条件的影响形成局部小气候。而气象台站大部分设在县、局级城镇，属于开阔地带，其预报的气象参数与火灾现场有差别是随机的，没有系统性，不能用统计方法自身修正。②这种方法掺杂许多人为因素，如火灾出现的次数和受灾程度受人为影响，森林防火工作抓得好，措施得当，火灾发生就少些。相反，在同样的气候条件下，如人为措施不当，火灾面积可能就比较大。

2.2.2.2 利用可燃含水率与气象要素之间的关系进行林火预报研究

这种方法的基本原理是通过某些主要可燃物类型含水率的变化，推算森林燃烧性。可燃物含水量是林火是否能发生的直接因素。而可燃物本身含水率的变化又是多气象要素作用综合反应的结果。基于这一原理，各国学者为了提高林火预报的准确性，花很大力气研究可燃物含水率变化与气象要素的关系，总结规律，应用到自己的预报系统。最初人们用一根简单的木棍在野外连续实测其含水率的变化。测定要求在不同的天气条件下进行，从晴→棍（干）→阴天→棍（湿）→干，这一系列过程，同时测定各种气象要素，找出二者之间的关系，依此进行预报。野外测定虽然比较实际，但受测定手段等制约，精度总是有限的。后来人们又把这一实验转到室内，在实验室内模拟出各种气象要素变化的组合，测定木棍及其他种类可燃物的含水率变化，从中总结规律用于火险预报。目前，美国国家火险等级系统就是基于可燃物的水分变化，特别是水汽两相湿度的交换过程、变化规律、热量的输送及传播，通过纯粹的数学、物理推导计算而产生的。因此，美国对可燃物含水率变化与林火预报的研究是比较透彻的。具体体现在构造的两个物理参数上，这两参数是平衡点可燃物含水率（EMC）和时滞（Timelag）。用这两个参数把气象要素与不同大小级别的可燃物含水率联系起来，输入系统中，应用起来很方便，并可取得定量参数。加拿大火险天气指标系统也引用了EMC的概念，不同种类可燃物含水率以湿度码的形式来体现其与气象要素的关系。

2.2.2.3 利用点火试验进行林火预报研究

这种方法也叫以火报火。在进行火险预报和火行为预报时，只凭理论标准是不准的，必须经过大量的点火试验。点火试验要求在不同气象条件下，针对不同可燃物种类进行，通过试验得出可燃物引燃条件、林火蔓延及能量释放等参数。目前，加拿大和澳大利亚已进行大量点火试验，并通过统计方法建立模型进行火行为预报。加拿大进行的点火试验火强度较小，大部分地表火持续时间为2min左右。虽然规模较小，但仍表明在不同天气和可燃物温度条件下火行为的变化规律。而澳大利亚所进行的800多次点火试验火强度很大，有些试验火强度超过大火指标，而且持续时间较长，有的长达2 h之久。由此而总结出的规律用于火行为预报更切合实际，利用点火试验进行火行为预报，其输出指标具有坚实的外场资料，澳大利亚系统能定量地预报出林火强度、火焰长度、飞火距离等火行为参数。

2.2.2.4 利用综合法进行林火预报研究

这是一种选用尽可能多参数进行综合预报的方法。它是把前面的3个方法结合起来，利用可燃物含水率与气象要素之间的关系，引入火源因素和点火试验结果来预报火险天气等级、林火发生率、林火行为特点等指标，并通过电子计算机辅助决策系统派遣扑火力量，决定扑火战略。这种方法实际上是引入了系统工程的原理，目前世界各国都在向此方向发展。

2.2.2.5 利用林火模型进行林火预报研究

这种方法属于纯粹的物理数学过程，需要坚实的数学、物理学基础。根据已知热力学和动力学原理，用数学或电子计算机模拟各种林火的动态方程，再到野外通过试验进行修正。美国北方林火实验室曾开展此项研究。

总的来说，林火预测预报的发展是由单因子到多因子，其原理是由简单到复杂，但应用起来却趋于简化，由火险天气预报到林火发生预报和火行为预报，由分散到统一，由定性到定量，不断臻于完善。但就其研究技术而言，在数学手段上并没有太大的进展，在物理基础上也没有出现明显超越前人成就的成果，但在计算手段上，由于计算机性能的飞速提高和普及，已经出现了明显的改观，特别是 GIS 技术的应用，结合一些遥感技术，使复杂的计算成为可能，为林火预测预报的应用提供了广阔的天地。

2.2.2.6 利用动力学方法进行林火预报

这是将可燃物湿度与气象要素之间的关系与点火试验等方法结合起来，并引入火源因素，应用线性动力学和非线性动力学方法，借助计算和模拟来进行林火预报，准确性较高，可以预报火灾出现的时间、火的蔓延速度和火强度等。

通过室内外进行的模拟火灾试验，经过电子计算机处理出的数值，再到野外进行检验修正。最后形成计算机软件程序，借助于计算机进行计算模拟，使得林火预测预警方便、快捷而有效，这也是国内外研究的重点，目前世界各国采用得比较多。

2.2.3 林火预报方法介绍

林火预报的研究工作开展近百年，各国研究出来的预报方法逾 100 种，下面选择 8 种经典预报方法介绍，包括火险等级预报、火行为预报方法，从中可以了解到林火预报的基本方法。

2.2.3.1 燃烧地被法

直接燃烧地被物，根据地被物着火易难度和燃烧速度来确定火险性天气等级。它是以地被物含水量的大小为依据，见表 2-3 所列。

表 2-3 燃烧地被法确定火险性天气等级

火险等级	点火效果	地被物着火速度（m/s）	燃烧特点
Ⅰ	不着火	—	不发生火灾
Ⅱ	着火缓慢	2	发生弱度火灾
Ⅲ	着火	1~2	发生中度火灾
Ⅳ	着火迅速	1	发生危险火灾

这种方法比较简单易行，但必须每天在各种森林地段进行试验，所以比较烦琐。这种方法只能测报当时情况，不能预报 24h、48h 的短期变化情况。

如果将每次发生林火时的气象要素进行记录，然后进行统计，计算出气象要素与着火的相关性，就可以进行 24h、48h 的短期预报。

2.2.3.2 木质圆柱体法

取预报地区森林中易燃的优势树种的边材，制成粗 1.2~2.5cm、长 45cm 的木棍。将木棍横卧在林内铁丝网架上。木棍离地面高约 10cm，南北方向放置。要选择足以代表该地区的易燃的林分，不应靠近湖泊和沼泽或树荫深处。午后 13:00~15:00 不应受日光直射。事先测定木棍绝对干重，由木棍的吸湿发生重量变化来确定森林火险程度。此法是以可燃物湿度与燃烧的相关性制订的。

此法限于应用在杂物较多的林分。但一般森林火灾始发于易燃的植被、枯枝落叶，所以此法缺乏代表性，很少单独使用。

2.2.3.3 松柏枝条法

将大致均匀的带枝的松柏树干截 0.5m 长，并将树皮剥去，钉在木板上，使树干固定，而树枝可自由在木板平面移动。因为松柏枝条上下年轮不同，具有不同密度、湿度和吸湿性，通常树枝下部吸湿性较大，树枝上部吸湿性较小，所以天气变化对它由直接影响。在天气干燥时，枝条下部年轮干燥快，所以枝条平伸；天气潮湿时，枝条下部年轮吸湿快，枝条向树干上方移动。我们可以根据枝条移动的方向和位置判断火险天气等级。

此法主要反映出空气中的湿度，但是湿度不能作为火险天气唯一指标，因此，此法只有参考意义。

2.2.3.4 综合指标法及风速补正综合指标法

（1）综合指标法

该预报方法是俄罗斯聂斯切洛夫教授在欧洲北部平原地区进行一系列试验后所得出的火险预报方法。

原理：某一地区无雨期越长、气温越高，空气越干燥，地被物湿度也越小，而森林燃烧性越大，容易发生火灾。因此，根据无雨期间的水汽饱和差、气温和降水量的综合影响来估计森林燃烧性，并制订出相应的指标来划分火险天气等级。综合指标的计算：

$$P = \sum_{i=1}^{n}(t_i d_i) \qquad (2-6)$$

式中　P——综合指标，量纲为 1；

　　　t_i——空气温度，℃；

　　　d_i——水汽饱和差，Pa；

　　　n——降雨后连旱天数。

综合指标是雪融化后，从气温 0℃ 开始积累计算，每天 13：00 测定气温和水汽饱和差，同时要根据当天降水量多少加以修正。如果当日降水量超过 2mm 时，则取消以前积累的综合指标。降水量大于 5mm 时，既要取消以前的积累综合指标，同时还要将降雨后 5d 内计算的综合指标数减去 1/4，然后再累积得出综合指标（表 2-4）。

表 2-4　综合指标法火险等级

火险等级	综合指标值	危险程度
Ⅰ级	<300	没危险
Ⅱ级	301~500	很少危险
Ⅲ级	501~1000	中等危险
Ⅳ级	1001~4000	高度危险
Ⅴ级	>4000	极度危险

此法简单，容易操作，应用广泛。但在我国东北地区应用也存在一些缺点。①此法没有考虑到森林本身的特点。如在干燥与沼泽的松林内，虽然综合指标相同，但火灾危险性并不一样。另外，因可燃物种类的不同，其火灾危险性也存在明显差异。②气温在 0℃ 以下就无

法利用此法来计算综合指标。如我国东北秋季防火期，往往由于寒潮侵入，13：00气温常在0℃以下。③在长期无雨的情况下，地被物（枯枝落叶等）的含水率变化不单纯是随着干旱日数的增加而递减，还受雾、露等湿度的影响。④该方法没有考虑到风的作用。风对地被物的着火与蔓延都有很大影响。在密林中风速小，但在林中空地、采伐迹地、火烧迹地、空旷地和疏林地等的风速则较大，与可燃物的干燥关系很大，这些无林地常是火灾的发源地。在一般情况下，风速越大，可燃物越干燥，火灾危险性也就越高。

（2）风速补正综合指标法

原中国科学院林业土壤研究所（现为中国科学院沈阳应用生态研究所）在伊春林区，应用综合指标法进行火险天气预报试验时，考虑了风对火蔓延的影响，增加了风的更正值，形成风速补正综合指标法，用更正后的指标来表示燃烧和火灾蔓延的关系，这样较符合实际。

风速补正综合指标法是在综合指标法的基础上加一个风速参数，火险等级的划分也进行了调整，基本适合我国东北地区。

$$D = b \sum_{i=1}^{n} (t_i d_i) \tag{2-7}$$

式中　D——风速补正综合指标；

　　　b——风速参数；

　　　t_i、d_i 和 n——意义与综合指标法相同。

风速参数可由表2-5得到。

表2-5　风速补正综合指标法风速参数

风级	1	2	3	4	5	6
风速（m/s）	0~1.5	1.6~3.3	3.4~5.4	5.5~7.9	8~10.7	>10.8
风速参数	0.33	0.59	1.00	1.53	2.13	2.73

表2-6　风速补正综合指标法火险等级

火灾危险天气等级	综合指标	危险程度
Ⅰ级	<150	没危险
Ⅱ级	151~300	很少危险
Ⅲ级	301~500	中等危险
Ⅳ级	501~1000	高度危险
Ⅴ级	>1000	极度危险

注：此火灾危险天气适用于小兴安岭林区。

火险等级的划分见表2-6所列。此法数据是在无林地的条件下测定的，而综合指标法是在林内测定的，所以两者综合指标不同。

2.2.3.5　实效湿度法

可燃物易燃程度取决于可燃物含水率的大小，而可燃物含水量的大小又与空气湿度有着密切关系。当可燃物含水量大于空气湿度时，可燃物的水分就向外逸出，反之，则吸收。因此，空气中湿度的大小直接影响到可燃物所含水分的多少，它们之间往往是趋向于相对平衡。但是，在判断空气湿度对木材含水量的影响时，仅用当日的湿度是不够的，必须考虑到前几天湿度的变化，根据我国东北小兴安岭林区实验证明，前一天湿度对木材含水量的影响，只有当天的一半。其计算公式如下：

$$R=(1-a)(a^0h_0+a^1h_1+a^2h_2+\cdots+a^nh_n) \quad (2-8)$$

式中 R——实效湿度，%；
  h_0——当日平均相对湿度，%；
  h_n——前 n 日的平均相对湿度；
  a——系数，0.5。

计算结果可查表2-7。

表 2-7 实效湿度与火险等级

火险等级	燃烧特性	实效湿度（%）
Ⅰ级	不易燃	>60
Ⅱ级	可燃	60~51
Ⅲ级	易燃	50~41
Ⅳ级	最易燃	40~31
Ⅴ级	猛烈燃烧	<30

2.2.3.6 双指标法

森林燃烧包括两个阶段，着火（点燃）和蔓延。森林火灾的危险性应以森林的着火程度和蔓延程度来决定。经过试验证明，森林枯枝落叶层的干燥程度是影响着火的重要因素，而每日地被物含水率的变化与空气最小湿度和最高温度有关。因此，可以用每日最小相对湿度和最高温度来确定着火指标。而火灾从蔓延到成灾又与最大风速和实效湿度有关。因此，可以用最大风速和实效湿度来确定林火蔓延指标。然后根据两个指标的综合来确定火险等级。

$$I_1=A_1e^{-B_1H} \quad (2-9)$$

式中 I_1——第一着火危险度；
  A_1——常数；
  B_1——减弱系数；
  e——自然对数底；
  H——最低湿度，%。

$$I_2=A_2T^{B_2}+C_1 \quad (2-10)$$

式中 I_2——第二着火危险度；
  A_2、B_2、C_1——常数；
  T——最高温度，℃。

$$S_1=A_3e^{-B_3R} \quad (2-11)$$

式中　S_1——第一蔓延危险度；
　　　A_3——常数；
　　　B_3——减弱系数；
　　　R——实效湿度，%。

$$S_2=A_4V^{B_4}+C_2 \tag{2-12}$$

式中　S_2——第二蔓延危险度；
　　　A_4、B_4、C_2——常数；
　　　V——最大风速。

由式（2-9）和式（2-10）相加得着火指标，由式（2-11）和式（2-12）相加得蔓延指标。

$$I=I_1+I_2=A_1e^{-B_1H}+A_2T^{B_2}+C_1 \tag{2-13}$$

$$S=S_1+S_2=A_3e^{-B_3R}+A_4V^{B_4}+C_2 \tag{2-14}$$

利用式（2-13）和式（2-14）计算着火指标和蔓延指标并不难，关键是如何确定几个系数，应根据不同地区的情况利用回归方程得出。表 2-8 是在东北地区适用的计算着火指标的系数。根据计算得出的着火指标和蔓延指标可以确定火险等级与防火对策。

表 2-8　双指标法着火指标系数

地区	A_1	A_2	B_1	B_2	C_1
大兴安岭	2.25	0.0025	−0.058	1.830	0.36
小兴安岭	2.06	0.0010	−0.043	1.909	0.56
长白山	2.90	0.0690	−0.044	0.808	0.50

2.2.3.7　美国的火险尺（8-100-0 型）

此火险尺不仅考虑了气象因子对林火的影响，同时还考虑了植被可燃性的状况。这种方法观测和计算都非常方便，火险尺可随身携带。

美国火险尺由 5 个同心圆盘组成，最里面的圆盘表示植被物候状况，分为干、枯、黄、青、绿 5 档。第二个圆盘表示连旱指标。这个数字可在该火险尺中可有的连旱指标中查得，表左是午后 14∶00 的可燃物含水量，表右是连旱因子。可燃物的含水量表示粗大可燃物的含水率。每个可燃物含水量都有一个相应的连旱因子。连旱因子的累积即得出连旱指标。当降水量达 0.2mm 时，连旱因子减去 1 个单位 i；降水量达 10mm 时，则减去 50 个单位，最小是 0。例如，5 月 1 日测得粗大可燃物的含水率 8%，则 5 月 1 日的连旱指标为 3；5 月 2 日测得粗大可燃物的含水率为 5%，则 5 月 2 日的连旱指标为 3+6=9；依此类推。第三个圆盘是表示可燃物含水率，一般用枯枝落叶称重测其含水率，用百分数表示。第四个圆盘表示可燃物指标。第五个圆盘外是火险等级，分为五级。

使用时，首先将最里边的圆盘的箭头对准所测地区的植被生长状况，如果是"黄"，就将活盘上的箭头对准"黄"档上，然后固定植被指标盘；第二步将植物盘上的箭头对准所测得的植被含水量数值，固定植被含水率圆盘，风速盘上的箭头指的火险数，即为所求得火险等级。火险等级的特征及采取的措施见表 2-9 所列。

表 2-9 美国火险尺火险等级

火险等级	燃烧指标	实效湿度（%）
I	1 单位	不燃，一般不发生火灾
II	2~5 单位	难燃，有火情不易成灾
III	6~20 单位	可燃，蔓延快，但易控制
IV	21~50 单位	易燃，蔓延快，易成灾，风大易出现飞火
V	51~100 单位	狂燃，应发出警报

根据美国火险尺原理，我国研制出大兴安岭火险尺；小兴安岭（绥化）火险尺；东北林业大学（帽儿山林场）火险尺。

2.2.3.8 布龙 – 戴维斯火险标尺法

这个方法是美国洛杉矶林业试验站的布龙和戴维斯，根据物理学的试验方法制定出来的。

在计算森林火险天气危险度时，采用风速、气温、可燃物湿度（用木棍测定）、相对湿度、降水间隔日数等因子，并把这些因子作为火灾危险度的变量看待，其计算公式为：

$$D=V+T+F+M \qquad (2-15)$$

式中 D——火险危险度指标；

V——风速，m/s；

T——气温，℃；

F——可燃物湿度 +1/4 相对湿度；

M——降水间隔日数。

以上各变量都用百分数表示，见表 2-10 所列。

表 2-10 变量百分数值

风速（m/s）	V（%）	温度（℃）	T（%）	可燃物湿度 +1/4 相对湿度	F（%）	降水间隔日数	M（%）
0~0.9	5	15~19	0	40~75	5	当日降水	0
1.0~2.9	15	20~23	3	25~39	10	1	5
3.0~5.9	25	24~28	6	15~24	15	2	10
6.0~10.9	30	29~32	9	8~14	20	3~5	15
>11.0	35	33~37	12	0~7	25	6~8	20
		>38	15			>8	25

测定火险因子，查出相应百分率，然后相加，再查表 2-11 火险等级表。

表 2-11 火险等级表

等级	特性	D（%）	措施
I	不燃烧	0~30	不用特别安排防火力量
II	很少燃烧	31~55	用一部分力量防火
III	中等燃烧	56~75	经常注意防火
IV	高度燃烧	76~90	主要力量用于防火
V	猛烈燃烧	91~100	动员一切力量防火

2.3 林火预报应用

林火预报的应用已经成为越来越多有林国家林火管理的重要工具，在国家层面来说林火预报的应用主要体现在国家火险等级系统的应用上，美国和加拿大国家火险等级系统的设计和使用均处在世界前列，我国尚未形成国家级火险预报系统，但在火险天气等级预报方面有明确的规定和实际的应用。本节侧重介绍我国的全国森林火险天气等级标准和美国、加拿大国家火险等级系统。

2.3.1 我国火险天气等级

我国火险天气等级方面的研究和应用主要体现在 3 个标准的颁布和实施。1995 年 6 月国家发布了《全国森林火险天气等级》林业行业标准（LY/T 1172—1995），规定了全国森林火险天气等级及其使用方法；2007 年 6 月国家发布了《森林火险气象等级》气象行业标准（QX/T 77—2007），规定了我国森林火险气象等级的划分标准、名称、森林火险气象指数的计算和使用。但由于这两项行业标准存在指标不统一、数据资料难获取、计算方法不够严谨不便于操作、森林火险气象指数和等级定义不清晰等问题，非常不利于全国推广应用。2015 年，中国气象局提出修订完善《森林火险气象等级》。2018 年 9 月，国家标准《森林火险气象等级》（GB/T 36743—2018）获得批准。新标准主要是根据降水、积雪、气温、湿度、风向、风速等气象条件对森林火灾易燃和易蔓延的影响程度，划分气象影响等级，即从气象条件的角度，以气象影响等级表示森林火灾易燃和易蔓延的风险，并采用国家级森林火险气象等级预报业务中，经过多年业务实践和检验的"修正布龙-戴维斯方案"计算森林火险气象指数。

2.3.1.1 全国森林火险天气等级

林业部 1995 年颁布的《全国森林火险天气等级》标准适用于全国各类林区的森林防火期当日的森林火险天气等级实况的评定，也可用于未来的森林火险天气等级预报准确率的事后评价。

（1）因子选取

此标准对火险天气等级的预报主要考虑到以下因子影响：每日的最高空气温度、每日最小相对湿度、每日前期或当日的降水量及其后的连续无降水日数、每日的最大风力等级和森林防火期内生物及非生物物候季节的影响。

（2）计算方法

森林火险天气指数 HTZ 的计算公式，见下式：

$$HTZ = A + B + C + D - E \tag{2-16}$$

式中 A，B，C，D，E——根据本地每日各森林火险天气因子和物候订正因子，分别从表 2-12~ 表 2-16 查得的各类森林火险天气指数值和物候季节订正指数值。

森林防火期每日的最高空气温度的森林火险天气指数 A 值，见表 2-12 所列。

表 2-12 森林火险天气指数 A 值

空气温度等级	最高空气温度（℃）	森林火险天气指数 A
一	≤ 5.0	0
二	5.1~10.0	4
三	10.1~15.0	8
四	15.1~20.0	12
五	20.1~25.0	16
六	≥ 25.1	20

森林防火期每日最小相对湿度的森林火险天气指数 B 值，见表 2-13 所列。

表 2-13 森林火险天气指数 B 值

相对湿度等级	最小相对湿度（%）	森林火险天气指数 B
一	≥ 71	0
二	61~70	4
三	51~60	8
四	41~50	12
五	31~40	16
六	≤ 30	20

森林防火期每日前期或当日的降水量及其后的连续无降水日数的森林火险天气指数 C 值，见表 2-14 所列。

表 2-14 森林火险天气指数 C 值

降水量（mm）	降水量日及其后的连续无降水日数的森林火险天气指数 C								
	当日	1日	2日	3日	4日	5日	6日	7日	8日
0.3~2.0	10	15	20	25	30	35	40	45	50
2.1~5.0	5	10	15	20	25	30	35	40	45
5.1~10.0	0	5	10	15	20	25	30	35	40
≥ 10.0	0	0	5	10	15	20	25	30	35

注：降水量小于 0.3mm 作为无降水计算。C 值为 30 以上时，没延续一日，C 值递加 5，C 值 50 以上时，仍以 50 计算。

森林防火期每日的最大风力等级的森林火险天气指数 D 值，见表 2-15 所列。

表 2-15 森林火险天气指数 D 值

风力等级	距地面 10m 高处风速范围（m/s）	中数	地物特征	森林天气指数 D
0	0.0~0.2	0	静，烟直上	0
1	0.3~1.5	1	烟能表示风向，树叶略有摇动	5

（续）

风力等级	距地面10m高处风速范围（m/s）	中数	地物特征	森林天气指数 D
2	1.6~3.3	2	树叶微响，高的草开始摇动，人面感觉有风	10
3	3.4~5.4	3	树叶、小树枝及高的草摇动不停	15
4	5.5~7.9	4	树枝摇动，高的草呈波浪起伏明显	20
5	8.0~10.7	5	有叶的小树摇摆，高的草波浪起伏明显	25
6	10.8~13.8	6	大树枝摇动，举伞困难，高的草不时倾伏于地	30
7	13.9~17.1	7	全树摇动，大树弯下来，迎风步行感觉不便	35
8	17.2~20.7	8	小树枝可折毁，迎风步行感觉不便	40

注：D 值为40以上时，仍以40计算。

森林防火期内生物及非生物物候季节的影响的订正指数 E 值，见表2-16所列。

表2-16 森林火险天气指数 E 值

等级	绿色覆盖（草木生长期）	白色覆盖（积雪期）	物候季节订正指数 E
一	全部绿草覆盖	90%以上积雪覆盖	20
二	75%绿草覆盖	60%以上积雪覆盖	15
三	50%绿草覆盖	30%以上积雪覆盖	10
四	20%绿草覆盖	10%以上积雪覆盖	5
五	没有绿草	没有积雪	0

（3）结果输出

规定了全国森林火险天气等级及其使用方法。森林火险天气等级标准查对表，见表2-17所列。

表2-17 森林火险天气等级标准查对表

森林火险天气等级	危险程度	易燃程度	蔓延程度	森林火险天气指数 HTZ
一	没有危险	90%不能燃烧	不能蔓延	≤25
二	低度危险	60%难以燃烧	难以蔓延	26~50
三	中度危险	30%较易燃烧	较易蔓延	51~72
四	高度危险	10%容易燃烧	容易蔓延	73~90
五	极度危险	没有积雪极易燃烧	极易蔓延	≥91

注：表中的森林火险天气等级，其等级标准由森林火险天气指数 HTZ 查得。

2.3.1.2 森林火险气象等级

2007年6月，国家发布了气象行业标准《森林火险气象等级》（QX/T 77—2007），规定了我国森林火险气象等级的划分标准、名称、森林火险气象指数的计算和使用。

(1) 因子选取

此标准对火险天气等级的预报主要考虑到以下因子影响：24h 降水量（R_{24}）；日最高气温（T_{14}）；日最低气温（T_d）；日最小相对湿度（U_{14}）；日最大风速（V_{14}）；前一日 24h 降水量（PR_{24}）；前 3d 降水量累计值（PR_{72H}）；前 3d 最低相对湿度平均值（PU_{72P}）；前 3d 最高气温累计值（PT_{72H}）；预报时间点以前日降水量 $\leq$ 5mm 的连续日数（PR_{24LR5}）；预报时间点以前日降水量 $\leq$ 3mm 的连续日数（PR_{24LR3}）；预报时间点以前日降水量 $\leq$ 3mm 的连续日数（$PR_{24LR0.5}$），共计 12 项气象指标。

(2) 计算方法

该标准中森林火险气象等级（FFDR）由森林火险气象指数（FFDI）决定，FFDI 的计算公式为：

$$U_j, U_q > 0.5 \text{ 且 } U_j, U_q \text{ 时}, FFDI = U_j \tag{2-17}$$

其他情况，
$$FFDI = 0.5 \times (U_j + U_q) \tag{2-18}$$

式中 U_j——前 5 个因子单因子森林火险贡献度的平均值；

U_q——后 7 个因子单因子森林火险贡献度的平均值。

森林火险气象因子选取 R_{24}、T_{14}、T_d、U_{14}、V_{24}、PR_{24}、PR_{72H}、PU_{72P}、PT_{72H}、PR_{24HR5}、PR_{24LR3}、$PR_{24LR0.5}$。

FFDI 的计算公式中涉及归一化条件概率、单因子火险贡献度数学模型的计算，下面详细介绍这两部分的计算方法：

①归一化条件概率

第一，根据近 30 年整编气象资料统计出各因子的极大值和极小值。

第二，对各因子的变动范围进行等间隔划分，划分出的因子区间大小在数值上须大于或等于该因子单位数值的 2 倍。

第三，统计各地各年的每一个气象因子在每个因子区间内的出现日数。

第四，统计各年各因子区间的火情出现次数之和。如某地 1981 年在 (15℃, 17℃) 区间的因子分别出现在 5 月 17 日、5 月 19 日、6 月 2 日，而这 3d 的火情分别是 1 次、3 次、2 次，则对应 (15℃, 17℃) 区间的火情次数之和为 6 次。

第五，统计各因子区间的因子日数和火情次数历史平均值。历史时段的选择各地可不同，但要求该时段内气象和火情记录完整无缺。各因子区间内因子出现日数和火情出现次数历史平均值分别表示为 Y_i 和 F_i（$i=1, 2, \cdots, N$，N 为因子区间数）。

第六，计算分类条件概率 P_i。按下式计算分类条件概率 P_i，P_i 的意义为在 Y_i 发生条件下 F_i 发生的概率，P_i 的大小反映了不同区间内火情严重程度或火灾危险程度。

$$P_i = F_i / Y_i \ (i=1, 2, \cdots, N, N \text{ 为因子区间数}) \tag{2-19}$$

第七，计算归一化条件概率 P_{mi}。

$$P_{mi} = P_i / P_m \ (i=1, 2, \cdots, N) \tag{2-20}$$

式中 N——因子区间数；

P_m——N 个区间内 P_i 最大值。

第八，绘制归一化概率图。以各单因子归一化概率 P_{mi} 为纵坐标，以 N 个区间为横坐标,可采用相邻三点滑动平均的方法来处理概率曲线,即取相邻三点的归一化概率 P_{mi},构成一个新的序列,目的是滤去一些小扰动或短波,可得到12张归一化概率图。也可以采用其他方法平滑归一化概率曲线。

② 单因子火险贡献度数学模型

T_{14}、T_d、V_{14}、PT_{72H}、PR_{24LR5}、PR_{24LR3}、$PR_{24LR0.5}$ 为森林火险增因子,其数学模型如下:

$$U=1/\{1+[a\times(c-x)]^b\} \quad (x>c) \tag{2-21}$$

$$U=1 \quad (x\leq c) \tag{2-22}$$

R_{24}、U_{14}、PR_{24}、PR_{72H}、PU_{72P} 为森林火险减因子,其数学模型如下:

$$U=1/\{1+[a\times(x-c)]^b\} \quad (x>c) \tag{2-23}$$

$$U=1 \quad (x\leq c) \tag{2-24}$$

式中　x——气象因子的预报值或观测值;

　　　U——单因子森林火险贡献度,U 的取值范围为(0,1);

　　　a、b、c——待定系数。

待定系数 a、b、c 可按以下方法求出:

c 系数的计算:令 $U=1$

在增因子公式中,则有:

$$c=R_1 \tag{2-25}$$

在减因子公式中,则有:

$$c=R_1 \tag{2-26}$$

a 系数的计算:令 $U=0.5$

在增因子公式中,则有:

$$a=1/(R_1-R_{0.5}) \tag{2-27}$$

在减因子公式中,则有:

$$a=1/(R_{0.5}-R_1) \tag{2-28}$$

b 系数的计算:不再有林火发生时,U 可选取3个精度值,即 $U=0.05$ 或 $U=0.01$ 或 $U=0.005$。

$U=0.05$ 时:

对增因子,则有:

$$b=\lg19/\lg[a(c-R_0)] \tag{2-29}$$

对减因子,有:

$$b=\lg19/\lg[a(R_0-c)] \tag{2-30}$$

同理 $U=0.01$ 时:

对增因子,有:　　　　$b=\lg99/\lg[a(c-R_0)]$ 　　　　(2-31)

对减因子,有:　　　　$b=\lg99/\lg[a(R_0-c)]$ 　　　　(2-32)

同理 $U=0.005$ 时:

对增因子,有:　　　　$b=\lg199/\lg[a(c-R_0)]$ 　　　　(2-33)

对减因子,有:　　　　$b=\lg199/\lg[a(R_0-c)]$ 　　　　(2-34)

R_0 为森林火灾归一化概率途中森林火灾发生的临界值;$R_{0.5}$ 为森林火灾归一化概率途中森林火灾概率开始明显增大的临界值;R_1 为森林火灾归一化概率途中森林火灾概率开始大量发生的临界值。R_0、$R_{0.5}$、R_1 可以从归一化概率图中查算出。

由此可计算出 12 个因子的单因子森林火险贡献度数学模型的待定系数 a、b、c。

（3）结果输出

表 2-18 为 $FFDI$ 与 $FFDR$ 命名对照表,将森林火险气象等级分为 5 个,$FFDI$ 的计算采用附录 B 提供的森林火险气象指数计算方法。A、B、C、D 为分级临界值,将当地 5 年以上森林防火季节的 $FFDI$ 逐日值组成一个集合,按升序排列,按 10%、20%、40%、20%、10% 的比例,对该集合按从小到大的方法进行划分,各子集分界点的 $FFDI$ 值即为 A、B、C、D。森林火险气象等级的描述见表 2-19,森林火险气象等级服务用语见表 2-20 所列。

表 2-18 $FFDI$ 与 $FFDR$ 参考对照表

$FFDI$	$(0, A)$	(A, B)	(B, C)	(C, D)	$(D, 1)$
$FFDR$	一级	二级	三级	四级	五级

表 2-19 森林火险气象等级的描述

级别	名称	危险程度	易燃程度	蔓延扩散程度	表征颜色
一级	低火险	低	难	难	绿
二级	较低火险	较低	较难	较难	蓝
三级	较高火险	较高	较易	较易	黄
四级	高火险	高	容易	容易	橙
五级	极高火险	极高	极易	极易	红

表 2-20 森林火险气象等级服务用语

级别	预报服务用语
一级	森林火险气象等级低
二级	森林火险气象等级较低
三级	森林火险气象等级较高,须加强防范
四级	森林火险气象等级高,林区须加强火源管理
五级	森林火险气象等级极高,严禁一切林内用火

2.3.1.3 森林火险气象等级

《森林火险等级》(GB/T 36743—2018) 规定了森林火险气象等级的确定及其计算方法。本标准适用于对森林火险气象条件的监测、预报和服务。

（1）风速

一般指离地 10m 单位时间内空气移动的水平距离,以米每秒 (m/s) 为单位。

（2）降水量

某一时段内未蒸发、渗透、流失的降水,在水平面上累积的深度,以毫米 (mm) 为单位。

（3）气温

标准观测环境百叶箱中离地面 1.5m 高处的空气温度,以摄氏度 (℃) 为单位。

（4）相对湿度

空气中实际水汽压与当时气温下的饱和水汽压之比，反映了空气距饱和空气的程度，以百分数（%）表示。

（5）雪深

从积雪表面到地面的垂直深度。

（6）气象干旱等级

描述气象干旱程度的级别。

（7）气象干旱综合指数

综合考虑前期不同时间段降水和蒸散对当前干旱的影响而构建的一种干旱指数。

（8）无降水日

24h 降水量小于 0.1mm 为一个无降水日。

（9）森林火险气象指数

反映林火发生及其扩散蔓延难易程度的气象评价指标。

（10）森林火险气象等级

反映林火发生及其扩散蔓延难易程度的气象影响危险性级别。

①森林火险气象等级的确定　首先根据地势、气候条件和历史火灾分布等因素将全国划分为 5 个 FFDI 计算区域，再根据 FFDI 值（I_{FFDI}）划分等级。森林火险气象等级由低至高分为 5 个等级：低火险（一级）、较低火险（二级）、较高火险（三级）、高火险（四级）、极高火险（五级）。森林火险气象等级划分、描述和预报服务用语规则见表 2-21 所列。

表 2-21　森林火险气象等级划分、描述和预报服务用语

FFDR	I_{FFDI}（%）					名称	预报服务用语
	A 区	B 区	C 区	D 区	E 区		
一级	(4, 38)	(4, 46)	(4, 38)	(4, 42)	(4, 35)	低火险	森林火险气象等级低
二级	(38, 47)	(46, 58)	(38, 43)	(42, 50)	(35, 38)	较低火险	森林火险气象等级较低
三级	(47, 66)	(58, 70)	(43, 65)	(50, 69)	(38, 62)	较高火险	森林火险气象等级较高，须加强防范
四级	(66, 73)	(70, 73)	(65, 73)	(69, 73)	(62, 73)	高火险	森林火险气象等级高，林区须加强火源管理
五级	(73, 100)	(73, 100)	(73, 100)	(73, 100)	(73, 100)	极高火险	森林火险气象等级极高，严禁一切林内用火

注：A 区为东北地区，含黑龙江省、吉林省、辽宁省、内蒙古自治区东部（120°E 以东）；B 区为华北、西北地区，含北京市、天津市、河北省、山西省、宁夏回族自治区、新疆维吾尔自治区、青海省、陕西省、甘肃省、内蒙古自治区中西部（120°E 以西）；C 区为西南地区，含云南省、贵州省、四川省、重庆市、西藏自治区；D 区为华东、华中地区，含山东省、河南省、安徽省、江西省、湖南省、湖北省、江苏省、上海市、浙江省、福建省、台湾地区；E 区为华南地区，含广东省、广西壮族自治区、海南省、香港特别行政区、澳门特别行政区。地理跨度和气候差异较大的省（自治区、直辖市）可根据实际情况选择适用区域。

②森林火险气象指数的计算　森林火险气象指数（FFDI）的计算公式见式（2-35）和式（2-36）。

$$I_{FFDI} = U \times C_r \times C_s \qquad (2-35)$$

$$U = f(V) + f(T) + f(r_{RH}) + f(M) \qquad (2-36)$$

式中 U——森林火险气象指数的函数表达式；

C_r——降水量修正系数，24h 降水 $R_r \geq$ 1mm 时，C_r=0；R_r<1mm 时，C_r=1；R_r 的阈值可根据本地气候条件和地理地貌自行试验调整；

C_s——积雪修正系数，24h 雪深 H_s>0cm 时，C_s=0；H_s=0cm 时，C_s=1；H_s 的阈值可根据本地气候条件和地理地貌自行试验调整；

V——14：00（北京时间或当地时间）风速，m/s；

T——14：00（北京时间或当地时间）气温，℃；

r_{RH}——14：00（北京时间或当地时间）相对湿度，%；

M——当综合气象干旱等级为无旱（气象干旱综合指数 MCI>−0.5，计算方法见 GB/T 20481—2017 第 9 章）、轻旱及以上（$MCI \leq -0.5$）时的连续无降水日数，单位为 d。

式（2-36）中所有变量的区间范围及其对应取值见表 2-22~ 表 2-25 所列。

表 2-22 风速及其函数值查对表

V（m/s）	≤ 1.5	（1.5，3.5）	（3.5，5.6）	（5.6，8.1）	（8.1，10.9）	（10.9，14.0）	（14.0，17.2）	>17.2
$f(V)$（%）	4	8	12	15	19	23	27	31

表 2-23 温度及其函数值查对表

T（℃）	≤ 5	（5，10）	（10，15）	（15，20）	（20，25）	>25
$f(T)$（%）	0	5	6	9	13	15

表 2-24 相对湿度及其函数值查对表

r_{RH}（%）	≥ 70	（60，70）	（50，60）	（40，50）	（30，40）	< 30
$f(r_{RH})$（%）	0	3	6	9	12	15

表 2-25 连续无降水日数及其函数值查对表

M（d）										
	轻旱及以上	0	1	2	3	4	5	6	7	≥ 8
	无旱	0~3	4~6	7~9	10~12	13~14	15~16	17~18	19~20	>20
$F(M)$（%）		0	8	12	19	23	27	31	35	38

2.3.2 美国国家火险等级系统（NFDRS）

2.3.2.1 产生背景

美国国家火险等级系统（National Fire Danger Rating System，NFDRS）是目前世界上最先进的林火预报系统之一，从 20 世纪 20 年代开始研究林火预报至今，美国一直处于世界领先地位。美国于 1920 年初就形成了火险等级系统，1940 年形成一个适用于全国的火险系统。1958 年，由于火灾研究和火灾控制人员组成的联合委员会，同意使用一个全国的系统。1961 年，一个 4 相级（four-phase rating）系统的基础结构已初步形成。1972 年 2 月美国林业研究报告出版了《国家火险等级系统》，并被广泛应用。1978 年，对系统进行了修正，使其进一步完善。美国国家火险等级由两部分组成：一部分是关于系统的原理和结构；另一部分是关于系统各分量和指标的计算。

美国国家火险等级系统以对水汽交换、热量传输等物理问题的研究和分析为基础。在研究火险天气时，主要根据水汽扩散物理研究中的理论推导，气象资料和实验室分析（很少或者说没有外场研究）来计算不同种类可燃物的含水率变化规律，以点燃组分（IC）来反映易燃程度。在研究火行为时，依赖于罗森迈尔的蔓延模型，这种模型也是根据纯粹的物理设计和数学推导，以及室内控制条件下燃烧试验结果而建立的，以蔓延组分和能量释放组分来体现。林火发生预报是以火源和点燃组分（IC）决定的，分为人为火和雷击火 2 种形式预报。

美国森林火险等级系统特点是输入因子考虑得比较全面，包括气象因子、地形和植被状况。工作比较细致，火发生预报把人为火发生和雷击火发生来考虑，不仅考虑死可燃物含水量变化，而且还考虑了活可燃物含水量状况。

简单概括美国 NFDRS 有如下一些不足：只有预报初发火的潜在特征，并没考虑树冠火和飞火形成的问题，这些将放在进一步的火行为研究中去解决；系统所提供的有关火发生和火行为指标只能对制定林火管理和扑火策略提供参考；系统提供的有关火险程度的参数只是相对而言；火险指标的阈值是根据研究最坏火险天气而定的。而在一天中是在火险最高时段进行气象因子测定，并且观测点应设在南坡中部尽量开阔的地带。因此可以总结为：美国国家火险等级系统并不能预报每一场火是怎样表现的（由其他子系统来完成），而只是为林火管理提供短期防火规划指南。但可以预报在某一预报区内，某一时段内可能出现的林火行为大致情况。

2.3.2.2 系统结构

美国国家火险等级系统（NFDRS）结构如图 2-1 所示。

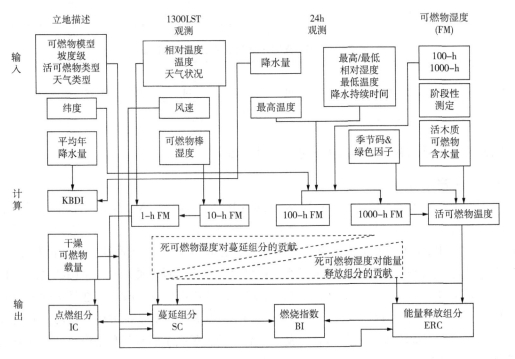

图 2-1 NFDRS 结构简图

美国国家火险等级系统认为火险取决于可燃物的状态，包括可燃物的含水率、可燃物的载量和其他理化性质。其中，可燃物的含水率受气象条件影响，不同可燃物的含水率对气象因子的响应速率不同。

（1）输入因子

①**气象因子** 气象因子是美国国家火险等级系统进行各种组分、指标计算和预报的基础资料。因此，要求至少在火险期到来前 10d 进行观测记录，具体因子为：气象台站编号，气象台站海拔高，干球和湿球温度，雷电活动水平，风速、风向，降水种类、数量、持续时间，24h 最高和最低气温，24h 最高和最低气温。

②**可燃物** 美国国家火险等级系统对可燃物的处理十分严格。首先确定了 21 个可燃物模型，用以代表全美国不同类型的可燃物，每个类型分配一套参数，具体是 1h、10h、100h、1000h 时滞可燃物、灌木、草本的表面积体积比和载量、可燃物床层高度、熄灭含水率、发热量、20 英尺*高空到火焰中部的风速衰减系数等。各个州和地区在进行林火预报时，第一个要选定代表该地区的可燃物类型。系统提供了非常方便的可燃物模型检索表。选定模型后还应确定预报单位所在的气候区。系统将全美国划分为 4 个气候区，以表示不同气候区的干旱程度。美国系统的可燃物种类是根据对大气湿度和降水的反应速度来划分，其中 1000h 时滞可燃物的含水率变化规律与活可燃物近似，死可燃物的含水率主要受大气中湿度和降水的影响。因此，可用气象要素计算得出。活可燃物主要是指正在生长的植物体，可划分为两类：草本植物和灌木。草本植物还可以进一步划分一年生和多年生两类。

（2）输出指标

NFDRS 的计算结果有两种输出形式，分别是中间输出因子和观测实际火险的指数与组分。

①**中间输出因子** 中间输出因子作为计算下一日指标的基础，主要包括草本可燃物湿度、木质可燃物湿度和死可燃物湿度；指数和组分包括点燃组分（IC）、蔓延组分（SC）、能量释放组分（ERC）和燃烧指标（BI）点燃组分是用来表征发生火灾发生可能性的指标，其取值在 0~100 之间。点燃组分值为 100 表示每次人为点火都会引发火灾，而点燃组分值为 0 则表示在任何情况下人为点火都不会形成火灾。在实际应用中，点燃组分可以帮助指挥者判断形势和做出决断。

②**观测实际火险的指数与组分**

a. 蔓延组分表示火灾中火头的蔓延速度。风速、坡度和细小可燃物含水率是影响蔓延组分值的最主要因素，蔓延组分的取值没有上限。

b. 能量释放组分表示火前方单位面积（平方英尺）可获得的能量。能量释放组分的日变化与活可燃物和死可燃物的含水率变化相关，当可燃物含水量降低时，能量释放组分值升高，因此，其可以较好地表征干旱状况，同时，能量释放组分可以帮助决策者对 24~72h 内火灾情况做出判断和决策。能量释放组分取值没有上限。

c. 燃烧指标用以表征控制某一场火灾的难易程度，是由蔓延组分和能量释放组分联合推

---

*1 英尺 =0.3048m。

算而来,在计算中,燃烧指标值等于火线长度(英尺)乘以10。其值没有上限。

2.3.3 加拿大森林火险等级预报系统(CFFDRS)

2.3.3.1 产生背景

加拿大联邦林务局于1968开始开发国家级的林火预报系统,最终形成了由加拿大林火天气指数系统(Canadian Forest Fire Weather Index System,FWI)、加拿大林火行为预报系统(Canadian Forest Fire Behavior Prediction System,FBP)、加拿大林火发生预报(FOP)系统和可燃物湿度辅助系统组成的加拿大森林火险等级预报系统(Canadian Forest Fire Danger Rating System,CFFDRS)。CFFDRS也是当前世界上发展最完善、应用最广泛的森林火险等级系统之一。由于具有可定制的系统组分,CFFDRS成为世界上唯一能适应从局部到全球任何尺度的系统,新西兰、墨西哥、美国的佛罗里达以及东南亚国家等采用和借鉴CFFDRS的模块和研究思想,形成了各自不同的火险等级系统。

2.3.3.2 系统结构

加拿大森林火险等级系统的4个子系统中,林火天气指数系统(FWI)和林火行为预报系统(FBP)已经在加拿大全国范围正式运行多年,但林火发生预报系统和可燃物湿度辅助系统尚未形成全国性的版本,各个区域之间有较大的差异,因此,本文仅对林火天气指数系统和林火行为预报系统进行详细描述。林火发生预报系统用来预测雷击和人为引起的火灾数量,可燃物湿度辅助系统的作用是支持其他3个子系统的应用。加拿大森林火险等级系统是火管理系统人员或森林火灾研究人员制定行动指南或开发其他系统的基础。

(1)林火天气指数(FWI)系统

基于对每天13:00温度、相对湿度、风速和前24h降雨这4个天气因子的连续观测记录,林火天气指数系统可以输出平坦地形上某一可燃物类型的6个不同指标,如图2-2所示。

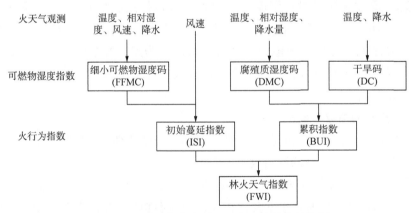

图2-2 林火天气指数(FWI)系统简化结构图

前3个输出指标是可燃物湿度指数,包括细小可燃物湿度码(FFMC)、腐殖质湿度码(DMC)和干旱码(DC)。细小可燃物湿度码反映林中细小可燃物和表层枯枝落叶含水率变化,其代表的可燃物为:枯枝落叶层1~2 cm厚度,负荷量为5 t/hm² 左右,其取值范围为0~99;干旱码反映深层可燃物含水率,这一层土壤深度为10~20 cm,结构比较紧密,负荷量约为440t/hm²，其水分变化迟缓，往往随季节变化，开始设计时以土壤中水分状况来表示，后研究表明其水分损失按指数关系变化，所以也很适用于代表某些粗大可燃物，如倒木等；腐殖质湿度码表示林下腐殖质的含水率情况，由温度、相对湿度和降水量确定，干旱码和腐殖质湿度码的取值没有上限。

林火天气指数系统的后3个输出因子是火行为指标，即初始蔓延指数（ISI）、累积指数（BUI）和火天气指数（FWI）。其中初始蔓延指数反映蔓延速度，累积指数则反映燃烧可能消耗的可燃物量。林火天气指数系统是由初始蔓延指数和调整后的枯落物下层湿度码的结合而产生的，也是系统的最终指标。

（2）加拿大林火行为预报系统

林火行为预报系统是为林火行为预测开发的子系统，输入指标包括可燃物类型、可燃物含水率、天气、地形、燃烧时间等因素，可输出包括蔓延距离、蔓延速度、火强度、火场蔓延范围在内的多种火行为预测指标，如图2-3所示。

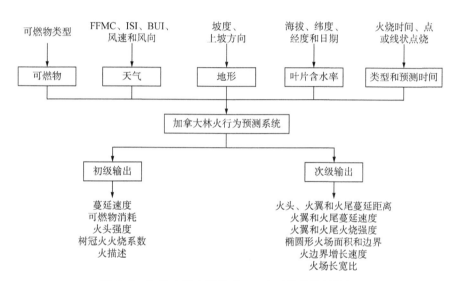

图2-3 加拿大林火行为（FBP）系统简化结构图

美国和加拿大两国森林火险等级系统有许多相似之处，也有一些不同之处。两国火险系统主要相似之处是根据不同的干旱率，把森林可燃物分为3类，即：

美国：1h可燃物湿度码（1h MC）

　　　　10h可燃物湿度码（10h MC）

　　　　100h可燃物湿度码（100h MC）

加拿大：细小可燃物湿度码（FFMC）

　　　　枯枝落叶层湿度码（DMC）

　　　　干旱码（DC）

两国对可燃物含水率都采取逐天计算方法，都考虑到风对林火行为的作用；两个系统都包括了代表火蔓延速度的指标，这在某种意义上表示可燃物耗损的大小；两者最终都归结为一个指标形式用来估测某单独林火的火线强度。最后指标反映出两种系统在方法上存在着明显的差别。加拿大系统最终指标是林火天气指数值，美国系统最终指标是燃烧指标值。两国火险等级系统一个基本的不同点是依据于各自的不同结构。美国系统依据是：①可燃物的数学模型和物理模型；②作为影响可燃物含水量变化的热量变化；③实验室内的试验；④这些试验是在叶腐殖可燃物床上测量各种可燃物和天气因子对火行为的影响。最有代表性的拜拉姆（Byram）和罗瑟梅尔（Rothermel）的数学模型和物理模型。加拿大系统则是由经验法推导来的，它严格地依据野外测定，列成表格形式，再将表格形式的指标归纳为方程式，使用袖珍计算器计算，也可以用计算机程序计算。

思考题

1. 简述林火预报的概念。
2. 简述林火预报的类型。
3. 简述林火预报考虑的因子。
4. 简述林火预报的研究方法。

第 3 章
林火监测

主要介绍林火监测的概念、内涵和体系构成。针对不同的林火监测手段，介绍其原理、适用场景及应用现状，并对监测效果进行比较分析。以利于读者了解我国现阶段林火监测力量和体系的构成，熟悉先进林火监测技术的原理和应用特点，掌握不同监测手段的优缺点和适用范围。

3.1 林火监测体系

近年来受全球气候变暖、林农间种、森林旅游活动频繁等因素的影响,森林火灾时有发生。林火监测是指利用各种手段对林火的发生和发展进行的监测,是森林防火工作中非常重要的环节之一,是及时发现火情、科学扑救森林火灾的重要手段。最早的火灾监测主要是靠管理人员野外巡逻和建立监测站,后来配以飞机的定期巡航。但是对于大面积的森林,依靠地面人力和飞机监测,不但费用高,而且工作十分繁杂,特别是对于盲区的监测精度很低,所以现在森林火灾监测主要依靠电子设备配合人工操作实现。

近年来,世界上新的林火监测技术发展相当迅速,如红外线监测、电视监测、地波雷达监测、雷击火监测、微波监测和卫星监测等。这些新技术的应用,大大提高了林火监测的及时性和准确性。随着社会的发展及科学技术的进步,气象科学、遥感技术、计算机、激光、通信和航空航天技术的蓬勃发展,化学和生物技术的不断革新,加上现代科学管理的渗透,为森林防火提供了先进的手段和技术条件。现阶段,提升监测水平、优化监测手段,提高协同作战能力是实现"预防为主、积极消灭"战略方针的有效途径,是当前和今后一段时期内需要面临的重要课题之一。

3.1.1 林火监测国内外发展现状

3.1.1.1 国外发展现状

在大面积的森林中,火灾往往是由不明显的隐火引发的。为了尽早、有效地发现林火隐患,减少火灾损失,发达国家采取了很多措施和办法,并取得了许多成功范例。加拿大林业学院早在1975年就开始进行森林防火试验,用飞机检查尚未起燃的潜在火源。加拿大森林研究中心采用直升机携带AGA750便携式红外热成像仪进行火源探测的方式,在一个火灾季节中发现了15次隐火。此外,加拿大还采用从卫星上发射电磁射线检测林区温度,当检测出某一林区局部温度上升到150~200℃,红外线波长达3.7 μm时,便是火灾前兆,立即测定具体温度,采取措施及时防火。美国利用"大地"卫星在离地面大约705 km的轨道上绕地球运转,探测地面上的高温地区、浓烟地带以及火烧迹地。此外,美国还广泛使用林火预警飞机进行24 h监测,虽然耗资巨大,但效果显著。德国使用的Fire-Watch System森林火灾自动预警系统是一种应用可见光数码摄像技术的森林火灾自动预警系统,它能够及时识别与定位森林火灾,是当前全欧洲最新的技术。2019年,瑞典皇家理工学院宣布开发出一种利用卫星数据和机器学习的新技术用于更有效地监测森林火灾并分析灾后损害。

3.1.1.2 国内发展现状

我国政府高度重视森林防火工作,相关政策法规和管理制度比较完备,各级森林防火组织和体系基本建成,对林火监测预警系统的智能化、信息化建设已列入《国家林业信息化发展"十三五"规划》。

中国科学院遥感应用研究所于 2003 年初步建立了森林、草原火灾遥感监测预警系统，开展了全国及周边地区森林、草原火情监测服务，包括森林草原火灾危险性预测、火点自动提取和火势监测、火灾损失评价等内容，形成了较规范的监测流程和信息服务体系。国家森林防火指挥部办公室利用 ERDAS、VirtualGIS 和野外实时摄像监控系统，开发构建了一个重点区域实时防火监控与指挥系统，实际效果很好。黄勤珍等通过红外探测器对森林火情进行探测，并利用 GPS 对森林火情实现准确定位，同时把信息及时传送到指挥中心，从而达到监测森林火灾的目的。2017 年，国家森林防火指挥部办公室印发新修定的《全国卫星林火监测工作管理办法》，以进一步规范全国卫星林火监测工作，提高卫星林火监测的能力和服务水平。

北京的卫星监测森林火灾技术位居我国前列，一般由 EOS-TERRA 的星载中等分辨率成像光谱仪（MODIS）获取数据，具有灵敏探测地面上的高温地区、浓烟地带以及火灾遗址的能力。它每天 2 次向地面传回有关火情的数据，这些数据经过 GIS 分析后可绘制成火情图，该图涵盖的信息包括火灾地点、火势蔓延的趋势以及大火对环境造成的损害程度。它也可以接收 NOAA 卫星的 YT02-JD 极轨低分辨率卫星云图接收系统，采用全向天线，适用于各种环境下接收 NOAA 卫星播发的低分辨率气象云图。

我国已在北京、哈尔滨、昆明、乌鲁木齐建成 4 个卫星林火监测中心，每年接收处理 FY3、EOS-MODIS、NOAA 等系列卫星过境轨道逾 1.3×10^4 条，监测发现热点上万个。航空护林飞机巡航林地面积 $1.68 \times 10^8 hm^2$，森林航空消防覆盖率达到 54.1%。初步实现了火情的"早发现"。

3.1.2 林火监测体系的构成

3.1.2.1 我国现有监测方式

目前，世界上许多国家在林火监测上主要还是采取传统的地面巡护、瞭望塔监测和空中巡护 3 种方式。由于莽莽林海，只靠巡护员监测火情是很不够的，瞭望塔监测又受到很多条件的限制，而靠飞机巡逻观察不仅耗资大，速度也不是最快的，因此，随着科学技术的发展，林火监测的手段和能力也在不断丰富、完善。如今，我国林火监测手段按空间位置可划分为卫星监测、航空巡护、近地面监测和地面巡护 4 个层次。

其中，地面巡护是由护林员、森林防火专业人员在各自防火检查区内，根据森林火险等级预报，针对重点区域进行不同时段、不同空间密度的巡逻，检查监督来往行人和车辆遵守防火制度情况，宣传群众控制人为火源，检查生产用火和生活用火情况等。它是林区火情监测中最为原始的监测手段，最大的优点是具有较强的针对性，防火部门可有针对性地派护林员到易发生火情的敏感区域做好森林防火宣传教育，对当地村民野外非法用火进行制止，及时消除火灾隐患，协助乡、村等有关部门查处火情，减少人为引起的森林火灾的发生。

近地面监测主要有瞭望观察和视频监控两种形式。其中瞭望观察是经济水平相对落后地区所采用的监测方法，是我国林火监测体系中不可或缺的重要组成部分。它能够随时查看火势蔓延、发展及变化情况，为在最短时间扑灭森林火灾提供准确、翔实的火场信息。

航空巡护主要通过航空护林飞机或无人驾驶飞机沿护林航线在火险等级较高的重点林区上空通过目视或借助设备监测火情的一种方法，其中包括飞机巡护和无人机巡护两种方式。

它具有侦查范围广、反应速度快、视野开阔、方位准确等优点，弥补了卫星监测空间分辨率较低和近地面观测、地面巡逻监测范围小的不足，是森林防火工作中不可替代的监测手段。

卫星林火监测是以卫星作为空间平台，通过其搭载的扫描辐射计探测地球表面物体的辐射值，依据林火温度远高于其背景地表温度这一特性完成林区热点监测。卫星监测是当代高新技术在森林防火应用的重要标志，是林火监测发展的前沿领域。它是当今科技含量最高的森林火灾监测方法，具有时效性高、监测范围广、连续性强等优点，不仅可对林区进行日常宏观监测，而且可对重大森林火灾的发展蔓延进行连续跟踪监测，还可用于过火面积的概略统计、火灾损失的初步估算及地面植被的恢复调查提供数据参考。

3.1.2.2 三维立体林火监测网

目前，我国在森林防火工作中已初步实现了高空有卫星、中空有飞机、近地面有瞭望塔和视频监控、地面有巡护人员的立体监测手段，从而构成了三维的立体林火监测网，能够及时发现火情，准确确定起火点位置和探测林火发生发展的全过程，是保证迅速控制并扑灭森林火灾的基础。其中，卫星监测和近地面监测是目前我国林火监测的主要方式。

3.2 地面巡护

地面巡护是指森林防火专业人员，如护林员等，采用步行或乘坐交通工具（马匹、摩托车、汽车、汽艇等）按一定的路线在林区巡查森林，检查、监督防火制度的实施，控制人为火源，如果发现火情，还要积极采取扑救措施。地面巡护是控制人为火发生的重要手段之一，适用于对人工林、森林公园、风景林、游憩林和铁路、公路两侧的森林进行火情监测。早在20世纪50年代，我国就依靠步行、骑马或自行车进行巡逻监测林区火情，是当时监测林火的主要方式，特别是对居民点和火源较多及其他措施遗漏的盲区效果较好。目前，多以摩托车携带扑火工具或汽车载人巡逻，不仅可以深入林区腹地扩大巡逻范围，又能在发现林火时及时扑救。实践证明，地面巡逻是有效控制火源、及时发现森林火灾隐患和迅速实施扑救的一种有效措施，是林区基层单位森林防火的一项重要职责。

3.2.1 地面巡护的任务和特点

3.2.1.1 地面巡护的任务

（1）通过宣传教育，达到控制火源、消除火灾隐患的目的

地面巡护的首要任务是向群众宣传，严格控制人为火源，在巡护时要做到：严格控制非法入山人员，特别是盲目流动人口。必要时采用搜山的方式，对林内可疑人员应责令其离开；检查和监督来往行人是否遵守防火法令；入山人员必须持有入山许可证；防火期内对野外吸烟、上坟烧纸、烧荒等野外弄火人员，视情节轻重，给予批评教育、罚款处理；检查林内居民和行人林内防火制度遵守执行情况，制止不合理用火和各种危害森林的行为；严防人为故意纵火行为。

（2）及时发现火情，及时报告，积极组织扑救

巡护时，发现火情应立即扑救。如蔓延过大，要尽快地确定火灾的位置、种类、大小，及时报告森林防火部门，并组织群众迅速奔赴火场进行扑救。要随时报告火场的变化和火势的发展趋势，如果火场面积较大不能扑灭，应想办法控制火势，立即请求指挥部派人进行支援。

（3）配合瞭望塔进行全面监护

深入瞭望塔（台）观测的死角地区进行巡逻，弥补瞭望观测的不足。

3.2.1.2 地面巡护的特点

地面巡护作为控制人为火发生的一种有效手段，其主要特点如下：①任务区域广，地形复杂，需要检查的野外作业单位多，情况不易掌握，完成任务的难度大。②分组巡护，遇到紧急情况时，组与组之间的联络较为困难，人员不便于集中，组织指挥上存在着困难，增援难度大。③所遇情况和矛盾的性质错综复杂，处理问题政策性强，对执勤的政策水平和业务能力要求高。④后勤保障要求高，如食宿、装备及油料的供给等方面需妥善安排。⑤长时间巡护，携带必要的装备，人员体力消耗大，需要良好的身体素质，要防止或减少人员在巡护途中发生疾病。⑥巡护的方式多种多样，自然条件也存在着较大差异，巡护途中存在着许多不安全因素，要强调纪律，防止事故。

3.2.2 地面巡护的组织形式

3.2.2.1 护林员

《中华人民共和国森林法》（以下简称《森林法》）规定："县级或者乡镇人民政府可以聘用护林员，其主要职责是巡护森林，发现火情、林业有害生物以及破坏森林资源的行为，应当及时处理并向当地林业等有关部门报告。"护林员要履行地面巡护的任务。在防火戒严期内，重点地段和区域内，每 3.5 km 应安排 1 人进行巡护。护林员应携带手斧、铁锹等轻便的灭火工具，还应携带对讲机以便保持通信联络。

3.2.2.2 摩托巡护队

摩托巡护队是由专业扑火队员组成，在护林防火指挥部直接领导和指挥下，承担巡护和扑救双重任务。摩托巡护队下设若干小分队。每个小分队配备有摩托车、化学灭火器、扑火机具和对讲机。摩托巡护队常布置在较高火险和边远地区，白天巡逻，晚上集中待命。一有火情，可及时出动，将火扑灭。

3.2.2.3 水上巡逻队

在水路较多的地方，可乘摩托艇或汽艇沿河岸或水库岸边巡逻。装备轻便消防水泵、油锯、喷水灭火器及其他灭火工具、对讲机及电台等。

防火巡护队伍的组织形式要根据各地区的实际情况选用一种或几种。事实证明，凡是地面巡护组织实施得好的地区，对控制野外火源起到决定性的作用，减少了森林火灾的发生。

3.2.3 巡护路线和方法

3.2.3.1 地面巡护路线和时间的确定

地面巡护路线要在巡护前根据所管辖地区各地段的火险等级高低和火源多少进行确定。原则是要尽量通过高火险、火源出现较多的地段。

地面巡护的时间和地段，以火险天气状况确定：①在Ⅰ级火险天气条件下，进行地面巡护的地点仅限于在林区从事火险作业的地点，以及旨在防止有人违反防火安全条例的其他森林地段。②在Ⅱ级火险天气条件下，对Ⅰ级和Ⅱ级自然火险林分，以及劳动者在林中休息地点进行地面巡护，Ⅱ级火险天气的巡护时间是当地时间 11：00~17：00。③在Ⅲ级火险天气时，被观察地段包括Ⅲ级火险森林，巡护时间从 10：00 开始。④在Ⅳ级火险天气时，要增加巡护组的数量，不仅要贯穿森林，还要观察施工地点、林中的贮木场和其他目标，巡护时间 8：00~20：00。⑤在Ⅴ级火险天气日子里，特别要加强对森林的观察工作，整个白天都要进行观察，在火险最严重的地段，要昼夜进行观察。

3.2.3.2 地面巡护的重点与方法

一般距离人烟较远、交通不方便的地方巡护面积可小些，靠近人烟、交通比较便利的地方，巡护面积可大些；火灾危险等级低的林区巡护面积适当放大，火灾危险等级高的林区，巡护面积要小些；偏远林区和火灾危险性大的地方，人员应当多些，一般地方的巡护，人数可以少些。巡护的重点应放在火灾危险性较大的地方。如偏远林区和群众搞副业生产常去的地方，以及林木经济价值高的地方，当然也不要忽视其他一般林区的巡护工作。

在东北和内蒙古林区，由于春秋两季发生森林火灾的因素和地点有所不同，巡护森林的范围和重点也应有所侧重。春季应适当组织力量巡护森林边缘接连耕地的地区，对种地、采集山野菜人员比较多的地方更要严格管理。秋季巡护的重点则应在大片林区和森林副业集中地区。冬季是解决林区群众自用材、打薪柴、搞森林抚育生产的季节，巡护的重点应由防火转到防止乱砍滥伐，并结合完成其他工作。其具体巡护方法是：①根据巡护任务，确定巡护路线。②执行巡护任务的小组要 3 人以上，巡护时严密组织、明确分工，人人做到"眼观六路，耳听八方"，远近结合，左右照顾，遇有高山时，要依山瞭望。前人总结的体会是：走山脊、望两沟、早巡道、午巡山、晚间看河套。③发现可疑人员，就地弄清来历，酌情处理。对一切可疑的现场需详细记载，并报告有关部门处理。④每次巡护后，要认真填写巡护日记。并将变化的情况，如新作业点、新设施、人员活动等变化，标志在图上。

3.2.4 地面巡护的优势与不足

3.2.4.1 地面巡护的优势

地面巡护是林区火情监测中最为原始的监测手段，最大的优点是具有较强的针对性，护林员可以在防火期或火灾敏感区域，及时阻止进山人员，减少人为引起的森林火灾，并可及时发现火情和扑灭火源。

3.2.4.2 地面巡护的不足

地面巡护的不足之处主要表现为以下几个方面：首先，受人为因素影响较大，一些意识淡薄、责任心不强的护林员有时未按规定的时限对区域进行检查，或常常因巡视不到位无法保证戒严期阻止所有人员进入林区，从而导致森林火灾的发生；其次，在确定火灾位置上常因地形地势崎岖、森林茂密而出现较大位置偏差，并且地域偏远、交通不便的林区无法开展地面巡逻工作；最后，地面巡逻工作量较大，人员处于森林底层，视线遮挡严重，观察范围有限，效率低下。

3.3 近地面监测

近地面监测主要包括瞭望塔（台）和视频监测等手段，而这些监测手段又常常是相互配合，紧密联系的，所以它们之间可以说又是一个有机的整体，为森林火灾的发生提供了更为完善和细致的观测。目前，我国共有瞭望塔9312座，视频监控系统3998套，还有近4000个火险要素和可燃物因子监测站，近地面火情监测覆盖率达到68.1%。

3.3.1 瞭望塔监测

3.3.1.1 监测任务

瞭望观察是瞭望员在塔台上通过肉眼或望远镜进行环绕查看，用定位仪确定方位，在地形图上定位火场地理坐标、森林资源分布以及林相情况。瞭望观察必须配备相应的仪器设备，如瞭望观测设备、气象观测设备、定位设备、通信设备、电源设备、林区地形图及办公用品等。瞭望员置身于山中，对林内可燃物状况和气候变化引起的火险等级波动了如指掌，可随时向指挥中心提供第一手资料，还可监测林业生产性用火、非生产性用火、野外违章用火和农事用火等威胁森林资源安全的林区用火。瞭望监测是我国林区主要的林火监测手段。

瞭望塔的首要任务就是在第一时间发现火情向森林草原防灭火指挥部报告，随时监测火势蔓延、发展和变化，为在最短的时间扑灭森林火灾提供准确而翔实的火场信息，为有火不成灾提供保障。其次，瞭望员还应了解山上森林和植被干燥程度、上山人员活动等情况，为制订当前乃至今后一段时期的森林防火工作方案提供科学依据。最后，瞭望塔除了监测森林火灾和火险以外，还担负着林区用火的监测，如林业生产性用火和非生产性用火、野外违章用火、农事用火等威胁森林资源安全的用火。同时，瞭望台对监测林区居民用火也有一定作用。

3.3.1.2 瞭望塔地点的选择

瞭望塔应设在经营活动的制高点和林场、居民点附近。在一些无人活动的地区，则不必设立瞭望塔。在人口密集的地区，也不必建立瞭望塔，因为任何一地发生火灾，居民点都能及时发现。

瞭望塔选址方法有以下几种：

(1) 地形模型法

利用地形模型,在假定的观测点位置上设置光源,此时阴影地段是盲区,在它们的周围画上线,然后把光源移到另一点,以选择盲区面积最小的为最佳观测点。这种选择方法,需要有精确的地形模型。

(2) 地形图选点法

利用大比例尺地形图在预选的山顶上,作8个方位4条线,然后根据等高线绘制4个剖面图,测定其盲区。比较各预选点的盲区,以盲区最少者为最佳方案。

(3) 实地踏查法

对各预选点进行实地观测,然后确定。该方法一般都是根据主观印象确定,缺乏依据。

此外,观测点的选择还可以利用航空相片,利用计算机将平面地形图制成立体地形图,通过立体地形图选择瞭望塔。在选择瞭望塔时,还应该考虑观测员的劳动和生活条件,如当河流、小溪泛滥或冰雪天气时,观测员能否到达瞭望塔,生活是否方便等。

3.3.1.3 瞭望设备

瞭望塔应具有生活设备、观察设备、定位设备、通信设备等。如太阳能电源、超短波无线电台、充气帐篷、充气睡垫、风力发电机组、综合气象箱、太阳能电视机、收录机等附属设备。

(1) 望远镜

望远镜是瞭望塔必不可少的观察设备。一般有6倍或8倍的望远镜即可,高倍的望远镜往往清晰度较差。观察室里最好能安一台立体望远镜,它不仅可以测定火灾的方位,还可以测定火灾的距离。

(2) 罗盘仪

罗盘仪也是瞭望塔不可缺少的仪器,用它可测定火灾的方位。由于确定火灾地点最常用的方法是通过2个或3个瞭望塔,用罗盘仪观测到的磁方位角,相互告诉对方或指挥部,然后在地图上将各台观测到的方位角绘出,其交点即火灾发生地点。

(3) 图面资料

图面资料也是瞭望塔不可缺少的,至少应该有被观察地区的平面行政图、森林植被火险等级图、防火设施和扑火人员的配置图等,以便确定火灾的地点及需要重点观察部位。发现火灾后立刻估计火灾发展的动向并报告指挥部,通知有关防火单位。

(4) 闭路电视系统

安装在瞭望塔内的闭路电视监视系统,可使观察员不需爬高就能观察到 20 km² 以内的地区。电视装置上安装有可换镜头,其中包括望远镜头,可使被观察的物体放大。观察仪装有水平(按圆周)和垂直变换观察方向的遥控装置,操作人员既能做圆周观察,又能对个别地段进行仔细观察。

(5) 地面红外探火仪

在瞭望塔上应用地面红外探火仪,林火发生时红外线能透过烟雾或云雾,用锑化铟感应元件接收到。利用这个原理,可以发现初期森林火灾,可透过烟雾探测到火点、火线和火场状况,可监测火烧迹地的余火,估计火场的面积。地面红外探火仪在地势平坦地区使用效果较好,但在山地使用效果不很理想,往往瞭望塔瞭望人员先发现林火烟柱,但由于红外线对烟雾不敏感，红外线探火仪没有发出报警。

3.3.1.4 瞭望经验

瞭望工作一般根据火险性季节和天气而定，一般进入森林防火期就要开始瞭望工作。在我国东北地区除了冰雪覆盖的季节外，应有一定数量的长期瞭望塔，南方也应有一定数量的常年瞭望塔。雨雪天气可以不进行瞭望，一般天气应在 8：00~21：00 进行观测，在火险天气等级很高的日子里，应坚持 24 h 瞭望，特别要注意 10：00~16：00 的瞭望。多年的瞭望工作实践，各地总结出了一系列瞭望经验。

（1）观正反

观正反就是注意观察正面山火和反面山火不同的情况。反面山火只能凭烟的状况去判断。

（2）察浓淡

察浓淡就是观察烟的浓淡。一般用火的烟色较淡，失火时烟色较浓。

（3）识粗细

识粗细就是识别烟团的粗细。生产用火烟团较细，失火时烟团较粗。

（4）区急缓

区急缓就是区别烟团上升的急缓。生产用的火烟团袅袅上升，失火时烟团直冲。未扑灭的山火烟团上冲，扑灭了的山火，烟团保持相对静止状态。

（5）看动静

看动静就是观察烟团的动静。近处山火，烟团冲动，能见热气流影响烟团摆动的状况。远处山火，烟团凝聚。

（6）别远近

别远近就是区别山火的远近。近处山火烟色明朗，远处山火烟色迷蒙。

（7）分季节

分季节就是不同的季节烟色变化不同。冬季山上结了霜，下了雪，柴草的含水量要比秋天多，所以冬天生产用火与森林失火的烟色相似。

（8）析雨晴

析雨晴就是分析区别雨天和晴天的烟色。一般天气久晴，烟色清淡，久雨初晴，烟色较浓。

另外，天空中云色的浓淡也影响烟色，不同的燃烧物烟色也不一样。例如，烧荒茅山，烟呈青色，失火转黑色；烧杂山，烟呈淡黑色，失火转黄色；松林起火，烟呈浓黄色；杉林起火，烟呈灰黑色；灌木林起火，烟呈深黄色；茅草山起火，烟呈淡灰色。

此外，一天内不同的时间，烟色也有变化，太阳光照射到烟团上的角度不同，烟色亦发生变化。晚上生产用火，红光低而宽；晚上失火，红光宽而高。太阳下山时，红光布西边，好似山火燃烧，其实是夕阳反射。

近些年来，东北和内蒙古林区在防火瞭望中也积累了很多经验。

①白天观察烟雾以判断火势　白色断续的烟为弱火，黑色加白色的烟为一般火势；黄色很浓的烟为强火；红色很浓的烟为猛火。根据烟色可以判断火灾种类：黑烟升起，风大为上山火；白烟升起为下山火；黄烟升起为草塘火。

②根据烟团动态判断火灾距离　烟团升起不浮动为远距离火，20 km 以上；烟团升高，顶部浮动为中等距离，15~20 km；烟团下部浮动为近距离，10~15 km；烟团向上一股股浮动，为最近距离，5 km 以内。

3.3.1.5 瞭望塔监测优势与不足

瞭望监测是经济水平相对落后地区所采用的监测方法，是我国林火监测体系中不可或缺的重要组成部分。它能够随时查看火势蔓延、发展及变化情况，为在最短时间扑灭森林火灾提供准确、翔实的火场信息。与其他手段相比存在以下不足：①受地形、地势的限制存在监测死角和空白，很难实现林区全覆盖，并且瞭望塔在前期建造和后期管护及人员培训需投入大量的人力、物力及财力；②与国外发达国家还存在一定差距，我国瞭望观测科技水平还不高，自动化和网络化程度有待提升。

3.3.2 视频监测

视频监测技术就是利用计算机技术、视频图像处理技术以及模式识别和人工智能知识，对摄像机获取的图像序列进行自动分析，对被监控场景中的运动目标进行监测、跟踪和识别，描述和判别被监视目标的行为，并在有异常现象发生的情况下能够及时地做出反应的智能监视技术。近年来，视频监控也由模拟信号向数字化和网络化转变，可见光和热红外仪器的配合使用，从而实现了全天候的监控能力。

3.3.2.1 林火视频监控系统的构成

视频监控涉及多专业、多学科的交叉，是一个集通信、视频处理、电子技术、计算机技术、信息处理、能源建设、系统防护、气象预报、钢结构及基础等综合技术的工程。概括起来，视频监控系统主要由前端信息采集部分、传输部分、监控中心部分、供电、安全措施等部分构成。将视频监控应用于林火管理，便形成了林火视频监控系统，其主要作用在于快速处理警情和及时防范火警。一旦遇有火灾报警，可以为指挥中心提供准确的时间、地点、灾情及详细的图像信息，便于中心及时做出相应的决策。

（1）前端图像和信息采集部分

图像和信息采集部分是整个体系的前端，主要包括摄像机、镜头、云台、野外防护罩、控制解码器、视频编码器等设备组成。视频信息采集主要完成对林区视频图像的采集和所观测图像位置坐标信息的采集。

①**摄像机、镜头**　摄像机是整个森林资源远程视频监测系统的最前端，也是系统的眼睛，摄像机的选用直接关系到采集图像的效果。由于森林防火山地情况复杂、背光及夜间的需要，采用低照度日夜转换夜视摄像机，配备长焦镜头，完成图像的采集功能，摄像机和长焦镜头的性能直接影响整个系统的图像质量。

镜头的选择坚持实用性原则，镜头镀有滤光膜，可见光透过率增加 20%，红外透过率增加 100%，达到低照度环境下能得到清晰图像效果。

②**云台**　系统采用的云台为数字云台，除具备普通云台所有的功能（左、右、仰、俯、自动扫描、方位仰角同时旋转）；还能在所有自动扫描过程中动态反馈当前角度。

③**野外防护罩**　野外防护罩具有自动恒温装置，具有防晒、防雨、防冻、防雾、防腐蚀

的特点，可在恶劣的环境下工作，完全适用于室外安装环境。

④控制解码器　充分考虑控制的灵活性，一旦出现火情，不管客户端是否出于何种状态，高级别客户端都可以灵活切换，获得相应的控制权，同级别客户端之间能有相应的信息提示"××客户端请求控制，是否释放控制权"。灵活控制是森林防火监测系统的关键，通过控制解码器，可以实现云台水平、俯仰角数据采集读取及传送，实现云台自动巡航扫描和对镜头的相应控制。

⑤视频编码器　视频编码设备将模拟视频按照 MPEG-4 标准将视频编码，编码转换适合在网上传输的视频流信号（TCP/IP），支持 NTSC 或 PAL 视频制式。信息压缩编码设备可通过相应的管理软件对其进行本地或远端管理，可选择 IPunicast（单点传输）或 multicast（多点传输）方式。

可以通过五类线、光纤或无线媒介在 10/100Base-T 网络上以每秒 25（PAL）或 30（NTSC）帧画面传送 4CIF 高质量 MPEG4 图像。

（2）无线传输部分

图像传输有 2 种方式：光纤和微波。光纤作为传输载体，具有传输容量大，传输信号稳定，不容易被雷击等优点，但由于是有线传输，在森林防火的施工中铺设光缆，施工难度大、施工周期长且容易遭到破坏，一般用在传输距离较近的监控点。微波具有施工方便，安装灵活，造价低等优点。尤其在森林监控中，大多数监控点位于山顶，克服了微波视距传输受地球曲率的影响的缺点，在远距离的森林防火监控中被广泛地使用。传统的模拟微波由于占用频谱宽。易于受到干扰，且传输的模拟图像不利于后续的监控中心操作与处理。在森林防火中的应用很少。数字扩频微波传输容量大，传输性能稳定，不易受到干扰，数字化线路的传输适合现代安防技术网络化数字化的发展趋势，尤其是 2.4G 和 5.8G 开放波段的数字扩频微波设备，频率无需申请即可使用。所以在森林防火监控系统中，远距离的监控点的传输方式以开放波段的数字扩频微波为主。

（3）监控中心部分

监控中心是整体体系中的核心枢纽，设置在森林防火扑救指挥中心大楼中。例如，一个监控中心房间可以划分为监测操作区和指挥会议区。

监控中心通过无线微波系统接收来自不同方向基站的实时图像，经网络交换机与 2 台计算机、1 台服务器相连接。计算机与服务器之间通过网络交换机实现互访功能；计算机及服务器与投影机之间通过 VGA 电缆与中央控制系统的 VGA 矩阵切换器连接，实现任意一台计算机显示的 DVI 接口信息在 DNP 投影屏之间的任意显示功能。中央控制系统包括控制 8 路 AV、8 路 VGA 信号的输入 /2 路 AV、2 路 VGA 信号输出等功能。

（4）基站铁塔和供电部分

监测基站铁塔为前端基站设备的运行提供必要的保障，为了使设备正常运行，在基础建设本着牢固可靠、坚固耐用的原则，铁塔设计遵循《高耸结构设计规范》（GB 135—1990），满足微波 5.8G 通信要求。所建铁塔高度适当考虑树木的生长余量，原则为 10~15 年之内，保证树木的生长不会遮挡塔上的天线和摄像机。

（5）防雷安全部分

系统中所使用的设备都是精密的电子设备，为防止设备在使用过程中遭到雷电的高电压、大电流破坏,由闪电产生的强大静电场、磁场干扰以及雷电波、侵入的电位反击对设备的破坏。监测系统的可靠性与否又依赖于电源,需要采取有效的防雷安全措施。

系统从内部防雷和外部防雷来考虑。外部防雷主要是直击雷的防护和接地系统,内部防雷主要从电源防雷、信号防雷和等电位连接来进行设计。

3.3.2.2 视频监测的特点

林业行业的视频监控系统具备以下 5 个特点:

（1）监控范围大

摄像头需安装在森林制高点,以便视野宽、无障碍、监控面大,为节省成本,还需要尽量少设监控点,并尽可能使得每个监控点监控覆盖的森林面积最大。

（2）监控设备维护困难

由于整个监控前端设备地处山区,维护极为不便,所以要求监控中心要能随时掌握前端设备的工作状态,这对整个系统维护工作带来了难度。

（3）全天候监控

监控点要全天候工作,这就需要选择摄像机时应选用红外敏感型彩色转黑白摄像机;镜头应选用日夜两用型镜头,并且 3 km 外能看清人物活动;云台要求选用螺杆传动的室外一体化云台,为了减少远距离图像的抖动,摄像机的安装也要确保牢固稳定。

（4）无线传输

由于森林防火监控自身的特点,主要传输方式不可能采用有线或光缆。因此,应首先考虑无线微波传输方式。

（5）注意设备防雷、防盗等安全措施

由于设备大部分在野外工作,一方面要求避雷接地安全可靠,另一方面要求设备具有良好的防盗功能。

3.3.2.3 视频监测的优势与不足

目前,我国监测林火的主要措施是建立远程视频监控系统,该系统可以对林区进行 24 h 不间断监控,以林火发现及时、火点定位精确、指挥保障有力等优越性被基层防火部门所青睐。但也存在一些瓶颈问题包括：一是传统的视频监控系统的理论监测半径大约数十千米,受地形的影响监测林火范围有限；二是监控设备大部分架设到地处偏远的重点林区,信息传输体系建设成本高、维护难度大；三是视频监控空间规划布局难度较大,有时无法避免重复监测或存在监测空白。

3.3.3 其他近地面监测

3.3.3.1 地面红外监测

地面红外监测通常是把红外线监测器放置在瞭望塔制高点上,向四周监测,来确定林火发生位置。这种监测方法能够大大减轻瞭望员的工作强度,不仅能及时准确地发现林火、火灾分布和蔓延速度,还能配合自动摄像机拍下火场实像。意大利研制出的一种森林火灾红外线监测器,能感知 120 km^2 范围内因火灾引起的温度变化,发出火灾警报。利用这些设备,美国、加拿大、德国和西班牙等一些国家,设置了无人瞭望塔,使这些瞭望塔与指挥中心的计算机终端连接，随时把监测到的火情传输到指挥中心，其中德国的林火监测塔已被自动监测系统所取代。

红外监测装置不仅可以被安装在瞭望塔上监测火情，还可以用于监测余火。如在加拿大，防火部门利用红外线扫描设备监测林火已基本上得到普及。它们使用的地面红外线探火仪主要是手提式 AGA110 型，用于探寻火烧迹地边缘的隐火或地下火的火场边界。该仪器由检波器和显示器组成，体积小，重量轻，携带方便，每充电一次可用 2 h，能监测 10 hm^2 的火场边界线。扫描作业通常由 2 人进行，1 人扫描，1 人清理监测到的余火。近几年，俄罗斯研制出"泰加"火源监测器，能发现肉眼看不见的火源；英国一家公司最近也研制成一种电池火苗监测器，如果火场中还有未被消灭的着火点，它在屏幕上就会显示出白色的光点。

3.3.3.2 地面电视监测

电视探火仪是利用电视技术监测林火位置的一种专用仪器。把专用的电视摄像机安装在瞭望塔或制高点上对四周景物进行摄影，并与地面监控中心联网，随时可以把拍摄到的火情传递到监控中心的电视屏上。这种方法，早在 20 世纪 60 年代，欧洲有些国家就开始应用。近年来，波兰林区已经全部使用闭路电视观察火情，俄罗斯也在大力发展这一技术，其监测水平达到在半径小于 10 km 范围，从林冠到地面的森林，在 2 min 内就可完成详细的检查。

3.3.3.3 地波雷达监测

地波雷达监测林火是利用可燃物燃烧产生的火焰的电离特性，用高频地波雷达监测林火的新方法。这种方法具有超视距性能、监测面积大（监测半径可达 150 km）；昼夜全区域监测；在有烟雾的情况下能准确进行火焰定位，可设置在瞭望台或飞机上，进行全天候监测。

3.3.3.4 雷电监测系统

美国、加拿大等国雷击火危害很大，过去曾使用过雷达监测雷暴云，但很难确定其是否放电。20 世纪 70 年代，美国和加拿大先后利用雷电监测系统进行雷击火监测，取得了较好的效果，其中美国的西部地区和阿拉斯加地区，以及加拿大安大略省的主要林区、西北地区、魁北克省和大西洋沿岸诸省都已建立起了比较完善的雷电监测网络。近年来设计了一种新的监测系统，能在 100 km 半径内监测云对地的放电。加拿大有一种监测仪，能测定半径 300 km 内的闪电次数、强度和方向。

雷电监测系统的主要作用并不在于直接监测雷击火的发生位置，而是通过确定雷电的位置和触及地面的次数，作为火险天气的预测、火灾发生的预测以及帮助林火管理人员在制订防火扑火方案和制定航空巡护航线时的重要气象依据。该系统主要由 3 个部分组成：一是雷定位仪；二是雷电位置接收分析机；三是雷电位置显示器。

雷电监测系统的工作程序是先由各野外无人雷电定位仪站将接收到的雷电信号，输送到终端雷电位置接收分析机，然后再由雷电位置显示器显示在荧光屏上。雷电位置显示器的荧光屏上显示着地理区划图。一旦有雷击发生，在地理区划图的相应位置上便闪现出一个"+"字亮点。每隔 2 h，所显示的"+"亮点变换一种颜色，以表示雷击所发生的时间历史。这样，工作人员就可以由显示屏上所获得的 2 h，4 h，6 h 至 24 h 的雷击分布图。再结合所掌握的森林可燃物干燥条件和 24 h 的降水量来预测预报雷击火可能发生的次数和位置，从而采取切实可行的防火措施。

3.4 航空巡护

人工巡护与瞭望塔监测相结合的地面林火监测在一定程度上实现了林火的快速发现与预警，然而两者仅满足局部区域小范围的林火监测，对于更高层次、大地域范围的林火监测需要采用更高层次的林火监测方式。飞机由于具有广阔的视野，且速度快、受地形限制少，因此成为了林火监测的重要力量之一。航空巡护指利用机载林火监测设备，如摄像头、红外线探测仪等对林区进行空中巡护。

随着经济和技术的发展，航空巡护在世界各国林火监测中的应用越来越广泛，1915 年 8 月，美国华盛顿州林务局第一次使用飞机侦察森林火灾；1924 年，加拿大安大略省也开始开展航空护林；1931 年，苏联组成了世界上第一只森林航空队，在高尔基地区的逾 $100 \times 10^4 \ hm^2$ 森林上空用飞机进行护林防火，1936 年后全苏联范围内的林区都采用航空监测，之后的俄罗斯仍然保持对 60%~70% 的林区实施飞机监测；澳大利亚已经停用瞭望塔，主要依靠飞机完成林火监测任务。我国在 1952 年初为落实党中央《关于防止森林火灾问题给各级党委的指示》和政务院（现已撤销）《关于严防森林火灾的指示》精神，民航派出爱罗–45 型飞机 4 架、C-46 型飞机 1 架，在牡丹江林区、大小兴安岭、长白山和完达山林区进行春秋两季航空护林。4 月 1 日，我国第一架航空护林飞机由牡丹江基地起飞，从此书写了我国使用飞机航空护林的历史，当年共设立 9 条航线，对 $1100 \times 10^4 \ hm^2$ 的林区进行了航空巡护，共飞行 224 架次，959 h，主动发现火情 16 起。此后，我国开始对航空巡护机种、巡护范围、巡护路线、火情辨别方法、火场位置和面积的确定方法进行研究。

近年来，无人机技术趋于成熟，欧美发达国家逐步开展了基于无人机的林火监测，也取得了较好的监测效果。2006 年 10 月，美国国家航空航天局和美国林务局在加利福尼亚州使用"牵牛星"无人机在森林大火上空进行了两次飞行，使用美国国家航空航天局艾姆斯研究中心提供的红外扫描器查明了主要火灾点，并将数据发送给地面站，大约每隔 30 min 向地面中继传输火灾图像，几乎实时为消防人员提供了态势感知能力。我国马瑞升等人对微型气象无人机与无线数字影像采集、传输设备相结合的空中火情监测系统进行设计和研究，并展开了初步实验，取得了一定的成果，目前实验系统已具备单架次完成半径 30 km 以内，面积 80~100 km^2 林区的巡护能力。针对航空巡护中传统飞机和无人机两种不同的载体，本节将分别予以介绍。

3.4.1 飞机巡护

3.4.1.1 飞行巡护区域

由于飞机飞行成本高昂，飞行巡护区域一般是人烟稀少的雷击区和高火险地区。在选择飞行巡护区域时，要了解每个地区的火灾历史、可燃物类型、火灾危险程度、现有的监测能力等，并可据此绘制火险图，再根据火险图确定飞机巡护区域。当然，在经济较发达的地区，也有利用飞机对境内全部林区进行监测的，但总的来说，那些火灾经常发生、火险等级较高、森林价值比较高的地段，是飞机巡护的重点地段。

3.4.1.2 巡护航线与时间选择

巡护航线是指巡护飞机在一定区域上空的飞行路线。应根据当地森林火灾特点和火险，机动灵活地选择最佳航线，以提高火情发现率。选择航线的依据有两点：一是抓住关键地段和重点火险区，使航线在火险较大的地域通过；二是尽可能增加巡护面积。巡护面积的大小，主要取决于航线的长度、形状和飞行高度及能见度。而对某一地点看护时间的长短，则主要取决于飞机的巡航速度和能见度，于林区内某一点 A，从飞机看得见前方点 A 到飞机飞越该点后即将看不到点 A 的这段时间，为飞机对点 A 的监护时间，在天气晴朗时，一架时速 150 km/h，飞行高度 1500 m 的飞机监护一点的时间约为 40 min。

飞行巡护的时间应根据林火发生发展的规律，选择最佳时机，适时进行安排。一是加强 12：00~15：00 的巡护飞行，减少 9：00 前和 17：00 以后的巡护飞行；二是加强高温、干旱、高火险天气的巡护飞行，减少低火险（火险等级二级以下）天气的巡护飞行；三是加强关键时期（节假日）戒严期的巡护飞行，减少雨后无巡护价值的飞行；四是加强重火灾区、重点保护区的巡护飞行，减少一般火灾区和非重点保护区的巡护飞行。

3.4.1.3 火场监测与观察

目前，飞机巡护的监测方式主要有自动监测和人工监测两种。自动监测使用机载自动摄像机和传感器获取图像或热点信息；人工监测则主要由机载监测人员使用望远镜进行监测。火情的发现和观察程序与方法如下。

（1）林火发现判定

空中巡护一般是通过观察到地面林中的烟而发现林火的。在飞机巡护过程中如果发现下列现象，就可能是有林火发生：无风天气，地面冲起很高一片烟雾；有风天气，远处出现一条斜带状的烟雾；无云天空，突然发现一片白云横挂空中，而下部有烟雾连接地面；风较大，但能见度尚好的天气，突然发现霾层，一般颜色较蓝且分布均匀；干旱天气，突然发现蘑菇云；飞机的无线电台突然发生干扰，并嗅到草本植物燃烧的焦味。

（2）判定火场概略位置

观察员在巡护飞行中发现火情，立即记下发现时刻。并参照火场附近的明显地标，判定火场位置。如果火场在国境线 10 km 范围内，必须立即向本场（机场）报告，并按指示行事；如果火场位置不属于本站巡护范围，应及时通报给有关航空护林站；如果同时发现多处火灾，应按规定、本着先看重点后一般的原则逐个处置。

（3）改变航向，确定火场准确位置

确认森林火灾属于本站巡护范围后，在确认巡护飞机准确位置的基础上，要求机长改变航向、并记录下改航点（某地标）和时刻，直飞火场；同时对正地图，对照地面，边飞边向前观察和搜索辨认地标，随时掌握飞机位置；飞机到达火场上空或侧方时，判定出火场的准确位置，以火场中心为准，用红"X"符号标在图上，火场位置用经纬度表示。为进一步验证火场准确位置可在火场上空盘旋飞行、再次进行校对。如有出入，可根据改航后的时间、地速、航向、偏流，在图上画出航迹，按飞行距离重新确定火场准确位置。

（4）高空观察

火场准确位置确定后，在垂直能见度较好的条件下，为增加视野内明显地标的数量，要求机长提高飞行高度，绕火场飞行进行高空观察。高空观察主要内容有以下4项：

①**勾绘火区图**　根据火场边缘和火场周围的地标位置关系，采用等分河流、山坡线的方法，利用图上等高线确定火场边缘；其中火线、火点、火头分别用红线、红点、红箭头标绘；无焰冒烟部分用蓝色标绘；已熄火烧迹地用黑色标绘；起火点特别注记；火区图通常勾绘在1:200 000地形图上。

②**估测有林地占火场面积的百分比**　将火场面积视为10份，看有林面积占几份，例如，若有林面积占4份，即有林地面积为40%。

③**观察火势和火的蔓延方向**　火势通常分为强、中、弱3个等级。火焰平均高度2 m以上为强，1~2 m为中，1 m以下为弱；火的蔓延方向以红色箭头标记。

④**判定火场风向、风力等级**　在判定火场风向时主要观测烟飘移的方向；如烟向东北飘移，说明火场风向是西南风，烟向西飘移，说明火场风向是东风；其次，根据火场附近的河流、湖泊的"水纹"，树木的摇摆方向也可测定；风向通常用北、东北、东、东南、南、西南、西、西北8个方位表示。判断风力等级时，主要观测烟柱的倾斜度，根据经验，一般情况下，如果烟柱的倾斜线与垂直的夹角是11°，那么火场风是1~2级；如果是22°，风是3级；如果是33°，风是4级，即每级之间相差11°。

（5）低空观察

高空观察结束后，降低飞行高度，进行低空观察；低空观察的飞行高度以保证飞行安全和观察清楚为前提。观察内容主要有：

①**火灾种类**　地表火：空中观察，只见地面枯枝落叶层、草类燃烧，火线具有不规则的延长形状，烟呈浅灰色，烟量较多。树冠火：空中很容易发现树干和树冠上燃烧的火焰，火场延伸很长，烟黑色形成烟柱，并在风力较低时，有时烟柱高度达1000 m以上。地下火：类似强度不大的地表火，形状不像地表火那样延长，烟量也较少；发生不久的地下火，烟从整个火场冒出后，仅从周围冒烟，在飞机上看不到火焰。

②**被害主要树种**　空中观察时，主要看林相和树的颜色；如东北、内蒙古林区的樟子松比落叶松绿色要深，秋季落叶后，松叶呈灰黄色；白桦可见到白色的树干；西南林区树种繁多、林相复杂，空中观察一般先区分常绿阔叶林和针叶林，在此基础上再根据林相并结合树种的地域分布，加以判断。如果是混交林，按10分法表示，标出主要树种所占比例。如7落2桦1杨，表示落叶松占70%，桦树占20%，杨树占10%。

③火场扑火人员及配备大型灭火机械装备种类、数量情况。

④在可能的情况下，进一步观察判断起火点及起火原因。

（6）火场面积测算

测算火场面积以公顷为单位，通常采用地图勾绘法、目测法和求积仪测量法。

①**勾绘法**　将火区勾绘在1:200 000地形图上，再用方格计算纸按比例求出面积；大面积火场除使用1:200 000地形图之外，也可使用1:500 000地形图。

②**目测法**　测算小面积火场时，在1:200 000地形图上无法勾绘出火区图，将火烧迹地

的形状与某种几何图形比较,参考地图,目测出距离,按求积公式算出面积,此法主要靠实践经验。

③**求积仪测量法** 将火烧迹地勾绘在地形图上,然后用求积仪进行测量,读出得数,按地形图比例换算出实际面积。

3.4.1.4 常用机型

在飞机巡护中,多使用改装后的民用或退役军用飞机,既有直升机,也有固定翼飞机。由于直升机具有机动灵活、垂直起降、野外着陆、抗风力标准高等性能,因此,在飞机巡护中多使用直升机。同时,可根据飞机载重量、最大航程、耗油量、巡航时速等性能的区别来执行不同的任务。

如 M-26 直升机除可用于巡护外,在扑火中每次可将 15 t 水吊到火场上空灭火,每次洒水可形成宽 50 m、长 300 m 的洒水带。其货舱可运载全副武装的扑火队员 80 名、担架 60 幅。不过这架"世界之最"直升机每飞行 1h 要消耗掉接近 2.8 t 汽油。

我国用于航空护林的飞机及性能数据见表 3-1 所列。

表 3-1 我国航空护林飞机及性能数据表

性能参数	固定翼飞机		直升机					
	Y-5	M-18	M-8	M-171	Z-7	Z-8	M-26	AS-350
翼展、旋翼直径(m)	上 18.176	17.7	21.228	21.294	11.93	18.9	32.00	10.69 下
最大时速(km/h)	256	257	230	220~230	324		295	287
巡航时速(km/h)	160	225	210	250~260	160	200	220	
飞机空重(kg)	3320	2900	7250	7240	1975	7400	28 600	1130
最大商载重(kg)	1240 或 11 人	1500	4000 或 24 人	4000 或 27 人	1700 或 10 人	4000 或 24 人	21 000 100 人	800
平均耗油量	118 kg/h	160 L/h	750 L/h	800 L/h	1 kg/km	750 L/h	2800 kg/h	132 kg/h
最大起飞全重(kg)	5250	4700	12 000	13 000	4000	13 000	56 000	2100
最大航程(km)	1376	680	标 550 辅 360	610	标 860 辅 170	780	800 1920	620
续航时间	8	4	标 3:00 辅 1:10		标 3:20 辅 0:40	4	2.5~8	3
实用升限(m)	4500	4000	4000	6000	6000	4000	4600	6000
最大携油量	900 kg	720 L	标 2785 L 辅 1870 L		标 1140 L 辅 180 L		20 000 kg	432 kg

3.4.1.5 机构设置

自 1955 年林业部在东北设立嫩江航空护林总站以来,我国的森林消防管理体制经历了"五统四分"的变更过程。目前,我国的航空护林力量主要分为以下 3 部分:

(1)应急管理部直属的北方航空护林总站和南方航空护林总站

2018 年国家机构改革后原隶属国家林业局的南、北方航空护林总站转由应急管理部领导,更名为应急管理部北方、南方航空护林总站。两个总站以黄河为界分管北方13省和南方18省航空护林工作,应急管理部北方航空护林总站位于哈尔滨,下设25个航站;应急管理部南方航空护林总站位于昆明,下设20个航站。

(2)由各省设立的省级森防指直属的省航空护林站

如由湖南、陕西、山东和北京等省、直辖市设立的航空护林站,负责本省、市内的航空护林管理工作。

(3)森林消防局航空救援支队

2009年7月22日,经国务院、中央军委批准,武警森林部队直升机支队在黑龙江省大庆市挂牌成立,隶属于原中国人民武装警察部队森林指挥部,2018年10月,部队转隶为森林消防局航空救援支队。这是世界上第一支承担森林防火灭火任务的空中武装力量。2019年12月,随着森林消防局昆明航空救援支队挂牌成立,我国森林防火灭火空中力量得到了进一步的加强。

在航空巡护中,飞机除用于巡护监测外,还承担着扑火任务。航空灭火就是利用飞机直接参与扑火,或用飞机作为运载工具,将扑火队员及时运送到火场,对火场进行扑打的方法。航空灭火不是本节的主要内容,因此只做简要介绍。航空灭火主要分为4种方式:机降灭火,用直升机搭载扑火队员,将扑火队员空运到火场,在离火场最近的边缘开阔地带降落,及时运送扑火队员,对火场进行扑救。机降灭火行动速度快、布点准,能及时发挥扑火队员的战斗力;索降灭火,即在火场附近索降扑火队员直接参加扑火,或先行索降少量扑火队员开辟直升机着陆场,然后全部扑火队员投入扑火;吊桶灭火,是指用直升机外挂吊桶载水或化学药液直接喷洒在火头、火线,或利用吊桶为地面水箱补水,供扑火队员使用;固定翼飞机喷洒灭火,如加拿大为扑救森林火灾特别研制的水陆两栖飞机CL-215、CL-415,装载量大、实施喷洒—汲水—喷洒循环作业的时间较短,可以在火场附近的天然或人工水体表面降落,只需在水面上滑行大约几秒至几十秒的时间即可将机载水箱装满;也可飞回机场装水或化学药剂。另外,飞机还可用于扑火机具、装备、食品等物资的运输、投放,以保障火场后勤供应。

3.4.1.6 存在问题

我国飞机巡护监测开展60余年来,取得了长足的发展,但仍存在着诸多问题:

(1)相关政策、法规、体制不够完善

虽然在2008年修订的《森林防火条例》中对森林航空消防做了说明,但航空护林涉及的方面较多,相关实施细则、法规有待于进一步完善;同时,航空护林管理体制涉及多部门、多单位,工作协调难度大;森林航空消防行业标准缺失,导致业务管理、项目建设标准化和规范化水平低。

(2)资金投入不足

飞行费投入不足,开展直接灭火的大、中型直升机机源紧张,导致春防紧要期的4~5月,南、北方航空护林总站用机矛盾十分突出,而1~3月,南方直属和省属航站之间用机矛盾较为突出;目前扑救一场重大森林火灾,平均时间为6 d以上,一架直升机一年的飞行费用,可能不够扑救一场火灾。

（3）配套人才队伍建设滞后

整个航空护林系统从业人员规模小，业务人员素质偏低，全国大专院校、科研院所都没有开设航空护林课程，所有业务人员都得靠以老带新，自行培养；直属航站飞行观察员年龄老化。

3.4.1.7 建设规划

《全国森林防火规划（2016—2025年）》中提到，我国将从以下5个方面大力发展森林航空消防。

（1）增加森林航空消防机源

针对适用于森林航空消防的机型和数量远远满足不了实际需要的状况，通过加大中央财政补助飞行费的投入和政策扶持力度，促进通用航空公司积极购置森林航空消防专用飞机，采取政府购买服务的方式，在规划期内增加租用森林航空消防飞机100架。其中续航能力强、载量大、适合跨省（自治区、直辖市）快速调动的国产固定翼飞机5架，机动灵活的水陆两栖固定翼飞机10架，适合吊桶灭火的大中型直升机30架，适宜高海拔的大中型直升机25架，适宜巡护侦查的小型直升机30架。

（2）加强航站建设

完善升级现有航站，全面提升航空消防效能；新建航站，拓展森林航空消防覆盖区域；在森林火灾重点区域，配备森林航空消防移动保障系统，合理布设野外停机坪，增强森林航空消防机动性、灵活性。

（3）森林航空飞行调度管理系统建设

利用先进的通信和北斗导航定位等设备建设较为完善的航空飞行调度管理系统，包括航护调度系统、航空管制系统、飞行动态监控系统及飞行气象保障系统，实现航线适时动态管理和飞机的动态监控，全面提升飞行安全和监管能力。

（4）森林航空消防训练设施建设

建设和完善北方、南方航空护林总站森林航空消防训练基础设施，开展森林航空消防调度指挥员、飞行观察员、机降扑火队员等专业培训，进行森林航空消防机降、索降、吊桶化灭、扑火人员技能训练、火场自救训练、地空配合扑火等专业科目实战演练，实现森林航空消防业务的标准化作业。

3.4.2 无人机巡护

3.4.2.1 无人机概述

（1）概念与发展

无人驾驶飞行器（Unmanned Aerial Vehicles，UAV）是指机上无人驾驶、通过无线电遥控或自动程序控制飞行、具有一定的任务执行能力并可重复使用的飞行器，简称为无人机。

早在一百多年前，莱特兄弟创造第一架飞机后不久，1914年就有人研制不用人驾驶，而用无线电操纵的飞机。1917年，皮特·库柏（Peter Cooper）和埃尔默·A·斯佩里（Elmer A. Sperry）发明了第一台自动陀螺稳定器，这种装置能够使得飞机能够保持平衡向前的飞行，这项技术成果成功将美国海军寇蒂斯N-9型教练机改造为世界上首架无线电控制的不载人飞行器，无人机自此诞生。在早期，无人机主要以军用为主，负责执行侦查、袭击等任务，但由于当时落后的配套技术，无人机往往无法出色完成任务，所以受到逐步冷落，甚至被弃用。随着计算机技术、通信技术和传感器技术的快速发展，1982年以色列首创的无人机与有人机协同作战大放异彩，军用无人机才重回大家的视线。现在，无人机在军事上主要用于以下几个方面：无人靶机，用于试验"空空导弹"和"防空导弹"的攻击能力；无人侦察机分为战术无人侦察机和战略无人侦察机；电子通信无人机分为电子侦查无人机、电子干扰无人机和通信中继无人机；无人作战机分为无人察打一体机、无人战斗机和无人轰炸机。

与此同时，民用无人机的研发与应用也进入了快车道，1982年我国首架民用无人机D-4由西北工业大学研制完成，主要用于航空测绘和航空物理探矿；1991年，由雅马哈研发的农用无人机进入日本农业和植保市场，担负着日本30%的稻田病虫害防治工作；1997年，首个气象侦测无人机Aerosonde在澳大利亚投入使用，2001年，我国台湾科学家利用Aerosonde成功飞入"海燕（0121号）"台风环流圈内并带回了气压、最大风速和温度等气象要素；2008年，我国汶川地震中，无人机遥感系统为抗震救灾获取了宝贵的遥感影像，尤其在对堰塞湖的动态监测与风险评估中功不可没；2012年，我国大疆公司发布了首款消费级航拍一体无人机Phantom，敲开了无人机普及的大门。总的来说，经过几十年的发展，民用无人机已经活跃在资源调查与勘探、灾害监测与救援、电力巡线、交通管理、桥梁检测、自动化农业、环境监测、野生动植物研究、媒体内容获取、物流和数据采集等多个领域，并为这些领域注入了新的活力。

现在，无人机常被称为无人机系统（Unmanned Aerial Systems）。一般来说，一个无人机系统由5部分组成：飞行器、任务设备、弹射装置、地面操控人员和地面测控站。

（2）分类

经过百年来的发展，无人机的种类很多，包括固定翼型、旋翼型、扑翼型、飞艇以及各种组合型无人机。无人机的大小范围也很广，小到手掌大小的微型无人机，大到翼展50 m以上的大型无人机；不同无人机的飞行速度低至空中悬停，高至8000 km/h以上；可在低空、高空、临近空间乃至太空航行。

（3）特点

与传统飞机相比，无人机具有如下特点：设备少，负重低；飞行成本低；无飞行员生命安全问题；更高的机动性；隐蔽性好；使用维护方便；起飞、着陆容易。

3.4.2.2 无人机监测任务设备

无人机没有驾驶员和观察员，依靠携带的任务设备完成任务目标。在执行监测任务时，无人机获取图像、气象等信息都要依靠于所携带的传感器。

遥感（Remote Sensing，RS）是指非接触的、远距离的探测技术，一般指运用传感器或者遥感器对物体的电磁波的辐射、反射特性进行探测，可以广义地理解为在不与目标接触的前提下收集目标的相关信息。凡是高于绝对零度的物体，因其种类及环境条件不同，都具有反射或辐射不同波长电磁波的特性，所以能够通过遥感技术判断目标物体的特征。无人机与遥感技术相结合，称为无人机遥感。无人机遥感系统具有运行成本低、执行任务灵活度高、能够获得高分辨率遥感影像等优点，正成为传统航天遥感、卫星遥感的有力补充，广泛运用于农业监测、牧场管理、森林防火、海事监管、气象观测等领域。

在林火监测中，需要借助于图像采集设备，图像采集设备是森林防火无人机最重要的任务设备。图像采集设备安装在稳定云台上，由云台对设备进行稳定控制和摄像角度控制。一般来说，林火监测中的图像采集分为可见光图像采集和热成像图像采集。

（1）可见光图像采集

可见光图像采集设备类似于人类视觉系统中的眼睛，大多采用光敏元件，将入射光量转化为电压信号作为输出，主要分为电荷耦合器件（CCD）和互补金属氧化物半导体（CMOS）两种类型。其中电荷耦合器件的分辨率取决于基板上的势阱数目，势阱里的电荷被转换成输出信号即电压，电压与势阱中的电荷呈正比，因此也与成像场景中的对应像素点的亮度成正比。互补金属氧化物半导体就像内存，投射在二维晶格特定势阱里的电荷与像素点的亮度呈正比，这些电荷像计算机内存数据一样被读出。

（2）热成像图像采集

茂密枝叶掩盖下的林火或者地下火，不能被可见光图像采集系统拍摄到，但可通过热成像图像采集设备读取其温度信息，从而实现对这些林火的监测。利用这类设备，能够收集并探测由目标发射出的红外辐射，并形成与景物温度分布相对应的热图像。热图像再现了景物各部分温度和辐射发射率的差异，能够显示出景物的特征。红外热成像系统，也称红外热像仪，就是利用光电变换作用，将接收的红外辐射能量变为电信号，放大、处理后形成图像。

3.4.2.3 监测机型选择

一般来说，用于林火监测的无人机主要是小型无人机，包括固定翼小型无人机和多旋翼小型无人机。

固定翼小型无人机的特点是飞行速度快，具有一定的负载能力和抗风能力，适用于对森林进行远距离、大范围的巡护监测。并且，固定翼无人机的成本较低，在关掉或失去动力后可以进行滑翔。但固定翼无人机无法实现定点悬停。

相较于固定翼，多旋翼小型无人机的有效载荷较大，而且可以实现定点悬停。但其缺点也很明显：关掉或失去动力后不能滑翔，容易发生坠机；多旋翼小型无人机的飞行距离较短，不适用于大范围的森林巡护监测，仅可用于对重点区域的侦查。常用的多旋翼小型无人机有四旋翼、六旋翼和八旋翼等。

根据森林防火的任务需求和不同无人机的特点，可分别选用固定翼小型无人机和多旋翼小型无人机。当然，这两种无人机也可以配合使用，例如，先使用固定翼无人机对森林进行大范围巡视，记录可疑火点区域位置，然后使用多旋翼无人机在上述疑点区域上空定点悬停，拍摄高清视频图像以供进一步的林火识别分析。

3.4.2.4 无人机巡护案例

2016年12月9日，4架多旋翼无人机被贵州省首次投入到在贵阳市白云区都溪林场举办的2016年森林防火应急演练之中，并取得成功（图3-1）。贵阳市森林公安局办公室主任吴正星介绍无人机在林火监测中的应用时提到："通过无人机操作可以快速定位火点、确定火情，可与互联网、卫星等通信手段相配合，实现多媒体通信保障；可在第一时间确定火源位

图 3-1　贵阳市森林防火无人机

置、火势强度及火场周边情况,帮助森林防火指挥人员和扑救人员迅速掌握火场态势,制订科学扑火方案,及时组织扑救,做到打早打小打了。"

同时,无人机也开始在森林消防队伍普及开来,在 2017 年 1 月,某消防队伍于昆明举办无人机培训班,来自基层队伍的数百名消防员学习了无人机的组装、操控和火场应用,并在随后举办的实战化灭火演练中利用无人机大显神威;2019 年,随着中国消防救援学院飞行器控制与信息工程专业的成立,更为我国森林防灭火事业由人力型灭火向科技型灭火、由地面单一作战向地空协同作战的灭火作战新模式的研究奠定了坚实的基础。

3.5　卫星监测

相对于航空巡护和其他林火监测方式,卫星监测为大地域范围的林火监测提供了更便捷的手段。1987 年 5 月,发生在我国东北大兴安岭的特大森林火灾,在火灾发生期间通过连续接收过境的气象卫星和陆地卫星图像,每天提供火区范围、火势变化、火头位置移动、新火点出现以及扑火措施效果等方面的信息。火灾后的几年中,林业部门利用陆地卫星图像还进行了火烧迹地恢复的遥感调查,实现了森林火灾早期预警、灾中的动态监测、灾后损失评估以及后期的生态恢复调查的遥感动态观测。

3.5.1　卫星在林火监测中的作用

3.5.1.1　发现火情
中国林业科学研究院和中国气象局对卫星小火目鉴别进行了初步研究,通过第三通道对高温目标设置一个临界灰阶用于高温目标检索,把高于阈值的像素灰阶换成高温,再用公式计算出目标的温度和面积,这样可以检测出小于卫星几何分辨率一个像元的林火。

3.5.1.2　监测火行为
由于气象卫星的信息有较高的时效,只要没有云层的覆盖,可在一个大范围的覆盖区内昼夜监测火灾的发展。

3.5.1.3　对灾后损失的评估
对具有短波红外波段的陆地卫星(Landsat 8)数据,采用归一化燃烧率识别火烧迹地的效果较好。处理后的影像火场轮廓清晰、信息丰富,成像分辨率高(30m)。利用其影像估测过火面积、烧毁林木材积、火灾危害程度时精度较好。

3.5.1.4　便于绘制林区易燃物分布图
用 TM 影像处理对森林类型和相应的林下植被、水系道路和裸地能明显区分,精度也能达到应用所需,并且易于更新。此外,根据不同波段组合及各种图像处理方法提取专题信息,可绘制植被图、雪线图、植被含水量分布图,以确定防火期的开始和结束。

3.5.1.5 进行森林火险等级计算

按照气象卫星图像资料的红外波段灰度，提取出地表亮温值，并加入地面标定点的温度或湿度，可计算出一定区域的温度场和湿度场，结合气象和植被因子数据，计算出森林火险等级，并进行相应的火险图像显示。

3.5.1.6 测定和传递气象因子

地球静止气象卫星日夜进行全球性的观测，取得温度、湿度、降水、辐射等三度空间分布和天气形势，云势变化资料，一天数次向地面传送，为天气预报提供基础数据；卫星云图对云高、云厚、云的温度，含水量的大范围测量，是人工降雨必不可少的前期情报；此外，根据雷暴云的发展动态，可以估测雷击火的发生。

3.5.2 林火卫星监测技术

卫星监测林火是林业发达国家目前主要采用的方式之一。早在 20 世纪 70 年代，美国和加拿大已利用卫星遥感开发出森林火险预报系统。物体的温度高低与其发出的红外波长有密切的关系，而当林火发生时，其高温辐射的波长主要集中在 3.7 μm 左右，与周围植被具有明显的差异，卫星监测林火则是依据林火的热辐射光谱和林区背景光谱的差别原理来进行预测预报，通过遥感结合全球定位系统和区域森林资源地理信息系统，可快速、大范围地掌握林火发生和发展动态，确定林火边界，估算过火面积；并可根据地形和林火扑救方案模型，快速模拟、选定最佳方案指挥林火扑救，同时估测森林火灾损失等。

具有热红外波段的卫星影像能检测到地表热异常变化。一般来说，波长越短，其对高温的灵敏度越高，如中红外波段；而火点具有特殊的光谱特征和辐亮度，可提取热源点与背景的亮温及其差值等可用于火点的识别与判断的信息，从而进行林火的监测，在利用计算机自动识别火点算法中，首先排除常规火源（如炼钢厂），排除水域，排除人为用火（如燃烧农田废弃物等），再利用阈值、结合森林分布图、林相图或植被分布图等背景数据库进行判断是否有林火发生。原国家林业局林火卫星监测系统利用地理信息系统技术及必要的人工干预，建立了快速的林火定位系统，从对地面的植被识别、云系判别入手，提高了对林火探测的精度。

目前，用于我国日常林火监测业务的遥感数据来源包括：美国 NOAA/AVHRR、EOS/MODIS、风云（FY）系列等中低分辨率卫星；中巴地球资源卫星、环境一号卫星、环境减灾卫星等中高分辨率的国产卫星。在我国的东北、西南、西北林区县级以上的森防部门大多已经设立了卫星林火监测接收站或终端站，形成了以应急管理部森林防火预警监测信息中心为核心，遍布全国各林区的 137 个卫星监测终端站的卫星林火监测网。

3.5.2.1 NOAA/AVHRR

NOAA 卫星为美国国家海洋大气局发射的气象观测卫星，至 20 世纪 70 年代初第 1 颗 NOAA 卫星发射以来，共经历了 5 代，目前使用较多的为第 5 代 NOAA 卫星。林火监测的信息源主要来自 AVHRR（甚高分辨率数字化云图），它具有较高的空间分辨能力，1 d 内有 4 次对同一地区进行扫描，星下点分辨率为 1.1 km，投影宽度达 2700 km，因其通道波长主要集中于红外波段，对地面温度分辨率也非常高。由于其时效性强、范围广、价格低，在林火卫星监测中应用较为广泛。AVHRR 有 3 个通道分别位于中红外和热红外区，第 3 通道波长范围为 3.55~3.93 μm，对林火有极敏感的反应。根据 AVHRR 数据的特性，可采用邻近像元法、阈值法、亮温结合 NDVI 法，或综合以上方法对林火进行监测。在林火动态监测上，AVHRR 在中低纬度地区每天有 4 次过镜机会，配合其他卫星数据在一定程度上能够实现对林火的动态监测。这为林火持续和蔓延监测、林火面积估测和火灾损失评估等方面提供了较为完善的服务。AVHRR 时效性、价格低廉以及研究应用技术成熟等使其在国内外林火监测中占据非常重要的地位，但也具有不足之处，如 T3 饱和度低，阈值地域性较强，容易受云、阴雨天气影响等。

3.5.2.2 EOS/MODIS

EOS 卫星为美国 1999 年发射的极轨双星系统，每天对同一地点扫描 2 次，MODIS 中高温目标有较强反应的为 CH7 通道（2.10~2.13 μm）和 CH20~CH25 通道（3.66~4.54 μm），星下点分辨率为 0.5 km 或 1.0 km，在对温度均具有较高敏感性的多通道中，正确地选取通道有利于解决火点、火势、蔓延趋势等问题。高华东等研究认为，近红外波段中，CH7 能较好地判别出火点，但还需要中红外波段辅助确定；在中红外波段中，CH21 在大多数波段饱和情况下具有较高的敏感性，而远红外波段中 CH31 较 CH32 识别能力强，在火点判别中，需根据区域性进行调整，方可准确监测火点。在利用 MODIS 卫星林火监测中，可采用高分辨率的可见光波段如 CH1、CH2 结合红外波段如常用的 CH21 等，制成林火监测图，可直观地反映火点位置及火点周围情况，为林火提供高效的管理。由于较高的时空分辨率及数量多的高温敏感通道，其火点判别能力和定位精度较 NOAA/AVHRR 等其他气象卫星高，在林火监测应用中具有较 NOAA/AVHRR 更加广泛的前景，如林火类型识别、火头和火烧迹地识别、林火植被种类识别等定性定量分析。

3.5.2.3 风云（FY）系列卫星

（1）发展历程

1988 年以来，我国已发射成功 4 代风云系列气象卫星。其中，风云一号（FY-1）、三号（FY-3）为极轨卫星，风云二号（FY-2）、风云四号（FY-4）为地球静止轨道卫星。

FY-1 共发射 A、B、C 和 D 4 颗卫星，FY-1D 自 2002 年发射后，至今仍在服役。FY-3 作为我国第二代极轨气象卫星，2008 年首发的 FY-3A 搭载 MERSI 传感器，并被纳入国际新一代极轨气象卫星网络。FY-3C 于 2013 年 9 月 23 日发射升空，与 FY-3B 共同观测。

FY-2 共成功发射 7 颗卫星，处于距地面 35 786 km 的地球静止轨道上，其运行周期与地球自转周期一致。2016 年 12 月 11 日，我国第二代地球静止轨道卫星风云四号（FY-4）成功发射，该卫星搭载了 10 通道二维扫描成像仪、干涉型大气垂直探测器、闪电成像仪、CCD 相机、地球辐射收支仪，其探测水平已经处于世界领先地位。

（2）林火监测应用

以 FY-1C 为例，其星下点分辨率 1.1 km，每天定时 2 次实时发送云图，其多通道扫描辐射仪中第 3 通道 T3（3.55~3.93 μm）为林火监测的主要来源，而 T1、T2、T4、T5 的结合在森林植被、温度变化上的敏感也为林火监测、损失和扑救工作提供了较丰富、直观的指导性作用。除了 FY-1C 外，FY-2C 及 FY-3A 也为林火监测研究提供了一定的数据基础。FY-2C 为静止气象卫星，星下点空间分辨率为 5.0 km，每小时观测 1 次，观测范围比极轨卫星广，第 2 通道 T2（3.50~4.00μm）为林火监测的主要通道，通过与其他红外通道亮温差异比较，结合可见光波段判断火点，影响 FY-2C 火点识别的因素主要为云反射、低植被覆盖率和裸露地表的干扰。FY-3A 中的可见光红外扫描辐射计（VIRR），星下分辨率为 1.0km，特设了 T3（3.55~3.93μm），结合 T1~T4 可见红外波段，对云、水识别和耀斑剔除，较好地应用于林火监测。王钊研究认为，在对热异常点的识别能力上，VIRR 要优于 MODIS 卫星。赵春雷等根据 FY-3A 分辨率光谱成像仪（MERSI）第 5 通道 T5（10.00~12.50μm）和 VIRR 红外通道对亮温反应的一致性和线性相关，研究了 MERSI 数据在林火监测中的应用，效果良好。我国风云系列卫星技术也越来越成熟，这也使林火等环境灾害监测更精确、更直观。

3.5.2.4 环境减灾（HJ）卫星

2008 年 9 月，我国发射了环境减灾一号卫星（HJ-1）A、B 星，其中 HJ-1B 卫星搭载的可见/红外遥感仪对地空间分辨率为 150 m，回访周期 4 d，第 3 通道 T3（3.50~3.90μm）对地表高温具有较高的敏感性，与 T4 结合用于火点监测，在 2009 年的我国黑龙江和澳大利亚森林火灾中，HJ 卫星发挥了较好的林火监测效果。由于 HJ-1B 卫星红外成像空间分辨率较其他卫星红外成像的分辨率高，且 HJ 卫星的高分辨率的多光谱和高光谱成像仪为精准、近实时的森林火险监测和评价系统提供优越的基础，如提取火点、过火面积、烟雾监测、火险评估、扑火指挥等方面具有更广阔的研究和应用前景。

3.5.2.5 吉林林业一号、二号卫星

2017 年 1 月 9 日 11 分 12 秒，我国首颗林业卫星——"吉林林业一号"卫星在中国酒泉卫星发射基地成功发射，这颗卫星的成功发射，不仅填补了吉林林业的空白，也填补了我国林业的空白。

"吉林林业一号"卫星是聚焦林业各方面需求，专为林业遥感设计的卫星，为森林资源调查、森林火灾预警与防控、野生动植物保护、荒漠化与沙化防治、病虫害预警与防治等工作提供更加精确、时空分辨率更高、覆盖能力更强、响应更加及时的卫星数据服务。

2018 年 1 月 19 日，"吉林林业二号"卫星在中国酒泉卫星发射中心发射成功。"吉林林业二号"卫星充分继承了"吉林林业一号"视频星的成熟单机及技术基础，卫星地面分辨率为 1m，幅宽 19 km，具备常规推扫成像、凝视视频成像以及微光成像等多种成像模式。入轨后与在轨的"吉林林业一号"卫星组网，最终将形成 6 颗林业专属卫星星座，极大地提高对林业的业务能力，为林业提供及时、高质的遥感影像服务。

"吉林林业一号"卫星主要技术指标见表 3-2 所列。

表 3-2 "吉林林业一号"卫星主要技术参数

参数	指标	参数	指标
地面像元分辨率	优于 1 m	入轨质量	≤ 165 kg
成像画幅	11 km × 4.5 km	长期功耗	≤ 55 W
成像模式	凝视视频	测控	标准 USB 测控体制
机动过程平稳度	0.003°/3（3σ）	数传	X 频段，350Mbps
机动过程指向精度	0.1°（3σ）	设计寿命	3 年
发射状态包络尺寸	1085 mm × 553 mm × 1340 mm		

3.5.3 国内外林火卫星监测研究及应用

森林火险监测是进行森林火灾预测预报的重要基础工作。在早期,森林火灾监测多通过固定野外观测站和对天气资料尤其是对联系相对空气湿度与可燃物含水率之间关系的分析,从而来预测林火发生预报。但因其监测空间尺度的局限性,难以掌握全面可燃物类型空间分布、气象因素等因子,预报结果很难大范围适用。而自20世纪50年代初航空红外探测首次被用于森林火灾以来,遥感因其在对森林火灾的实时、宏观动态监测中具有较大的优势而被广泛运用于森林火灾监测中。

3.5.3.1 国外研究进展

自20世纪80年代初开始,随着地理信息系统的发展,美国、加拿大、澳大利亚等国家根据自身国情先后展开了林火卫星监测研究,这些国家也是取得研究成果最多的国家。1972年,美国研制出国家森林火险预报系统,在全国得到应用后,历经数次修改完善,在系统中遥感数据反演可燃物的可燃性方面起着重要作用,并在GIS背景数据库的支持下采用NOAA/AVHRR数据生成NDVI专题图,结合气象资料及可燃物类型等因子构建了火灾潜在指数,为美国森林火灾预测做出了巨大贡献。加拿大等国利用人造卫星搭载红外装置监测林火,使其林区巡视速度、效率得以大大提升,同时降低了成本;并于1987年建立了加拿大森林火险等级系统和地理信息与模拟系统(CFFDRS),用以实时模拟火场状况。1989年EmihoChuvieco运用卫星遥感数据对其西北部地区的全部森林火灾进行了系统调查,并首次利用地理信息系统计算了火烧迹地面积。在此基础上,加拿大林务局开发了空间火管理系统(SFMS),结合遥感信息提取和空间分析功能来建立火天气指标、火行为预报及其相关林火专题图。同时,美国内政部和农业部在1998年也开始了类似研究"联合火科学计划",为可燃物管理和执行评估提供了充分的科学依据,而其中遥感监测和GIS技术是关键内容。

近些年,随着遥感图像处理技术的深入研究,除航天、航空遥感信息被大量运用于林火监测研究中,结合地面的遥感因其准确度较高而被研究者关注。如欧盟研制的林火自动观察系统,各由4个监测范围在0.5~10 km的黑白摄像机和热敏、烟敏感应器组成,在监测范围内有火情时可在30 s内发现火情,40 s内确定火点位置。葡萄牙和法国利用该装置的试验表明,每组装置可以监视近10 000 km^{2}的森林,其准确率可达到95%以上。在此基础上结合航天遥感监控,可以建立快速火势蔓延趋势模型,从而将森林火灾进行分区分类,帮助灭火人员有目的地实施灭火计划。

3.5.3.2 国内研究进展

我国卫星林火监测研究应用起源于20世纪80年代,卫星监测思想启蒙于苏联护林防火工作,到90年代初,从国外的NOAA/AVHHR、EOS/MODIS卫星到国内的FY、CBERS、HJ系列卫星,我国进入了快速的林火监测研究应用。目前,以应急管理部为中心,已建立了覆盖全国的北京、东北、西南、西北林区及各市(县)卫星监测网络。国内在利用遥感卫星手段进行林火监测最早、最多、技术成熟的是NOAA/AVHRR卫星。张贵等用NOAA/AVHRR卫星分别对甘肃省森林草原火灾、青海省森林草场火险及内蒙古自治区和黑龙江省进行了林火监测研究。刘诚等对AVHRR不同波段进行牛顿迭代法求解不同像元表达式,并建立亚像元火点，最后获得亚像元火点温度和面积，可对林火进行定量监测。戴昌达等根据大兴安岭地区林火的温度，研究认为林火在 TM 的光谱响应较 AVHRR 更佳，且由于卫星观测和扫描的重叠性，人们可在 8d 内对同一地区进行每昼夜共 4 次的观测图像，同时 TM 的高空间分辨率能更好地反映地面情况和林火特征。而后越来越多的研究和应用趋向于具有更高时空分辨率的 MODIS 卫星。覃先林等采用亮温——植被指数法，建立了基于 MODIS 数据的林火识别模型。扎西顿珠等利用 MODIS 数据结合森林资源分布图，在选择合适阈值的基础上，对西藏地区的火点及非火点进行了分析和排除，提高了火点监测的精度。

从 20 世纪 80 年代开始，结合多种卫星数据进行林火监测已逐渐成为森林火灾研究的主要手段。张洪群等利用多种卫星数据（NOAA、FY、MODIS 等）对安徽省林火进行火点识别，结合 ETM 影像、DEM、国家地理信息数据库对林火详细位置和范围进行了林火监测研究和应用。在卫星监测火点监测算法技术中，最初主要利用高温在中红外波段（$3.50\sim4.00\,\mu m$）及热红外波段（$10.30\sim11.30\,\mu m$）之间的亮温差异进行判别，后来考虑到受云、阴雨天气、地被覆盖物及地理差异等的影响，逐渐改进和完善火点监测算法。周小成等根据火点亮温偏离程度和不同波段噪声差异确定阈值并改进算法，从而获得精度较高的火点位置。在林火卫星监测系统中，为更好地对林火进行监测和管理，在应用中需初步对监测区域进行森林火险等级制图。

林火监测的基础影像数据需有数字地形高程、林相图、水系、道路等空间背景库的支持。在火点监测系统中，于 VC、VB 等开发环境中开发了基于 MapObject、SuperMap、WebService 等林火监测系统。周宇飞等基于 WebService 技术在 PDA 上进行开发与利用，实现了林火信息的实时传递。

除了火点监测系统外，袁宏永等利用航空、卫星影像及 DEM 等提供的可燃物特性及地形信息，建立了林火蔓延估计模型，拓宽了卫星火点监测的范围，使林火监测信息系统功能更加齐全和完善，同时明晰了森林火灾的时空分布规律，也为林火扑救提供了更有力的指导。中国林业科学研究院刘柯珍、赵凤君等采用 2010—2015 年春季森林防火期（3 月 1 日~6 月 1 日）的卫星监测热点数据分析我国各省热点的发生规律，根据气象因子对火灾发生的影响，建立火灾发生次数和气象因子的回归模型，预测热点集中省份的火灾变化趋势，以期为林火管理提供方法及数据支持。

3.5.4 全国卫星林火监测信息网

遥感技术因其广域性、及时性和准确性，尤其对可燃物空间分布的全面掌握，被广泛应用于林火监测的各个阶段。全球各火灾严重的国家均对其有着深入持续的研究。美国和加拿大是开展应用卫星遥感技术监测林火最早、取得研究成果最多的国家。我国科学家对利用卫星监测林火技术也进行了深入研究，但与发达国家相比还存在一定差距。随着我国航天技术的不断发展和遥感影像信息提取技术的深入研究，卫星林火监测将会朝着越来越及时、精确和实用的方向发展，为森林资源的保护作出重要贡献。

应用气象卫星进行林火监测具有监测范围广、准确度高等优点，既可用于宏观的林火早期发现，也可用于对重大森林火灾的发展蔓延情况进行连续的跟踪监测，制作林火态势图，过火面积的概略统计、火灾损失的初步估算及地面植被的恢复情况监测、森林火险等级预报和森林资源的宏观监测等工作。

目前，我国在建的全国卫星林火监测信息网，包括基本可覆盖全国的3个卫星监测分中心、30个省（自治区、直辖市）和100个重点地区及航空护林中心（总站）的137个远程终端。国家森林草原防灭火指挥部办公室和全国各省（自治区、直辖市）及重点地市防火指挥部的远程终端均可直接调用监测图像等林火信息。

卫星监测林火弥补了航空巡护、近地面监测和地面巡护等方式存在的死角与不足，是目前林火监测无可取代的信息源。利用NOAA、MODIS和FY等航天卫星数据开展林火监测，其优势在于时间分辨率高、一景图像覆盖范围广，能较好地反应较大区域的状况，基本可每天实现对全国林区火情的监测，是国家森林草原防灭火指挥部掌握全国火情的重要支撑手段之一。

但是，这些卫星数据的空间分辨率不高；利用这些卫星的热红外通道数据进行林火监测，还会受到高温饱和、强反射面等的干扰；另外，同一卫星对于林区同一点每天只能扫描1~2次，且每次时间一般不超过30 s，监测时间受到限制，往往是火情发展到了相当程度才发现，这就错过了最佳灭火时机，并且由于云的干扰，实际中并不是每次都能获取到覆盖火场的有效的影像数据；这些因素导致了在火灾扑救指挥中，指挥员因缺乏对火场状况信息的及时了解，带来延误扑火战机或做出不恰当的指挥决策等。

思考题

1. 简述我国林火监测体系的构成。
2. 简述瞭望塔的设置原则。
3. 简述地面巡护的优缺点。
4. 简述视频监测相比于地面巡护的优势与不足。
5. 简述卫星监测的原理。
6. 简述我国用于林火监测的卫星种类。

第 4 章
森林火险区划

主要介绍森林火险区划的基本概念，开展火险区划工作的基本技术，我国不同火险区的区域特点，以利于学习者了解森林火险区的划分依据和方法，熟悉国家、省级森林火险区的划分结果和区域特点。

4.1 森林火险区划基础

森林火险区划是森林防火管理的一项重要基础性工作，需要对森林防火的自然条件、社会经济状况进行全面调查研究，从而摸清全国森林防火的基本情况，承担着确定森林防火工作重点和布局的任务，减少森林防火工作的盲目性，加强决策科学性，有效提高森林防火科学管理水平。森林火险区划也是制定森林防火规划、计划，安排设施建设投资，落实森林防火目标管理责任制的科学依据。

4.1.1 内涵

森林火险区划，即根据时间和空间上相对稳定的森林火险指标，按照统一的自然、行政或经济界限，在规定的范围内（如全国、省等）将不同的地区（林区）按照一定的规律划分为不同的等级。

多年来，世界各国林火管理人员在工作实践中，不断加深对森林火险的理解，并围绕这一基本概念做了许多工作。如初期的利用气象因素做简单的火险天气评估，到今天已能进行综合性的火险预报、林火发生预报和火行为预报，对在短期内正确开展林火管理工作，具有实际的指导意义。随着世界科技水平的飞速发展，林火管理的科学研究也不断深入，人们开始探讨对中长期林火管理具有指导意义的林火规律，森林火险区划就是其中之一。森林火险区划作为林火管理的重要工作，承担着对森林防火的自然条件、社会经济状况进行全面调查研究，摸清全国森林防火的基本情况，确定森林防火工作重点和布局的任务，是减少森林防火工作盲目性，加强决策科学性，有效提高森林防火科学管理水平的基础性工作。全国森林火险区划过程主要分为3个阶段：

（1）第一阶段，全国森林火险区划标准制定

该标准的制定历经调查试点、普查数据、逐级筛选、制定初稿、全国普遍征求意见、反复修改、专家审定等过程。标准理论基础正确，调查数据可靠，计算方法科学而且简便易行。

（2）第二阶段，森林火险调查阶段

全国森林火险从始至终以保证结果的准确可靠为原则。为此，在制定全国统一的区划标准的基础上，有必要就森林火险区划工作各阶段的细节和具体要求编制全国森林火险区划工作手册，统一印制森林火险区划调查表，并对调查表的填写进行了逐项的解释和说明，保证了基础调查数据的翔实可靠。

（3）第三阶段，森林火险区划阶段

对于区划单位森林火险等级的计算确定。首先由县级区划单位通过调查数据计算出本单位的火险等级，上报到省级汇总单位后再有省级单位进行复核，最后上报林业局森林防火办公室后，将调查数据及结果全部输入计算机，编制计算机检验程序后，对区划结果进行计算机检验。

森林火险区划涉及的森林资源、气象条件、社会情况、地理状况等十分复杂。全国森林火险区划是森林防火管理的一项重要性基础工作，是制订森林防火规划和计划、安排设施建设投资、落实森林防火目标管理责任的科学依据。全国森林火险区划的汇总完成，标志着我国使用全国统一的标准，将全国有林的县级行政单位和林业企事业单位，按其区划结果分为森林火灾危险性不同的类型，以客观反映其森林火险程度，便于分类指导全国的森林防火工作。全国森林火险区划不仅使森林防火管理水平得到进一步提高，同时也给林区建设的其他工作，如林区开发、绿化造林、自然保护区建设、森林旅游以及重要军事设施、铁路、交通、通信建设等提供了必不可少的规划和决策的参考依据。

由于计算森林火险区划等级的部分因子的时效性，如森林面积、蓄积量、人口、道路等随时间进展将发生一定变化，为保证其实际的指导意义，通常全国应每10~15年重新进行一次森林火险区划。

4.1.2 原则

森林火险区划不同于森林火险预报，森林火险区划主要是反应长期稳定的森林火险状况，在时间和空间上具有长远和宏观的指导意义，而森林火险预报突出的是短期的、经常变化的森林火险。

森林火险区划的基础理论依据是森林燃烧的燃烧环理论，既森林可燃物类型、火源条件和火环境。工作依据是有关国家标准化法及有关法规条例和《全国森林火险区划等级》（LY/T 1063—2008）的有关具体规定。

4.1.2.1 基础数据的科学性

火险区划的因子较多，很多数据进行实地调查较困难。一般采用GIS和RS结合对森林火险因子进行采集，根据不同地形、树种、气候等各种条件下的属性数据，来确定森林火险因子的具体数值。由交通图和地形图可确定路网密度和水网；由防火指挥部和气象部门可了解到防火林带、历年火险期内月平均气温、平均相对湿度RH、平均风速、月平均降水量；由社会经济图可查到人口密度；其他的因子，如植被类型、郁闭度、龄级、坡度、坡向、海拔据小班的属性数据来确定，从而确保基础数据的科学性和准确性。

4.1.2.2 因子选择的综合性

在森林火险区划中，应注重因子选择的综合性、全面性和多样性。过去的森林火险区划多是基于气象资料与火灾频率资料进行森林火险区划。

随着技术手段和林火区划理论的发展，近年来RS（遥感）和GIS（地理信息系统）等技术手段在我国的林火区划中得到了广泛应用，新技术手段的应用使区划的结果更为合理和科学。Ghobadi等基于GIS选择土地利用、地形、蒸发量和标准化植被指数（NDVI）等火险因子对伊朗北部古列斯坦省进行了森林火险区划。谷建才等选取海拔高度、郁闭度、经营措施、距旅游点的距离、优势树种和林道距离6个影响林火发生较大的因子运用聚类分析的方法对八达岭森林健康示范区进行了森林火险等级区划。祝必琴等依据庐山历史森林火灾特点，选取防火期平均最高气温、平均气温、平均降水量、平均最长连旱天数、平均风速、植被类型、海拔、坡度和坡向9个因子作为森林火险区划指标，采用因子加权叠置法整合所有单因子专题图，生成综合区划图，并划分了森林火险区。总之，森林火险区划需要根据区划对象的林火特征及可获取的有效数据，灵活选取合理的影响森林火险的因子进行区划，为科学开展林火管理提供指导。

4.1.2.3 区划方法的有效性

为确保森林火险区划结果的有效性和适用性，依据区划地区的自然条件、社会条件和经济条件选择适宜的区划方法，能够在当地的森林防火工作中起到重要的指导作用。森林火险区划的方法有很多种，常用的有经验指数法、模糊综合评价法、"3S"技术、投影追踪、层次分析法、灰色理论、模糊聚类法、可变模糊集方法、极限条件法等方法。这些方法各有利弊，应依据区划对象特征选取适合、有效的区划方法，从而确保森林火险区划结果的有效应用。

4.1.2.4 等级结果的长效性

森林火险区划原则是尽量排除那些短期的、频繁变化的和不确定的因素，而通过采用相对稳定的火险因子，对区划对象进行定量分析，从而使分析结果，即森林火险区划的等级具有相对的稳定性，以保证在相当长的一段时间内，对森林防火的具体管理工作具有实际的指导意义。

森林火险区划等级结果指的是某一地区较长的时间（一般 5~10 年）范围内森林火灾危险程度的差别。一般是对考察区内影响森林燃烧、林火蔓延、林火扑救的主要、稳定的因子进行试验观测，通过量化分析、整理、计算，编成森林燃烧性的数量指标系列，从而为森林火险预测预报和森林防火决策提供科学依据。

4.1.3 现状

关于森林火险区划方面的研究，世界各国都有一定的研究。早在 20 世纪 20 年代，世界各国在林火预测预报方面研究取得很大进展。美国、加拿大和苏联等国家走在林火预报、预测和火险区划等森林火灾相关研究的前列。

美国于 20 世纪 70 年代建立的国家森林火险等级系统（NFDRS）中，首次使用可燃物、气候和地形 3 个因子，把美国大陆划分为一系列不规则形状的地理区，作为生成短期森林火险预报的基础。该区划只是作为组成美国国家森林火险等级系统的一部分，本身较为粗糙，不具单独使用价值。

原苏联 B.L 聂斯切洛夫教授曾提出森林火险等级划分法，既根据林分的燃烧性、火源距离、消灭火灾的条件划分为 3 个等级，每一个等级再划分为 3 个亚级，火险等级具体落实到林班。由于这种区划方法使用的因子只有 3 个，必须与其他资料相结合才能使用。同时区划比较具体和微观，无法在国家一级的管理水平上使用。

澳大利亚林火管理部门曾使用火险等级表以反映火灾蔓延速率和林地可燃物数量，但至今没有开展森林火险区划工作。

加拿大 1984 年建立的加拿大森林火险等级系统由 3 部分组成，火险天气指标系统、林火发生预报系统和火行为预报系统。其中采用具体的可燃物类型和数学模型作为林分火险等级的判别因子，但也从未利用此方法进行全国范围的森林火险区划工作。上述各国所涉及的森林火险区划内容基本是短期森林火险预报系统的组成部分。

20 世纪 50 年代初期，我国刚刚起步进行森林火险区划研究，主要是在苏、美、日等国家研究的基础上结合我国的实际情况研究的，在森林火险区划研究过程中，我们需要研究森林火灾和气象因子的关系，还要研究各种森林火险天气预测的方法。20世纪80年代，中国科学院林业土壤研究所（现为中国科学院沈阳应用生态研究所）在大兴安岭与四川林区进行森林燃烧性调查后，提出按照植物群系划分3个森林燃烧等级，并根据可燃物易燃性、蔓延性和火强度划分为5个亚级。即Ⅰ级为易燃（草类群系各种类型），Ⅱ级为可燃（灌木群系各种类型），Ⅲ级为难燃或不燃（地衣藓类群系）。东北林业大学郑焕能教授1982年采用经度（30分）和纬度（20分）十字格为区划单元，按火灾发生率研究了大兴安岭东部林区的森林火险区划图，又于1986年在《林火管理》一书中提出有必要对全国林区进行合理的防火区划。福建省李兆明、高兆蔚1985年利用双因子综合法，既林火发生率和林地燃烧率，加上有林地平均森林蓄积量指标，进行聚类分析运算，将福建省林区、县、市分为3级9类。吉林省吉林市原林业局付树学在林火决策支持系统中第一次系统地提出了森林火险区划的理论依据、技术路线和总体构想，并在火险区划因子的选择和分析模型建立方面做了大量工作，通过对9类火险因子的动态聚类分析，将吉林市的53个乡划分为3个等级的森林火险区。

冯家沛，刘步宽等收集查找连云港往年森林火灾发生的数据，分析发生的缘由，并提出了划分森林火险气象等级的方法，与历史资料对比，更切合实际，具有实际意义；通过整理福建省15年（1986—2000年）的与森林火险等级有关的历史资料，在防火期内，采用回归分析方法，计算各项系数，得到回归方程，并对方程计算残差，从多元回归分析中找出影响森林火险的主要相关因子，最终得到一个中长期的预测森林火险等级回归方程；易若浩在黑龙江省和内蒙古自治区选择几个具有代表性的林业局作为试用地点，分别对它们进行实验测试，建立了一个能够在全国范围使用的森林火险等级预报系统信息平台，在平台上进行技术研究，构建了相应的业务系统，实现了各自业务化的功能结构。

在众多因子当中，对植物造成重大干扰的因子是森林火灾，对自然、生物、生态环境存在一定的威胁。森林火险区划的研究对防火有重要作用，可为林火的预防、扑救提供有效的实用依据。我国森林火险区划从20世纪50年代中叶开始，采用各种方法推算火险各项指标的综合影响大小，然后再根据不同因子的影响权值大小来划分等级。张贵等采用专题制图影像，采集各项因子的空间数据和属性数据，进行筛选分析，制定可燃物类型的燃烧分级表和森林火险等级区划等级表，运用GIS空间数据库图像叠加，自然属性库进行分类，对广州市的火险等级进行区划，并绘制了各个等级火险区划图；伊海伟等以黑龙江省的育英林场和奋斗林场为研究区域，选取主要火险因子，采用因子分析计算权值，然后将权值叠加，定量评价所研究的两个林场的森林火灾情况，最后计算两个林场的不同区域的火险等级，并在地形图上绘制火险等级图；胡林、冯仲科等以地理信息系统、遥感、全球定位系统多种技术为手段，实时监控测量技术、实时定位和现代通信技术为基础，提出森林火险动态区划概念，利用收集的森林火险相关资料建立专题图，实现了森林火险的动态区划；谭三清利用聚类分析法对广州市的样地进行森林火险区划，将提取的样地分成了3个火险等级，并且该区划结果与实际相符合，验证了该方法是可行的。

近年来，"3S"技术在森林火险区划中应用比较广泛，邓欧、李亦秋等在卫星遥感和地理信息系统等技术支持下，选择火险因子，用空间Logistic方法建立森林火险模型来研究森林火险区划。林火管理和科研工作者对森林火险区划的研究和探讨，为地方提高森林防火管理水平做出了贡献，同时也为开展全国森林火险区划工作打下了良好基础。

4.2 森林火险区划结果及应用

我国的森林火险区划工作是 1992 年开始进行的，同年也制定了《森林火险区划等级》行业标准。此标准采用树种（组）燃烧类型、人口密度、路网密度和防火期内降水量、气温、风速的平均值等 6 个火险因子，将预定区域范围内的森林火险划分为Ⅰ、Ⅱ、Ⅲ 3 个区划等级，分别表示森林火灾危险性大、中、小。

2008 年 9 月，由原国家林业局森林防火指挥部办公室提出，原国家林业局调查规划设计院和原国家林业局森林防火办公室共同起草并颁布《全国森林火险区划等级》（LY/T 1063—2008）林业行业标准，代替《全国森林火险区划等级》（LY 1063—1992）。此标准在全国森林火险区划等级标准确定方面有重大技术变化，可概括为以下 4 个方面：一是森林火险因子权值确定方法的改变；二是森林火险因子权重表中火险因子的调整；三是森林火险等级阈值表中技术指标的增加；四是森林火险等级阈值表中技术指标的调整。全国各地区根据标准和基础数据划分本地区的森林火险等级区划，重新确定等级。

4.2.1 森林火险区划的基础工作

4.2.1.1 森林火险区划的因子选择

（1）树种（组）燃烧类型

其确定的方法是，以优势树种（或树种组）燃烧的难易程度为依据，先将区划地区的优势树种，归并为难燃、可燃、易燃 3 个类型，然后计算各类的林木总蓄积，再以 3 类中蓄积量比例大于或等于 55%，确定该区界范围内的树种（组）燃烧类型。若 3 类蓄积量的比例均在 55% 以下，则该区界范围内的树种（组）燃烧类型应确定为可燃类。我国各地主要代表树种（组）燃烧难易程度的划分为 3 类，见表 4-1 所列。

表 4-1　全国主要树种（组）燃烧的难易程度

燃烧难易程度	主要代表树种（组）
难燃类	木荷、栲类（含甜槠、苦槠等）、青冈、竹类（竹亚科）、桢南、水曲柳、核桃楸、黄波罗、刺槐、泡桐、榆、阔叶混交林（优势不明显）
可燃类	针阔叶混交、桦、椴、杨、红桐、杂木、硬阔（色木、山毛榉等）、软阔（枫杨、柳、槭、楸、木麻黄等）、落叶松、云杉、冷杉、杉木、柳杉、水杉、紫杉、铁杉
易燃类	樟树、桉、枫香、云南松、马尾松、油松、赤松、黑松、樟子松、红松、柏木、栎（含槲栎等）、栗、石栎、针叶混交林、矮林（不能生长为大乔木的）

（2）人口密度

主要以区划工作开始前 5 年内最新统计的森林火险区划地区的人口（含林业、牧业人口)总数与该地区面积之比来确定,其单位为人/hm²。

(3)路网密度

主要以近5年内最新统计的森林火险区划地区,所有等级道路总里程数与该地区总面积之比来确定,其单位为m/hm²。

(4)防火期气象因子

主要选择防火期平均降水量(mm)、防火期平均气温(℃)、防火期平均风速(m/s)3个指标,数据应来源于县级以上(含县级)气象部门发布的近5年的历史平均值。

4.2.1.2 森林火险区划的方法选择

我国的森林火险区划工作是1992年开始进行的,2008年修订了《森林火险区划等级》行业标准。此标准采用树种(组)燃烧类型、人口密度、路网密度和防火期内降水量、气温、风速的平均值等6个火险因子,将预定区域范围内的森林火险划分为Ⅰ、Ⅱ、Ⅲ 3个区划等级,分别表示森林火灾危险性大、中、小。

4.2.1.3 森林火险区划等级的确定

森林火险区划等级的确定按照以下步骤进行:

(1)森林火险因子权值之和计算

森林火险区划单位根据区划地区各项火险因子的实际数值与表4-2中的级距对号,并把相应的权值累加,得出权值之和。

表4-2 全国森林火险因子级距标准查对表

火险因子	级距	得分值
树种(组)燃烧类型	难燃类	0.04
	可燃类	0.10
	易燃类	0.20
人口密度(人/hm²)	≤ 0.6	0.03
	0.7~1.3	0.14
	≥ 1.4	0.12
防火期月平均降水量(mm)	≤ 53.0	0.04
	24.6~52.9	0.11
	≥ 24.5	0.23
防火期月平均气温(℃)	≤ 7.5	0.03
	7.6~14.0	0.15
	≥ 14.1	0.19
防火期月平均风速(m/s)	≤ 1.7	0.02
	1.8~2.6	0.09
	≥ 2.7	0.16
路网密度(m/hm²)	≤ 1.5	0.04
	1.6~2.5	0.08
	≥ 2.6	0.05

注:《全国森林火险区划等级》(LY/T 1063—2008)。

（2）综合得分值计算

将森林火险因子权值之和分别乘以区划地区有林地、灌木林地与未成林造林地面积之和，活立木总蓄积量及YGW%，分别得出3项综合得分值。

（3）根据得分值确定森林火险等级

根据3项综合得分值，对照表4-3中的标准分值，取其中对应值高的火险等级作为该地区的森林火险等级。

表4-3　火险等级阈值表

火险等级		权值之和 × 森林资源数量	标准分值
Ⅰ	森林火灾危险性大	权值之和 × 有林地、灌木林地与未成林造林面积之和（×10^4 hm^2）	>65.1
		权值之和 × 活立木总蓄积量（×10^4 m^3）	>856.9
		权值之和 ×YGW%	>72
Ⅱ	森林火灾危险性中	权值之和 × 有林地、灌木林地与未成林造林面积之和（×10^4 hm^2）	5.3~65.1
		权值之和 × 活立木总蓄积量（×10^4 m^3）	256.4~856.9
		权值之和 ×YGW%	43~72
Ⅲ	森林火灾危险性小	权值之和 × 有林地、灌木林地与未成林造林面积之和（×10^4 hm^2）	0.2~5.3
		权值之和 × 活立木总蓄积量（×10^4 m^3）	<256.4
		权值之和 ×YGW%	<43

表4-3中相关指标规定如下：

①**有林地**　连续面积大于0.067 hm^2、郁闭度0.2以上、附着有森林植被的林地，包括乔木林、红树林和竹林。

②**灌木林地**　附着有灌木树种或因生境恶劣矮化成灌木型的乔木树种以及胸径小于2 cm的小杂竹丛，以经营灌木林为目的或起防护作用，连续面积大于0.067 hm^2、覆盖率在30%的林地。

③**未成林造林地**　人工造林未成林地和封育未成林地。

a.人工造林未成林地：人工造林（包括植苗、穴播或条播、分殖造林）和飞播造林（包括模拟飞播）后不到成林年限地，造林成效符合下列2个条件之一，分布均匀，尚未郁闭但有成林希望的林地：人工造林当年成活率85%以上或保存率80%（年均降水量400 mm以下地区当年造林成活率为70%或保存率为65%）以上；飞播造林后成苗调查苗木3000株/hm^2以上或飞播治沙成苗2500株/hm^2以上，且分布均匀。

b.封育未成林地：采取封山育林或人工促进天然更新后，不超过成林年限，天然更新等级中等以上，尚未郁闭但有成林希望的林地。

YGW：有林地、灌木林地和未成林造林地面积之和。

YGW%：有林地、灌木林地和未成林造林地面积之和与该地区总面积之比。

（4）森林火险等级的调整条件

根据要求，如果该地区内有国家级游览风景区、自然保护区和森林公园，经国家森林草原防灭火指挥部办公室审批后，其火险等级可提高一级。对于未能按标准划入高火险等级的需特殊保护的火险敏感地区，可由所在省、（自治区、直辖市）行政主管部门提出申报，说明情况，经一定程序，由国家森林草原防灭火指挥部办公室审批后列为Ⅰ级火险区。

以上森林火险区划标准，规定了森林火险区划等级及其区划方法，同时也适用于全国各县、国有林业企业局及县级国有林场、自然保护区和森林公园的火险区划。将县级行政单位、林业企业事业单位，按其区划结果分为森林火灾危险性不同的行政地理区，使处于同一火险等级的地区，在全国范围内具有可比性，客观地反映森林火险程度，可以作为全国林火预报的基础，也是制订森林防火规划和计划，安排基本建设投资的科学依据之一。

4.2.2　森林火险区划结果

森林火险区划作为林火管理的重要工作，需对森林防火的自然条件、社会经济状况进行全面调查研究，同时摸清全国森林防火的基本情况，才能最终确定森林防火工作重点和布局。

原国家林业局按照《全国森林火险区划等级》（LY/T 1063—2008）标准，于2015年完成区划工作，对全国森林资源情况、防火基本情况等进行了全面调查和数据收集。

利用调查数据绘制相关图表：森林防火基本情况统计表，见表4-4所列；2001—2015年森林火灾统计汇总表，见表4-5所列。

4.2.3　区划结果应用

森林火险区划承担着确定森林防火工作重点和布局的任务，在实际防火工作当中，森林火险区划侧重于理论研究，我们需要根据森林火险区划的结果进行防火区域划分。2015年，国家林业局根据《全国森林火险区划等级》（LY/T 1063—2008）行业标准、全国森林火险区划等级、森林资源分布状况和森林火灾发生情况，将全国森林防火区域划分为森林火灾高危区、森林火灾高风险区和一般森林火险区3类：

（1）森林火灾高危区

东北、西南重点林区发生过重特大森林火灾且年均受害森林面积≥100 hm^2，或有林地面积≥10×10^4 hm^2且单位公顷活立木蓄积量≥60 m^3的集中连片Ⅰ级火险等级县级行政单位。有森林防火任务的国家公园、国家级自然保护区、国家森林公园、世界文化自然遗产、国家级风景名胜区、国家地质公园等国家禁止开发区和军事管理区等重点保护目标全部划入森林火灾高危区。

（2）森林火灾高风险区

森林火灾高危区外的Ⅰ级火险等级县级行政单位和有林地面积≥3×10^4 hm^2且单位公顷活立木蓄积量≥50 m^3，或有林地面积≥1×10^4 hm^2且年均火灾发生次数≥3次的Ⅱ级火险等级县级行政单位；西北生态脆弱地区，有林地面积≥1×10^4 hm^2的Ⅱ级火险等级县级行政单位。区位敏感性高且与以上区域相对集中连片的县级行政单位，生态区位重要的国家和省直属县级以上林业单位划入森林火灾高风险区。

（3）一般森林火险区

除去上述2类的其他县级行政单位。

根据上述分区依据和标准，森林火灾高危区包括151个县级行政单位，涵盖国有森工

表 4-4 森林防火基本情况统计表

单位名称	土地面积 (×10⁴hm²)	林业用地面积 (×10⁴hm²)	有林地面积 (×10⁴hm²)	灌木林地 (×10⁴hm²)	未成林造林地 (×10⁴hm²)	活立木蓄积量 (×10⁴m³)	总人口 (万人)	农业人口 (万人)	林区路网密度 (m/hm²)	阻隔网密度 (m/hm²)	瞭望覆盖率 (%)	通信覆盖率 (%)	当日扑灭率 (%)	森林覆盖率 (%)
合计	95 767.0	31 046.0	19 118.0	5590.0	650.0	1 607 406.0	136 797.0	85 607.0	1.9	3.7	68.1	70.0	94.7	21.6
北京	164.0	101.0	59.0	34.0	1.0	1828.0	1300.0	271.0	5.2	9.2	67.0	75.0	98.0	35.8
天津	113.0	16.0	11.0	1.0	0.0	454.0	996.0	380.0	1.8	8.2	80.0	85.0	100.0	9.9
河北	1877.0	718.0	395.0	126.0	13.0	13 082.0	7417.0	5281.0	0.7	0.6	19.3	96.4	99.6	23.4
山西	1566.0	766.0	261.0	162.0	13.0	11 039.0	3938.0	2725.0	2.6	4.6	44.2	70.0	95.2	18.0
内蒙古地方	11 643.0	4252.0	1619.0	799.0	102.0	139 167.0	2473.0	1242.0	1.1	1.0	71.0	82.8	83.7	20.4
内蒙古大兴安岭林管局	999.0	948.0	815.0	11.0	10.0	77 950.0	24.0	0.0	1.4	1.0	74.5	88.3	89.4	60.9
辽宁	1457.0	700.0	517.0	75.0	18.0	25 972.0	4245.0	2355.0	5.0	11.5	35.0	94.9	100.0	38.2
吉林	1892.0	856.0	763.0	9.0	26.0	96 535.0	2702.0	1399.0	2.7	0.5	49.4	91.1	98.3	40.4
黑龙江地方	2706.0	616.0	503.0	6.0	6.0	38 938.0	3725.0	2016.0	1.1	1.0	94.2	97.8	99.5	18.6
黑龙江大兴安岭林管局	835.0	754.0	654.0	3.0	24.0	54 384.0	51.0	5.0	1.5	0.1	91.0	96.0	82.7	78.4
黑龙江森工	1005.0	837.0	804.0	0.0	3.0	84 399.0	194.0	27.0	1.4	0.7	86.5	88.1	97.8	80.0
上海	63.0	8.0	7.0	0.0	0.0	380.0	1427.0	148.0		3.3	80.0	100.0	100.0	10.7
江苏	1026.0	179.0	162.0	2.0	5.0	8461.0	7553.0	3750.0	5.0	5.2	68.0	91.0	100.0	15.8
浙江	1018.0	661.0	601.0	15.0	5.0	24 225.0	4980.0	3358.0	2.8	3.0	49.2	94.8	94.2	59.1
安徽	1382.0	443.0	380.0	26.0	11.0	21 710.0	6912.0	4838.0	2.9	3.6	43.8	92.7	99.8	27.5
福建	1215.0	927.0	801.0	23.0	61.0	66 675.0	3863.0	2511.0	2.6	22.6	50.9	91.7	99.4	66.0

（续）

单位名称	土地面积（×10⁴ hm²）	林业用地面积（×10⁴ hm²）	有林地面积（×10⁴ hm²）	灌木林地（×10⁴ hm²）	未成林造林地（×10⁴ hm²）	活立木蓄积量（×10⁴ m⁴）	总人口（万人）	农业人口（万人）	林区路网密度（m/hm²）	阻隔网密度（m/hm²）	瞭望覆盖率（%）	通信覆盖率（%）	当日扑灭率（%）	森林覆盖率（%）
江西	1669.0	1070.0	1002.0	16.0	15.0	47 032.0	4804.0	2305.0	0.8	6.3	30.0	92.4	95.5	60.0
山东	1522.0	331.0	255.0	7.0	17.0	12 361.0	9580.0	5881.0	4.0	6.3	81.0	85.0	99.0	16.7
河南	1670.0	505.0	359.0	58.0	10.0	22 881.0	10 932.0	7500.0	2.7	11.2	46.4	93.1	99.3	21.5
湖北	1859.0	876.0	736.0	129.0	20.0	39 580.0	6165.0	3699.0	1.8	2.0	52.0	68.0	95.0	38.4
湖南	2118.0	1291.0	1032.0	124.0	44.0	44 480.0	7122.0	4993.0	2.0	2.0	46.4	93.1	84.5	59.8
广东	1768.0	1076.0	884.0	56.0	27.0	37 775.0	8636.0	4952.0	3.1	9.1	36.1	89.8	96.1	51.3
广西	2376.0	1527.0	1116.0	243.0	27.0	55 817.0	5378.0	4192.0	1.4	6.9	51.2	88.7	94.9	56.5
海南	344.0	235.0	219.0	2.0	8.0	15 158.0	902.0	561.0	1.2	0.2	30.0	60.0	100.0	63.5
重庆	823.0	406.0	246.0	100.0	7.0	17 437.0	3382.0	2163.0	2.9	1.9	24.0	80.6	83.3	38.4
四川	4837.0	2328.0	1341.0	760.0	18.0	177 576.0	9097.0	6194.0	2.0	1.1	22.5	75.8	81.8	35.2
贵州	1762.0	861.0	536.0	155.0	17.0	34 384.0	4134.0	3339.0	2.5	0.9	11.0	71.6	89.9	37.1
云南	3826.0	2501.0	1750.0	341.0	65.0	187 514.0	4586.0	3544.0	2.6	2.3	61.0	81.8	96.0	50.0
西藏	12 284.0	1784.0	849.0	856.0	2.0	228 812.0	310.0	234.0	2.5	1.1	22.3		81.7	12.0
陕西	2060.0	1228.0	769.0	192.0	33.0	42 416.0	3926.0	2420.0	1.1	0.0	24.6	66.3	81.7	41.4
甘肃	4497.0	1043.0	272.0	361.0	17.0	24 055.0	2591.0	1511.0	0.6	0.0	6.1	68.7	100.0	11.3
青海	7215.0	808.0	41.0	406.0	6.0	4884.0	570.0	387.0	1.7	0.9	15.7	46.9	100.0	5.6
宁夏	520.0	180.0	20.0	44.0	23.0	873.0	657.0	367.0	1.9	0.2	33.0	76.3	100.0	11.9
新疆	16 470.0	1100.0	236.0	466.0	31.0	38 680.0	2226.0	1060.0				70.0	90.0	4.2

表 4-5　2001—2015 年森林火灾统计汇总

单位名称	森林火灾次数					火场总面积(hm²)	受害森林面积(hm²)			损失林木		人员伤亡				其他损失		出动扑火			
	计	一般火灾	较大火灾	重大火灾	特大火灾		计	其中 原始林	人工林	成林蓄积(蓄积量)	幼木株数(万株)	计	轻伤	重伤	死亡	折款(万元)	人工(工日)	出动车辆(台) 计	其中汽车(辆)	出动飞机(架次)	经费(万元)
合计	116 171	67 694	48 235	208	34	3 522 582	1 429 477	821 397	370 212	21 309 582	260 040	1595	471	286	838	225 688	17 661 996	1 163 932	863 292	11 482	232 451.5
北京	73	57	16			489	198	6	193	759	16	2	1		1		36 631	1938	1954	108	224.8
天津	164	156	8			521	141		141	431	11					28	22 478	1402	1350		126
河北	1292	1129	162	1		14 422	1962	32	1479	9110	60	20	4	3	13	152	241 770	14 930	13 328	1233	4628.2
山西	398	116	274	8		31 192	9700	895	8816	320 540	6022	36	16	3	17	16 927	781 559	31 310	23 277	109	6767.9
内蒙古	1669	878	729	47	15	438 682	232 637	20 758	5500	1 414 433	8306	15	3			5069	1 214 658	25 245	19 309	2172	32 240.2
辽宁	2229	1689	540			11 474	3751	496	2976	11 594	2376	17	1	1	15	448	253 449	28 186	26 192	7	946
吉林	1026	844	182			3726	1561	36	583	48 699	86	3		1	2	2778	96 013	8993	8689	160	958.8
黑龙江	1435	1119	268	29	19	1 890 114	761 430	759 619	1809	9 606 005		44	3	39	2	27 789	730 013	45 031	43 794	4700	86 947
上海																					
江苏	1172	1050	122			2725	972	2	971	14 731	1893	3	1		2	607	151 909	11 994	10 289	2	1435.3
浙江	6088	1358	4714	16		80 109	41 986	3618	26 216	105 443	4423	175	38	44	93	706	1 022 285	64 313	51 298		5718.5
安徽	2294	1399	895			12 401	5231	23	5208	112 819	266	18	10	1	7	1101	252 607	21 733	14 320		1085
福建	5220	607	4578	35		98 728	64 007	1513	60 836	1 849 020	23 248	76	21	9	46	42 324	923 864	100 928	38 814		9115.4
江西	4905	1352	3546	7		95 128	46 544	4241	42 306	683 117	4293	114	58	15	41	14 328	1 110 593	78 168	44 467	108	5722.9
山东	613	440	171	2		3418	2101	2	2099	11 528	195	6	1		5	9534	281 220	22 645	19 976	95	3537.7
河南	7330	5828	1502			19 737	6229	155	6075	11 938	998	6	1	1	4	1490	348 265	31 348	30 483	47	1964.9
湖北	8179	6237	1937	5		46 309	11 352	1518	9842	140 361	821	78	8	6	64	671	573 443	37 864	32 034		1738.1
湖南	24 778	12 708	12 049	21		164 155	102 003	7688	93 894	2 106 998	105 436	229	34	40	155	30 480	2 105 692	119 046	100 416	3	9524.1

（续）

单位名称	森林火灾次数					火场总面积(hm²)	受害森林面积(hm²)			损失林木			人员伤亡				其他损失		出动车辆(台)		出动飞机(架次)	经费(万元)
	计	一般火灾	较大火灾	重大火灾	特大火灾		计	其中		成林蓄积(蓄积量)	幼木株数(万株)		计	轻伤	重伤	死亡	折款(万元)	人工(工日)	计	其中汽车(辆)		
								原始林	人工林													
广东	2815	910	1905			38 340	17 859	756	17 093	298 403	14 177		60	8	18	34	4030	481 631	48 939	27 458	224	4301.1
广西	9017	4836	4178	3		150 063	27 837	624	26 070	884 911	6759		153	35	13	105	5374	811 395	82 157	46 113	366	4959.2
海南	1725	1109	616			6671	3486	238	3257	19 211	50		3	2		1	291	86 477	12 424	5328		317.1
四川	4364	3690	662	12		48 071	11 316	7134	4103	547 555	8590		73	40	9	24	14 518	1 428 733	65 237	39 164	279	11 678
贵州	18 273	12 755	5508	10		160 895	35 279	5590	29 295	740 979	55 684		183	74	27	82	14 055	1 504 342	99 289	86 366	303	5119.7
云南	6569	4076	2490	3		155 961	26 484	2540	14 375	885 591	12 991		117	52	16	49	16 502	1 822 712	127 462	105 436	873	19 603.2
西藏	644	345	294	5		23 727	5896	465	2325	263 591	937		55	33	7	15	7096	534 146	38 606	33 270	84	4669
重庆	1768	1459	308	1		6737	2592	226	2340	97 985	1471		31	9	2	20	1287	503 487	24 141	21 799	49	3853.8
陕西	1055	702	353			5384	2108	469	1368	15 817	143		68	12	16	40	460	170 591	9018	8371	15	749.9
甘肃	226	194	31	1		3199	896	767	123	136 474	24		1			1	4272	60 160	3697	3351	5	672.4
青海	138	86	52			2152	1241	98	344	14	44		3	3			512	23 359	1609	1403		252.6
宁夏	168	136	32			1218	101	86	163	13	15						128	12 822	776	1082		47.4
新疆	571	450	119	2		6920	2583	1802	411	9578	582		6	5		1	2730	80 802	5524	4184	540	3832.3

局，有森林防火任务的国家公园、国家级自然保护区、国家森林公园、世界文化自然遗产、国家级风景名胜区、国家地质公园等禁止开发区；森林火灾高风险区包括1418个县级行政单位，涵盖国家、省（自治区、直辖市）、市（地）直属的自然保护区、森林公园、国有林业局、国有林场等有林单位；一般森林火灾风险区包括1106个县级行政单位。

按照分区结果，森林火灾高危区和森林火灾高风险区是全国森林防火重点区域，涉及1569个县级行政单位，其中人员密集的城市周边和城市圈森林生态空间的森林防火工作应重点加强，县级行政区划单位森林防火重点区域分布情况在辅助教材相关章节具体介绍，这里不再赘述。为进一步明晰重点，根据森林资源分布、地理地貌特征等因素，结合国家区域战略格局，森林防火重点区域划分为大小兴安岭森林防火重点区、长白山完达山森林防火重点区、京津冀森林防火重点区、太行山吕梁山森林防火重点区、天山阿尔泰山森林防火重点区、西部生态脆弱森林重点火险区、秦巴山脉森林防火重点区、横断山脉森林防火重点区、大别山森林防火重点区、武陵山森林防火重点区、罗霄山脉森林防火重点区、武夷山森林防火重点区、南岭森林防火重点区、云贵高原森林防火重点区、东部沿海森林防火重点区、海南森林防火重点区等16个森林防火重点区。

森林防火重点区域总面积 $64\,508.6 \times 10^4\,hm^2$，占国土总面积67.4%，基本涵盖了我国所有的天然林资源，是我国森林资源最丰富、最集中的地区，林业用地面积达 $29\,277.3 \times 10^4\,hm^2$，占全国林业用地面积88.0%；有林地面积达 $18\,831.1 \times 10^4\,hm^2$，占全国有林地面积91.6%，是我国今后10年森林防火工作的重点。森林火灾高风险区可根据县级行政单位森林资源和火灾发生状况的变化以及火险区划等级的修订及时调整。

4.3 森林防火区划区域特点

4.3.1 森林火灾高危区

4.3.1.1 主要分区林火特点

（1）寒温带针叶林高危火险区

寒温带针叶林重点火险区位于我国最北端，北以黑龙江为界，东以嫩江为界与小兴安岭接壤，西与呼伦贝尔草原相连，南到阿尔山附近。该区包括了全部大兴安岭林区。

该区属于大陆性气候，全年平均气温为-2℃，极端气温最低可达-53.3℃，属于高寒地区。冬季长达7~9个月，生长季节为70~110 d，年积温为1100~1700℃。全年降水在300~400 mm，为半湿润区和半干旱区。春季干旱期长，经常刮大风，为森林火灾危险季节。

该林区植被为明亮针叶林（以兴安落叶松为主的针叶林），生长期短。春季5~6月有一定数量的雷击火。该林区地广人稀，交通不便，控制林火能力薄弱，为我国最危险的森林火险区。

该林区地带性植被以兴安落叶松为主，除云杉外，大部分树种为阳性树种。该林区气候寒冷，森林为单层林，林木稀疏，加之兴安落叶松树冠稀疏，林下阳光比较充足，喜光杂草滋生，形成了易燃植被。林冠下大部分树种为喜光阔叶树，尤其是耐瘠薄干旱的黑桦、蒙古栎，在大面积次生林区大量分布，更加提高了该林区森林的燃烧性。

大兴安岭海拔在 600 m 以下分布着以兴安落叶松为主的针阔混交林，600~1000 m 为兴安落叶松为主的针叶混交林，在 1000 m 以上为兴安落叶松、岳桦和偃松形成的稀疏矮曲林，形成 3 条垂直带。火灾季节依次排列：最早为针阔混交林，最晚为矮曲林。即大面积次生林区，火灾发生最为严重。

大兴安岭地形为低山丘陵，最高山峰为位于贝尔赤河中游右岸的奥科里堆山，海拔高度 1560 m。由于地势比较平缓，山势浑圆，山间有较宽的沟谷，形成大面积沟塘草甸。这类沟塘草甸是该林区最易燃烧的地段，也是发生林火的策源地段。

①**森林火灾性状与特点**　大兴安岭林区地处高寒地区，为全国重点火险区之一。平均每年发生森林火灾次数为几十次至百多次，约占全国森林火灾发生次数的 0.4%，而森林过火面积则为全国之首，平均每年过火面积为十几万公顷至百万公顷，约占全国年过火面积的 41%。平均每次过火面积几千公顷，该项指标已达到特大森林火灾的标准。

寒温带针叶林重点火险区森林火灾季节为春、秋两季，其中春季火灾季节长，一般为 3~6 月；秋季火灾季节为 9 月中旬至 10 月。春季火灾季节中，5~6 月中旬为戒严期，而秋季 9 月中旬至 10 月中旬为戒严期。另外，在夏秋季的干旱期也可能发生较严重的森林火灾。由于该林区南北距离长，跨 10 个纬度，积雪融化有明显差异，因此，可分 2 个不同月份火灾带。以伊勒呼里山，即 51° N 为界，以南为 3 月火灾带，火灾戒严期为 4 月中下旬至 5 月。全年可能发生森林火灾天数为 225~250 d，火灾集中在兴安落叶松针阔混交林中。伊勒呼里山以北为 4 月火灾带，火灾春季发生在 4~7 月，全年可能发生火灾天数少，为 180~220 d，火灾戒严期集中在 5 月下旬至 6 月中下旬，火灾集中为兴安落叶松为主的针叶混交林。

随着森林火灾季节不同，灭火时人力分配亦不同，差别明显。在大兴安岭林区早春灭火，集中人力将明火扑灭无须清除余火，这是因为此时仅地表枯枝落叶和枯草可以燃烧，下层腐殖质和枯枝倒木内部都还处于冻结状态，不能引燃；相反，在春末和夏初，由于土壤完全融化，此时在扑灭明火后，清除隐燃火任务大，而且容易产生复燃火，所以要求灭火和清理余火的人力各半或清理余火的人员多于扑打明火人员，否则很难将火扑灭。

大兴安岭林区森林火灾的分布格局主要受该林区地带性植被的影响。该林区是以兴安落叶松为主的林区，还有大约占全区 1/5 的沟塘草甸。主要火灾种类是地表火，只有少量常绿针叶林有可能发生树冠火，少数针叶林、草甸子有厚腐殖质层、泥炭层，有可能发生地下火。此外，在北部寒冷地区，发现有越冬火，火在地下燃烧长达数月之久，主要破坏腐殖质层和泥炭层以及树木的根系，危害性极大。

大兴安岭林区存在一定数量的自然火源——雷击火。根据 20 世纪 70~80 年代森林火灾资料分析，雷击火大约占总发生火灾次数的 1/5~1/4，由此引起的火灾面积较小，大约占年过火面积的 1/50~1/40。根据大兴安岭林区森林火灾资料分析，大兴安岭最早发生雷电是 4 月下旬和 5 月，发生在大兴安岭林区南部；6 月雷击火多；7 月降水多，8 月为雨季，不发生雷击火；进入 9 月有少量雷击火。据统计，5 月发生的雷击火占总雷击火的 11%；6 月占 83%；其他几个月仅占 6%。从地区分布看，5 月雷击火仅发生在该林区的南部，6 月转移到北部，南部也有发生。所以不难看出，6月是自然火——雷击火集中发生时期，此时应加强预防工作，以有效地控制雷击火的发生。

除了雷击火以外，大兴安岭林区还有几种人为火源为主要火源。一是农业生产用火不慎引起的森林火灾，多分布在南部和东部农业区。二是机车喷漏火和爆瓦引起的森林火灾，占森林火灾总次数的10%，其主要分布在坡度大、弯度大的地段，应改善机车喷漏火装置，在铁路两旁开设防火线或营造生物防火林带。三是吸烟跑火引起的森林火灾，它也占相当比例。由于各地区制订了乡规民约，在防火期严禁野外吸烟，目前由此引起的森林火灾明显下降。此外，大兴安岭林区为新开发区，外来人员大量流入，增加了不少人为火源。

该林区年森林火灾发生次数不多，但平均每次火灾过火的森林面积大。特大和重大的森林火灾比例大，与全国各区相比是最多的。因此，该林区火险等级最高，是我国重点火险区。

②森林燃烧性分析 大兴安岭林区由明亮针叶林组成，是以兴安落叶松为主的针叶林林区。兴安落叶松为地带性植被，由于植物易燃、气候干旱，又有一定数量的自然火源，所以该林区早在无人居住以前就经常发生森林火灾。现存的许多林木留有大量的火灾痕迹就是鲜明的例证。

该林区相对海拔高差不大，但森林随海拔高度的变化也有明显带谱现象。最高山为奥科里堆山，海拔1500 m。根据该林区森林植被垂直分布的规律，将其分为3个带：

a.第一带为矮曲林，海拔高度超过1000 m。该带因海拔高，气候寒冷，生长季节短，冰冻期长，火灾季节最短，一般难燃或不燃。在此带的森林按其燃烧性又可分为3个等级：Ⅲ级难燃类型，有苔藓群落；Ⅱ级可燃类型，有岳桦兴安落叶松矮曲林；Ⅰ级易燃类型，有偃松、兴安落叶松林和偃松丛。

b.第二带为针叶林带，海拔在600~1000 m。该带较上带易燃，其火灾季节也长。按其森林的燃烧性将该带分为3个等级：Ⅰ级易燃类型有樟子松林、杜鹃落叶松林、草类落叶松林；Ⅱ级可燃类型有兴安落叶松、白桦林；Ⅲ级难燃类型有云杉林、云杉落叶松林和朝鲜柳林。

c.第三带为兴安落叶松阔叶混交林带，海拔在600 m以下。该带为大兴安岭火灾多发带，也属于次生林区，森林燃烧性高于前两个带，火灾季节也比前两个带长1个月左右。按森林的燃烧性将该带划分为3个等级：Ⅰ级易燃类型有草甸子、荒草坡、黑桦林、蒙古栎林以及它们的混交林；Ⅱ级可燃类型有灌木林、桦榛丛、白桦林和其他阔叶林；Ⅲ级难燃类型有毛赤杨林、柳丛和甜杨林。

大兴安岭林区的可燃物类型有：

a.沟塘草甸和草坡草本群落。主要分布于平缓沟塘，以薹草科、禾本科为主，约占该林区土地面积的20%，可燃物类型为易燃，可燃物载量大约为10 t/hm^2。它是该林区林火发生的策源地，尤其是5年以上未烧过的草甸子，容易发生高强度的火灾。

b.各类迹地。它包括采伐迹地、火烧迹地和大量风倒木、风折木以及新造林地等。该类型有较多可燃物，但分布不均匀。可燃物载量每公顷几吨至几十吨不等。由于迹地空旷，可燃物极易干燥。一旦发生火灾容易形成高强度火，是火灾危险类型。

c.蒙古栎林、黑桦林和它们的混交林。此类型多分布在海拔600 m以下比较干旱的山坡。蒙古栎叶革质，卷曲，孔隙度大，密实度小，冬季枯叶不脱落，挂在树上非常易燃。黑桦树皮非常易燃。该类型可燃物数量变异大，可燃物载量每公顷几吨至几十吨不等。属于火险等级高的类型。

d. 朝鲜柳、甜杨和毛赤杨林。它们分布于河岸、小溪旁的水湿地，郁闭度在 0.4~0.6 的居多，林内有大量灌木及草类，属于难燃类型，可燃物载量不多，其载量为每公顷几吨。

e. 坡地落叶松林，包括草类落叶松林、杜鹃落叶松林和柞木落叶松林。林下可燃物载量每公顷十几吨。属于可燃类型，郁闭度在 0.5~0.6。在该林区的南部多为幼中龄林，北部林区多为成过熟林，林下杂物载量增加，一旦发生火灾很难扑救。在大风天容易发生高强度火。

f. 平地落叶松林，包括兴安落叶松林、泥炭藓落叶松和溪旁落叶松林。平地落叶松林立地条件潮湿，属于难燃类型。林内可燃物载量较多，其载量超过 20 t/hm^2。仅在特别干旱年份发生火灾。根据该类型树木留下的火疤高度可以推测当时火强度高达 10 000 kW/m，说明该类型的森林具有较强的抗火能力。

g. 樟子松林　主要分布在大兴安岭北部阳坡或半阳坡山上部，立地条件较干燥，可燃物载量较多，其载量为每公顷几十吨、最高可达 200 t/hm^2。该类型以樟子松为主，有时混生有兴安落叶松和白桦。一旦发生火灾，有发生树冠火的危险。

h. 白桦林。以白桦为主，有时混生有山杨和兴安落叶松。林下多为阳性杂草和灌木。可燃物载量较多，其载量为每公顷几吨至十几吨，属于可燃类型。因含有油类易燃物，有时发生树干火。在密集中幼龄林林下无杂草时，火一般不入林内，因此白桦林有一定的阻火能力，多处于比较潮湿的立地条件上。

除上述 8 种可燃物类型之外，在大兴安岭林区还有分布面积较少的其他可燃物类型，如偃松落叶松林、云杉林、灌木林、沙地樟子松林和人工樟子松林等。

（2）西亚热带常绿阔叶林高危火险区

该区与东部不同，地处云贵高原，气候较东部干凉，东部以马尾松林、杉木林为主。该区则以云南松和思茅松为代表，东以贵州毕节与广西百色一带为界，北至四川大渡河、安宁河、雅砻江流域，西至西藏察隅，南抵云南文山、红河、思茅、临江北部，包括云南省大部分、广西百色、贵州西南部和四川的西南部，以及西藏的东部。

该区夏季酷热，冬季不冷，年温差较小，干湿季分明，5~9 月为雨季，降水量占全年降水量的 85%；10 月至翌年 4 月为旱季，降水量仅占年降水量的 15%。全年蒸发量大于降水量，与东部区有明显的差异。

该林区地形复杂，地带性植被为常绿阔叶林，以青冈和栲属为主，针叶树有云南松、细叶云南松、思茅松等（在南部）其植被带谱分明，最下部为常绿阔叶林，包括云南松林，由下向上依次为含有铁杉的落叶阔叶林、高山松林、云冷杉林、亚高山灌丛、高山稀疏草甸灌丛。

①**森林火灾性状与特点**　该林区位于亚热带常绿阔叶林西部，为云贵高原。气候属于半湿润区，是云南松林广泛分布区，也是我国的重点火险区。如广西河池、百色，贵州西南部和四川昌都云南松林区，以及云南省大部分地区，均为各省（自治区）的重点火险区。

该区山高，交通不便，人口分散，火源多，虽土地面积比东部小，但年林火发生次数多，约占全国总林火发生次数的30%。有的年份仅云南省发生森林火灾次数就超过全国总发生次数1/2，大约平均每年发生森林火灾5000次，平均每年过火森林面积达$20 \times 10^4 \ hm^2$，占全国总过火森林面积的20%，平均每次过火森林面积为$40 \ hm^2$。新中国成立初期，云南省森林覆盖率为56%，现在的森林覆盖率为65.04%左右。从该区年火灾次数和过火森林面积看，均属于我国重点火险区。

森林火灾发生季节为干季，防火期为10月末至翌年4月，共6个月，火灾比较严重季节主要在2~3月。此外，该区地处云贵高原，海拔高度也影响火灾季节。一般低海拔地区火灾季节较长，而高海拔地区的火灾季节相对短些。因为海拔高处气温低，相对湿度大，转暖时间晚，所以森林火灾季节向后推延。

一般来说，高山火比较容易扑灭，但因山高，交通不便，灭火人员不能及时赶到火场，造成巨大损失。在高山峡谷发生的林火更难扑救。

在该区发生的火灾种类多为地表火，而在一些针叶林内有时也发生树冠火或冲冠火，尤其是云南松和思茅松林，人工针叶林有时也可能发生比较强烈的树冠火。因为气温较高，微生物活动强烈，地下枯枝落叶极容易分解，所以一般不发生地下火，少数高山有云冷杉林分布，林下有大量腐殖质积累，也有可能发生腐殖质火，对森林危害严重，但这种火只发生在极其干旱的年份。

②森林燃烧性分析　该区为亚热带常绿阔叶林区，与东部不同，气候比较干燥，属半湿润区。主要常绿阔叶树为栲、青冈类；云南松分布较广，由于它属于强喜光树种，因此极容易着火。加之该区火源多，地形起伏大，交通不便，森林火灾分布面广，火灾危害严重，为我国的重点火险区。

该林区分布最广的针叶树云南松，枝叶含有一定松脂，所处立地条件干燥，还有部分云南松匍匐生长，矮小，又称地盘松，易燃。其他针叶树，如思茅松、高山松和华北落叶松也均属于易燃的类型。

在该区分布的云杉、冷杉和铁杉，多分布在较高海拔的山地上，立地条件潮湿，林下阴暗，易燃物较少，落叶细小，故属于难燃类型。在连续干旱的年代也可能发生火灾，也有发生树冠火的可能。

常绿阔叶林有栲类、青冈和竹类林。它们分布在比较潮湿的立地条件上，保持完整、郁闭度大的林分是不容易着火的，属于难燃类型。只有森林遭受破坏后，林分的燃烧性增加才易着火燃烧。

大量荒地荒坡生长着各类茅草、杂草、蕨类和灌丛，它们易受干燥气候的影响，非常易燃。各类迹地，如采伐迹地、火烧迹地以及新造林地都属于易燃类型。

4.3.1.2　森林火灾高危区林火管理

该林区是我国重点火险区。地广人稀，交通不便，植被易燃，火源复杂，林火控制能力薄弱，容易发生森林火灾，尤其是大面积火灾，损失也较严重。要提高林火管理水平，使森林火灾有明显下降，必须加强该林区的林火管理。该林区是发生森林火灾的重灾区，是历史上发生过重特大森林火灾或者发生重特大森林火灾潜在风险特别高的区域，主要位于我国东北、西南林区。据统计，近十年间，全国发生的特大森林火灾全部在该区域，发生的重大森林火灾次数占全国的47.0%。这些区域要增强防控重特大森林火灾的预防、扑救和保障三大体系建设，实现24 h火灾扑救率90%以上。

东北、内蒙古森林火灾高危区，地处我国大兴安岭、小兴安岭、长白山完达山，地势较为平坦，森林资源分布密集，覆盖率高，以针阔叶混交天然林为主，春秋季干旱多风，降水量少，雷暴天气时有发生，易发生重特大森林火灾。该区域要重点突出机械化森林消防专业队装备建设，配备全地形运兵车、多功能森林消防车、开带机等大型装备和以水灭火装备，提高处置重特大森林火灾的能力；合理布局航空护林站，加强航站升级改造和配套设施建设，提高机群灭火、地空配合作战能力；开展森林防火应急道路建设，提高国有林区的路网密度；推进森林消防专业队靠前驻防，建设扑火前指挥基地；加强雷击火的预测预报和瞭望塔基础设施建设，提高森林火灾预防能力。

西南森林火灾高危区，地处横断山脉，地形复杂，山高林密，针阔混交林分布集中，植被类型丰富，冬春气候干燥多风，极端干旱天气时有发生，一旦发生火灾扑救困难，极易酿成重特大森林火灾。该区域要重点突出机械化森林消防专业队装备建设，配备挖掘式开带机和推土机等适应地形条件的大型装备，加强以水灭火装备建设，提高处置森林大火的能力；加强航空护林站和配套设施建设，配备适合高海拔的大中型直升机，提高机群灭火能力；开展林火阻隔系统建设，提高林火阻隔网密度，提升控制森林大火的能力；加强森林消防专业队基础设施建设，强化扑火队员和各级指挥员的培训。

有森林防火任务的国家公园、国家级自然保护区、国家森林公园等禁止开发区的森林火灾高危区，是我国天然物种基因库和森林景观资源的精华，保护价值高、政治敏锐性强，人员流动性大，火灾隐患危险程度高，容易造成重大损失，是重点的保护目标。该区域重点加强森林防火视频监控系统，提高林火瞭望监测能力和水平；加强林火阻隔带建设，提高防范重特大森林火灾能力；加强以水灭火装备和水源地等设施建设，提高森林防火扑火效能。

根据森林火灾高危区的自然条件、社会情况以及森林火灾的特点，可采取以下几种措施提高对林火的控制能力：

（1）进行综合森林防火规划

上述林区是我国重点火险区，应做好综合森林防火规划设计。调查摸清该林区森林火灾发生发展规律、火灾损失大小以及已有防火设备的作用和效果，在此基础上进行综合规划设计，划分不同火险区，把各项防火基本建设搞扎实。完善森林防火网化建设。在较短的时间内，尽快提高林火的控制能力，使森林火灾下降到允许范围内，经济损失降到一定限度，以维护生态平衡和社会安定。

（2）加强群众防火

开展宣传教育，提高全林区群众森林防火的自觉性。使防火的法令法规家喻户晓，使广大林区群众都重视森林防火。实行经济责任承包制，加强法制，制定各种规章制度，订立乡规民约，实行火源的目标管理。研究和改进农业耕作方式、方法，尤其是要严格控制防火戒严期内的野外用火，减少火灾隐患，将森林火灾发生率控制在允许的范围内。

（3）开展生物防火

要选择适宜的防火树种开展防火林带建设，绿化荒山荒地，提高森林的覆盖率。在营造森林时，要针阔叶搭配，做到在提高森林生产率的同时也提高森林的抗性。对原有森林调整林分结构，降低森林的燃烧性。在针叶林周围营造阔叶林带，在针叶林下，应选种耐火灌木和草本植物；既能阻滞火灾蔓延，又能保持水土、涵养水源。

（4）营林防火和以火防火

火也是一种可以利用的工具和手段，该林区有长期用火的历史，在林内有计划地对可燃物进行火烧，可以清除采伐剩余物，改善林地卫生状况，降低森林的燃烧性。在大兴安岭林区，每年要火烧防火线几千千米，以控制大火的扩展和蔓延。但是，为了用火绝对安全，在开展计划火烧时，要制定火烧规程，严格控制未受过培训的人员用火和一切未经批准的野外用火。

（5）开展林火监测和雷击火的探测

完善林火预测预报网以及林火监测网，建立短期、中长期火险预报功能，及时发现火情，为防火、灭火部门提供尽量多的科学数据和信息。大兴安岭林区有1/5~1/4的自然火源，要开展自然火——雷击火的探测工作。掌握雷暴、干雷暴的发生时间及其路径，对其进行预防，并组织飞机和灭火队员，一旦发生雷击火立即前往将火扑灭。

（6）加强空中灭火能力

该地区为边远林区，地广人稀，地形复杂，交通不便。一旦发生火灾，往往因灭火人员不能及时赶到火场而酿成特大森林火灾。所以要充分利用飞机不受地形和道路限制的特点灭火，增加直升机的数量，发挥直升机的多种功能，因地制宜地实施机降、索降灭火；以及进行飞机喷洒液灭火（包括喷洒化学灭火剂和水灭火剂）和进行人工降雨灭火。

（7）采用电子计算机进行林火管理工作

采用现代化的林火管理手段，应用电子计算机对林火资料和防火设备状况资料建立数据库、文件库和图形库，进行辅助决策系统的研究，为防火、灭火科学决策提供依据。

4.3.2　森林火灾高风险区

温带针阔混交林区和东亚热带常绿阔叶林火险区是我国森林面积大且分散的地区和重要木材生产基地，林火发生次数最多，年过火面积比较大，为森林火灾高风险区。

4.3.2.1　主要分区林火特点

（1）温带针阔混交林高风险区

温带针阔混交林为东北东部山地森林，西以嫩江为界与大兴安岭接壤，北以黑龙江为界，东部以乌苏里江、图们江、鸭绿江为界，南部至安沈线与辽东半岛接壤。其范围包括黑龙江省、吉林省和辽宁省大部分，其中包括小兴安岭、张广才岭、完达山、长白山林区。

该林区气候比较温湿，为海洋性气候。全年平均气温2~4℃，年积温1700~2500℃，冬季长达5~6个月之久，年降水量600~1000 mm，为湿润区。年生长期100~150 d。该区为东北东部山地，也是阔叶红松林区。在五营以北为北方红松林，红松林内混生较多云杉和冷杉，构成了针叶红松林。牡丹江、苇河以北为典型红松林，其特征是红松与各种阔叶树（蒙古栎、水曲柳、榆、椴、色木等）混生，牡丹江以南为南方红松林，其特征是混有沙松的鹅耳枥红松林，由于大量采伐、火灾和人为破坏，大部分已形成次生林或人工林。

该林区地形起伏变化较大，最高海拔 2700 m 以上（长白山顶峰），海拔高度变化明显。长白山林区 1100 m 以下为阔叶红松林，1100~1800 m 为云冷杉林，1800~2100 m 为矮曲林或岳桦林，2100 m 以上为高山草甸。在北凤凰山，海拔 900 m 以下为阔叶红松林，900~1500 m 为暗针叶林，1500~1650 m 为高山矮曲林或偃松林。小兴安岭朗乡大青山 700 m 以下为阔叶红松林，700~1050 m 为暗针叶林，1050~1150 m 为矮曲林。

①**森林火灾的性状与特点** 该林区为东北东部山地，森林为针阔叶混交林，以阔叶红松林为地带性植被。东北东部山地属海洋性气候，水热条件优于大兴安岭林区，森林火灾相比之下也没有大兴安岭严重。但是，该林区有较长的春秋两个防期。

该林区平均每年发生森林火灾次数占全国平均每年发生森林火灾总次数 4% 左右，500~800 次。该林区年过火森林面积占全国平均年过火森林面积总数的 8% 左右，大约平均年过火森林面积为几万公顷。平均每次火灾过火面积也达到大面积火灾的指标，超过 120 hm^2。由于森林火灾轮回期为 180~200 年，所以对红松林的影响不大。该林区红松林的减少主要是采伐和其他一些人为破坏造成的。森林火灾对红松林也有一定的破坏作用。

该林区森林火灾季节有 2 个：一是春季，2~6 月；二是秋季，9 月中旬至 11 月。因夏季为雨季，故一般不发生森林火灾，但个别年份夏季干旱也能发生火灾。发生森林火灾季节有春季从南向北推移，秋季由北向南推进的规律。该林区横跨 9 个纬度，南北气候差异大，因此可以划分为两个森林火灾月份带。40°~45° N 为 2 月森林火灾带，森林火灾开始于 2 月，火灾戒严期为 3 月下旬至 5 月上旬，最长火灾天数为 260~300 d，带内为阔叶红松林区和南方红松林区。45°~49° N 为 3 月森林火灾带，森林火灾开始于 3 月，火灾戒严期为 4 月中旬至 5 月中旬，春季防火期结束于 6 月底，最长火灾天数为 225~250 d。

该林区多发生中低强度地表火，森林火灾危害中等。由于森林类型不同，火灾种类也不相同，火强度及火行为有明显差异。一般沟塘草甸子为地表火；天然红松林多发生弱度地表火；典型红松林（阔叶红松林、南方红松林和混有沙松的鹅耳枥红松林），因混有大量阔叶树，只发生地表火，只有局部分布在山脊陡坡的蒙古栎红松林和椴树红松林，因为近于红松纯林，又处在立地条件干旱的山脊陡坡，有可能发生树冠火。该林区的阔叶树只能发生地表火，只有在幼中龄蒙古栎林有可能发生冲冠火，各类桦木等有可能发生树干火。在该林区北部塔头和针叶林内也发生越冬火。

由于该林区火强度大小不一，所以在阔叶红松林中火具有重要的意义。除了那些高强度火能破坏森林结构、破坏生态环境给森林带来不良影响外，中低强度火对阔叶红松林都具有生态意义。因此，我们应该掌握火行为特点、火的发生发展规律，把火作为经营森林的工具和手段，更好地在东北东部山区开发火资源，使林火更好地为森林经营服务，为人类造福。

该林区森林火灾面积虽然没有大兴安岭林区严重，但平均每次过火的森林面积超过全国平均值的 4 倍。因此，火灾还是比较严重的。由于该林区面积大，火险分布极不均衡，如黑河林区、完达山林区以及吉林省长白山西坡的延边朝鲜族自治州等地均属东北东部山地重点火险区，森林过火面积大，火灾损失比较严重，有时也可能发生特大森林火灾，应加强林火管理。

该林区绝大多数火灾为人为用火不慎引起的。近年来因山区开发，工矿企业增多，加上改革开放，外来人员增多，增加了火灾隐患。应加强对外来人员宣传教育，加强群众防火。此外，该林区西北部伊春和黑河林区还存在一定数量的自然火——雷击火，应提高警惕。

②**森林燃烧性分析** 该林区为针阔叶混交林区，主要地带性森林植被为阔叶红松林。由于水热条件优于大兴安岭针叶林区，因此，火灾次数较多。但过火面积小，损失也较大兴安岭轻。阔叶红松林的燃烧性也较针叶林轻些。

阔叶红松林的燃烧性变化：一是随立地条件不同而变化，如山脊陡坡易燃，阳坡易燃；阴坡、缓坡、谷地则难燃或不燃。二是随阔叶树在林分中的比例增大其林分燃烧性降低；相反，若红松或其他针叶树在林分中的比例增大，其林分的燃烧性增加，不仅易燃，火强度也大。三是随着森林破坏程度的增加，森林的燃烧性增高，而原始林或未遭受破坏的森林的燃烧性则小。

该林区地形起伏大。海拔高差大，植被随海拔高度有明显变化，导致小气候也不相同。因此，火险季节和森林的燃烧性也不相同。

阔叶红松林主要分布在东北东部山地，由于近百年的采伐利用，天然阔叶红松林所剩无几，大多数演变为人工林和次生林，从而大大提高了该林区森林的燃烧性。该林区次生林燃烧性与地形有很大的相关性。

（2）**东亚热带常绿阔叶林高风险区**

东亚热带常绿阔叶林火险区，从北回归线 23°30′ N 开始，至 32°30′ N，以秦岭—淮河为界，横跨 9 个纬度，东至东海，西至广西百色、贵州毕节以东，包括江苏、浙江、江西、安徽、湖北、湖南、福建以及广东、广西、贵州和四川等省（自治区、直辖市）的长江中下游广大地区。该区气候炎热湿润，年积温 4500~7500 ℃，降水量 1000~3000 mm，全年生长期 300 多天，为我国亚热带常绿阔叶林区。常绿阔叶树有山毛榉科、樟科、金缕梅科、山茶科和大戟科；针叶树种有马尾松、杉木、铁杉等，高处有华山松和黄山松等。

该区多为低山丘陵，森林垂直分布以 3 处为代表：一是该区北部以神农架为代表，海拔 3052 m。2300~3000 m 为暗针叶林带，有巴山冷杉、冷杉、桦、槭等；1600~2300 m 为针叶阔叶林带，有华山松林、红桦林、山毛榉林、锐齿栎林、巴山松林；200~1600 m 为常绿阔叶落叶林带，有构树、栓皮栎、青冈、铁橡树、黄栌矮林等。二是武夷山，海拔 2000 m。1700 m 以上为中山草甸、灌丛草地；1300~1700 m 为黄山松林；1300 m 以下为常绿阔叶林带，以栲、储、木荷为主，还有马尾松、杉木和竹类等。三是桂北南岭林区，该林区海拔 2000 m。1500~2000 m 为混生的常绿落叶阔叶矮林带；800~1400 m 为常绿落叶阔叶混交林带；800 m 以下为常绿阔叶林带。

①**森林火灾性状与特点** 该区面积大，人口稠密，交通比较方便，地处我国长江中下游，林区分散，农林交错。森林面积大，大多属于人工杉木林。森林火灾发生次数多，大约占全国年发生林火次数的 1/2，平均每年发生林火次数在 1×10^4 次左右，平均每年过火林地面积

约占全国平均年过火林地面积的 1/4，年过火森林面积 20×10^4~25×10^4 hm^2。但平均每次过火森林面积小，仅为 20 hm^2，是全国平均每次火灾面积较小的地区。

该区主要森林火灾季节是冬春两季。但在长江中游的一些地区，伏旱也能发生森林火灾。

随地区不同，火灾来临和结束时期有所不同。一般情况下有两种发展趋势：一种是森林火灾季节从南向北推移，即广东省火灾季节从 10 月开始，长江以北要到 2、3 月才进入防火期；另一种是火灾季节变化从东向西逐渐推移，主要原因是受海拔高度与降水的影响。东部的广东省火灾季节（防火期）为 10 月至翌年 2 月；西部火灾季节（防火期）从 2 月到 4 月。

该区发生的森林火灾多为地表火。在人工马尾松林和杉木林区，因连续干旱可能发生树冠火，一般不发生地下火。另外，该区森林不集中，多发生小面积地表火，只有远山区和大面积人工针叶林区才有可能发生较高强度的火灾。

由于该区人口稠密，交通比较发达，人为火源多，因此林火发生次数也多，为全国之首。从火源分析看，以农业生产用火不慎引起森林火灾为最多。因此，只有做好群众性防火工作，并不断改进农业耕作方式，才能有效地控制林火的发生。根据该地区人口多、交通比较方便的条件，只需进一步组织群众，提高群众灭火技术，就可以使森林火灾的损失进一步下降。

②森林燃烧性分析 该区属于东亚热带区，地带性植被为亚热带常绿阔叶林。因气温高，水量充沛，植被又为常绿阔叶林，一般情况属于不燃或难燃类型。但是，由于该区森林环境长期遭受人为干扰和破坏，从而大大提高了森林的燃烧性。

该区针叶树种较多，分布也很广。它们体内含有松脂和挥发性油类，一般比阔叶树易燃。若分布在立地条件较好的地段，同时又混生有大量阔叶树时，其林分燃烧性下降。

在该区的碱性土壤和石灰岩地区，生长大量侧柏。侧柏枝叶含有挥发油类，加之生长缓慢，也属于易燃类型。还有生长在极端干旱阳向山坡的各种桧类（如圆柏），也属易燃类型。

在该区内还有大量杉木林和柳杉林以及分布较少的黄杉、油杉和铁杉，枝叶均含有大量挥发性油，但是，由于林下阴湿、枯枝落叶细小密实，一般天气不易燃，若遇比较干旱的月份或年份也可能发生火灾。

该地区北部分布有水杉、云冷杉林。水杉、云杉和冷杉等针叶树构成的森林一般属于难燃类型。云冷杉分布在海拔较高的山地，空气湿度大，林下阴暗，易燃物少，枯枝落叶细小，密实度大。只有遇到特别干旱的年份才可以发生火灾，有可能发生树冠火。

该区的许多荒地荒山、林中空地、疏林地，都生长着茅草、芒萁骨等草类和易燃性灌木、灌草混生，易干枯，也易燃。本区分布的常绿阔叶林属于难燃类型，但因混生有含挥发性油较多的阔叶树，如樟科、安息香科以及引进的桉树等树种，提高了林分的燃烧性。另外，常绿阔叶林遭受破坏后，混生有落叶阔叶树，也相应地提高了森林的燃烧性。

该区的竹林大多数分布在水湿地和潮湿的立地条件下，一般属于难燃类型。有些竹子，如淡竹、刚竹分布在微碱性土壤上，而分布在山坡上的竹林燃烧性提高。竹子开花大量枯死，也提高了竹林的燃烧性。毛竹、楠竹等也属可燃类型。

4.3.2.2 森林火灾高风险区林火管理

该区是我国森林面积大且分散的地区和重要木材生产基地，林火发生次数最多，年过火面积比较大。提高该区的林火管理水平，对于保护好现有森林，发展林业和生态建设具有十分重要的意义。森林火灾高风险区是森林火灾发生较多、风险程度较高的区域。该区域森林资源丰富，林农交错严重，人为活动频繁，农事、祭祀用火突出，火源管理难度大，火灾发生频繁，"十二五"期间，发生森林火灾次数占全国的近79%。该区域重点突出森林消防专业队伍基础设施和以水灭火机械化装备配备，提高专业队伍快速反应能力；完善瞭望塔、林火视频监控系统，进一步提高林火瞭望监测能力；逐步完善航空护林站布局，提高森林航空消防覆盖率；加强生物防火林带建设，强化预防控制森林火灾治本措施；加强应急森林扑火队伍建设和扑火队员与防火指挥人员培训，提升就地、就近、就快处置火情能力。

（1）全面规划，抓住重点

根据该区面积大，森林分布广而分散的特点，应进行全面的森林防火规划，划分不同的火险区，并抓住重点，在不同的火险等级区采取不同的森林防火措施，因害设防，力争在短期内迅速提高林火控制能力。对该地区大面积人工林基地要加强森林防火，确保丰产林基地的安全。此外，该区的天然公园、风景林区和许多经济林、水源涵养林和水土保持林，在发展国民经济，保护生态环境方面也起着非常重要的作用，也要进一步做好这些林区的森林防火规划设计。

（2）大力开展生物防火

该区气候温和，降水充沛，树种繁多，多为针阔混交林和常绿阔叶林。该区有许多树种本身难燃，可以选为防火树种，充分开展生物防火，用防火林带取代防火线，这既有利于防火，又有利于防治病虫害和防止水土流失。在大面积人工红松和远山飞播马尾松林区中考虑集中营造防火阔叶林。在选择防火林带树种时，既要考虑阻火性能，还要考虑树种的防护效能和经济价值。

（3）进行火源管理，搞好群众防火

该区林火发生次数较多，除了少数自然火源外，绝大部分地区的森林火灾为人为用火不慎引起的。因此，要加强森林防火的宣传教育，提高林区群众的护林防火意识，制定法规和各种乡规民约，依法治火，自觉防火。尤其在森林防火季节，要严格管理火源，对农业生产用火和炼山造林等制定明确规定，严格执行入山许可证制度。在防火戒严期严格控制野外用火，实行火源目标管理和经济责任承包制，将林火发生控制在允许范围内。

（4）营林用火

该区在经营森林时可以开展营林用火，在东北东部山地，营林用火广泛应用于火烧防火线、清理枝丫、火烧促进森林更新、火烧加速次生林转变为阔叶红松林以及火烧促进野果大量结实等林业生产中。在东南林区，炼山造林已有千年历史，群众也已经总结了丰富经验。我们应进一步总结，使营林用火在经营森林中发挥应有的功效。

（5）搞好风景林防火

该林区有许多名山大川和旅游胜地，如黄山、庐山、武夷山、张家界、峨眉山等，要搞好风景林防火规划。对游人开展防火宣传，明确用火规定，注意护林防火。在规划防火设施时，应维护自然风景和环境，各种森林防火设施在造型方面要注重考虑与自然景观相协调。

应多营造防火林带以控制火灾的扩展。在游览区，特别是火险高的地段要分区分段设巡护和灭火人员，及时发现和扑灭发生的山火，保护好森林旅游资源安全。

（6）开展森林防火工程建设，提高林火控制能力

要在该区大面积国有林区、多火灾林区和经济价值较高的林区，开展森林防火工程建设，以便在短时间内提高林火控制能力，促使森林火灾下降。该区应建立统一的林火预测预报体系，建立通信网络，实现森林防火信息共享。建立灭火专业队伍，并配备灭火车辆、工具和机械，在人烟稀少的地区，应加强空中灭火力量。不断提高灭火能力，力争实现"打早、打小、打了"，将森林火灾损失降到最低限度。应尽快采用现代林火管理手段，开展微机管理林火和辅助决策，提高森林防火的现代化水平。

4.3.3 一般森林火险区

热带雨林季雨林、暖温带落叶阔叶林、温带荒漠植被和青藏高原植被，这些区域土地面积大，各地自然条件、经济条件和社会环境差异明显，很多区域为沙漠、戈壁，环境恶劣，该区域森林资源较少，森林火灾次数多但火灾面积不大，定为一般森林火险区。

4.3.3.1 主要分区林火特点

（1）热带雨林季雨林一般森林火险区

热带雨林、季雨林北以北回归线（23°30′N）为起点，在云南境内延伸至25°N，在西藏境内可上升到北纬28°~29°N之间，南至曾母暗沙群岛，东起123°E附近的台湾地区，西至85°E的西藏南部亚东、聂拉木附近，东西横跨经度38°，包括台湾大部分地区、海南省、广东省、广西壮族自治区、云南省和西藏自治区南部，以及东沙群岛、西沙群岛和南沙诸岛。

该区气候炎热，年平均气温20~22℃，年积温7500~9000℃以上，植物全年生长，年降水量1500~5000 mm，降雨集中在4~10月，该区多台风，多暴雨。

该区地带性植被为热带雨林和季雨林，主要是常绿阔叶林，群落层次复杂，层外植物多，有板根，气根。热带雨林分布在台湾南部、海南东南部、云南南部和西藏东南部。热带季雨林在我国季风地区广泛分布，其中以海南北部和西南部的面积最大。每年5~10月的降水量为全年降水量的80%，干季雨量少，地面蒸发强烈。在这样的气候条件下发育的热带季雨林是以喜光耐旱的热带落叶树种为主，并且有明显的季节变化。

山地具有垂直带植被类型，有平地的季雨林，雨林，山地的雨林、常绿阔叶林及针叶林等，有东部地区偏湿性的类型和西部地区偏干性的类型。

①森林火灾的性状与特点　热带雨林和山地雨林一般不发生森林火灾。森林火灾在该地区只发生在旱季的季雨林中，每年10月至翌年4月为火灾季节。火灾高峰期为1~3月。该地区热带风暴或台风较多时，年森林火灾次数少，面积也小，相反则增加。该地区火灾绝大部分为地表火，仅有少量人工栽植的海南松和引种外来松林有可能发生树冠火。从该地区森林火灾资料分析看，每次过火森林面积低于全国平均数，只要加强该区的林火管理水平，森林火灾就会大幅度下降，森林火灾的损失也会明显降低。

②森林燃烧性分析　该区森林燃烧性与其他各区相比较是低的，一般易燃类型多属被破

坏的次生草本群落和杂灌丛、部分人工营造的海南松林、引种的松林以及一些稀树草原等。

　　a. 可燃的森林类型：某些季雨林、少数常绿阔叶林。

　　b. 难燃的森林类型：雨林和山地雨林，在沿海有些木麻黄林也属于难燃类型。

　　该区的热带雨林和季雨林一旦遭受反复破坏和火灾，则形成灌丛草地。若有海南松种源，也能形成海南松林，随后又逐渐被常绿阔叶林反更替。如果继续遭受火灾破坏，可转变为草原，再破坏有形成热带沙漠的危险，应提高警惕。

（2）暖温带落叶阔叶林一般森林火险区

　　暖温带落叶阔叶林位于华北，南以 32°30′ N 的秦岭、伏牛山、淮河为界，东临海洋，西到甘肃天水，北在 42°30′ N 的沈阳至丹东一线，包括辽宁省的辽东半岛、河北、山西、天津、北京、山东、河南、陕西（大部分）、甘肃省东部（天水地区）。

　　该区气候特点是夏季湿润，冬季寒冷、干燥，东部为海洋性气候，西部为大陆性气候，东部湿润，西部干燥。全年降水量为 600~1000 mm。由东向西依次为湿润区、半湿润区、半干旱区。全年积温为 2500~4500℃，生长期长。

　　该区森林多为次生林和人工林。植被以落叶阔叶林为主，有栎林（辽东栎、槲栎、蒙古栎、栓皮栎和麻栎）和以杨、柳、桦、槭、榆组成的阔叶林。沿海一带栽种有赤松，在山地有油松、华山松、白皮松、侧柏、圆柏，在亚高山地带有华北落叶松、青杆和冷杉等。该区山地起伏，植被分布有明显的垂直地带性。

　　①森林火灾性状与特点　该区森林分散、人口较稠密，交通比较方便，是中华民族的发祥地，森林遭受了历代不同程度的破坏。

　　该地区每年发生森林火灾 800 起，大约占全国年发生森林火灾次数的 5% 左右；年平均过火森林面积为 $2 \times 10^4 \ hm^2$ 左右，平均每次过火森林面积 25 hm^2 左右，为全国最少的地区。因为人口较稠密，交通比较方便，森林又分散，所以很少发生大面积森林火灾。

　　该区森林火灾季节长，除夏季为雨季一般不发生或很少发生森林火灾外，春、秋、冬季均可发生森林火灾。每年的 2~4 月为森林火灾多发期。

　　引起森林火灾的火源绝大多数是人为用火不慎，但随季节不同，火源种类也不同。春季大多数为农业生产用火引起的森林火灾，秋季多为小秋收、采药材、野外用火不慎引起的森林火灾。此外，还有吸烟、工业副业用火引起的森林火灾。

　　该区发生的森林火灾种类多为地表火。一般田缘、荒草坡和林缘、空地引火蔓延至林内，火强度较小，面积也不大。

　　只有在人工针叶林、油松林可能发生树冠火，给森林带来较大损失。此外，该区有的山区有较大面积的各类栎林，幼年叶干枯不脱落，在冬春季干旱季节，也有可能发生冲冠火或树冠火。由于这些栎类有较强的抗火能力和较强的萌生能力，森林火灾过后不久又能萌发。

　　②森林燃烧性分析　该区地带性森林为落叶阔叶林，由杨、桦、槭、柳和白蜡树等阔叶树组成，其燃烧性中等。一般秋后阔叶树落叶后容易着火。但随着时间推移，阔叶树的凋落物较快分解，只有在比较干燥的立地条件上生长的栎林容易着火。如北部的辽东栎、蒙古栎和槲栎，南部的麻栎、栓皮栎均属易燃树种。其原因有 3 个方面：一是生长在比较干旱的立地条件上，有着易燃的环境；二是栎类叶多为革质，不易腐烂分解，积累的可燃物数量多；三

是栎类凋落物孔隙度大，密实度小而易燃，加之冬季枯叶不脱落，挂在树上易干燥，容易形成冲冠火和树冠火。

该区森林遭受到人为多次反复破坏，多形成次生林，林相残缺不全，森林分布极不均衡，林中空地多，形成低价值、低密度或灌丛状森林，大大增加了森林的燃烧性。

该区营造的多为人工油松林，种植在干旱的立地条件上，加之油松枝、叶、干都含有大量树脂和挥发性油，极易燃，大大增加了森林的燃烧性。但是，由于森林分布分散，人口密度大，交通比较方便，限制了森林火灾的发生发展，故森林火灾损失较小。从火险性上看，该区属于火险性最低地区。但是该区为石灰岩山地，多生长侧柏和圆柏林，立地条件干燥，树干含有大量挥发性油类，也属于非常易燃的类型。

在海拔较高处分布有白皮松和华山松林，都属于易燃树种。海拔 2000 m 以上山地分布有少量华北落叶松林。该林分凋落物细密，孔隙度小，密实度大，不易燃。有少量云杉、冷杉林分布在阴坡，立地条件潮湿，林下阴湿，不易燃。在连续干旱的天气条件下，一旦着火，由于枝、叶、干含有大量挥发性油类，加之自然整枝不良，容易从地表火转变为树冠火。

总之，该区的森林燃烧性大致可以归纳为如下 3 类：Ⅰ类难燃蔓延缓慢的森林类型和群落：潮湿溪旁阔叶林、华北落叶松林、云杉林和冷杉林。Ⅱ类可燃蔓延中等的森林类型和群落：灌木林、杨桦林、落叶阔叶林、杂木林、针阔混交林。Ⅲ类易燃蔓延快的森林类型和群落：草本群落、易燃灌丛、圆柏林、侧柏林、各类迹地、蒙古栎林、槲栎林、辽东栎林、麻栎林、栓皮栎林以及它们的混交林，还有油松林和其他松林。

（3）温带荒漠植被一般森林火险区

该区包括新疆的准噶尔盆地和塔里木盆地、青海的柴达木盆地、甘肃与宁夏北部的阿拉善高原，以及内蒙古自治区鄂尔多斯台地的两端。整个地区是以沙漠和戈壁为主，气候极端干燥，冷热变化剧烈，风大沙多，年降水量一般小于 200 mm，气温的年较差和日较差为全国最大。荒漠植被主要由一些极端旱生的小乔木、灌木、半灌木和草本植物所组成，如梭梭、沙拐枣、柽柳、胡杨、泡刺、沙蒿、薹草等。由于一系列大山系的出现，在山坡上也分布着一系列随高度而有规律更迭的植被垂直带。该区内大致具有如下的山地植被垂直带类型：

山地荒漠带：又可分为山地盐柴类小半灌木荒漠亚带和山地蒿类荒漠亚带，山地蒿类荒漠亚带通常出现在黄土状物质覆盖的山地。

山地草原带：又可分为山地荒漠草原、山地典型草原和山地草甸草原 3 个亚带。

山地寒温性针叶林带或山地森林草原带，仅局部出现山地落叶阔叶林带。

亚高山灌丛、草甸带。

高山草甸与垫状植被带或高寒草原带。

①**森林火灾性状与特点** 该地区面积大，约占我国国土面积的 1/5，然而森林面积不大，仅占该区面积的 1%~2%，且多分布在山地上，如昆仑山、祁连山、天山和阿尔泰山。森林火灾次数不多，年平均发生森林火灾次数为 150 次左右，大约占全国发生森林火灾总次数的 1%。年森林过火面积为 2×10^4 hm^2，约占全国年总过火森林面积的 2%。但是，平均每次过火面积 135 hm^2，已达到大面积森林火灾标准，超过全国年平均每次森林火灾面积的 2 倍，

充分说明了该区林火控制能力的薄弱。

该区的森林火灾季节比较长，从4~10月，历时7个月，森林火灾高峰期集中于夏季。又因为南北跨十几个纬度，南北差异大，森林火灾季节由南向北推移。南疆胡杨林林区的森林火灾季节在4、5月，天山森林火灾季节在7、8月，阿尔泰山集中在7~10月。森林火灾最盛季节为夏季的7、8、9月。

该区的森林火灾成带性分散于各大山系。各大山系的阳坡多为草原植被，阴坡和谷地以及伊犁河谷盆地多为暗针叶林，易发生地表火。一旦在连续干旱天气条件下形成森林火灾，也容易烧入暗针叶林。由于暗针叶林自然整枝不良，容易由地表火转变为树冠火，对森林危害严重。由于火强度高，破坏力大，因此过火后的森林难以恢复。

该区多为牧业用火不慎引起的森林火灾，其次为吸烟和野外用火不慎引起的森林火灾。此外，还存在部分自然火源。

森林火灾在该区的发生是成带性的，主要集中在几个大山系，且多在海拔2000~4000 m的阴坡。抓住森林火灾这一特点，重点设防，严加控制，就可以大大降低森林火灾的危害。

②**森林燃烧性分析** 胡杨林分布在南疆一带，随立地条件的变化燃烧性变化很大。生长在河流两旁的胡杨林，由于水分充足，林木生长旺盛，干材通直，枝叶茂盛，体内含水分多，因而不易燃。生长在干旱沙地上的胡杨林，由于干形弯曲，枝叶变形，体内含水分较少，易燃。

在阿尔泰山地区的西伯利亚红松，枝、叶、干都含有大量松脂和挥发性油类，林下多生长易燃杂草，故该林分易燃。

天山东部的西伯利亚落叶松，树枝易燃，林下也有一些喜光杂草，可燃。此外，有些杨、桦、柳林下有大量落叶，可燃。一些落叶阔叶树也属于可燃范围。比较难燃类型为雪岭云杉和冷杉林。云冷杉的枝、叶、干均含有挥发性油类，自然整枝不好，容易着火燃烧。但由于云冷杉树冠深厚，荫蔽，林下又有一些藓类覆盖，凋落物细小紧密，化冻晚，易保持林下湿度，一般情况下不易燃，只有在连续干旱的天气条件下才能发生火灾，还有发生树冠火的危险。

（4）青藏高原植被一般森林火险区

青藏高原位于28°~37° N，75°~103° E之间。青藏高原由于处在亚热带的纬度范围，海拔达到对流层一半以上的高度，使高原上出现了一些独特的高原植被类型，如特殊的高寒蒿草草甸、高寒草原和高寒荒漠等，形成了独立的高原植被体系。

该区气候特点为强大陆性，干旱少雨，日温差大，大部分地区年平均气温在-5.8~3.7℃之间，高原内部的广大区域基本上都处于0℃以下，月平均气温≤0℃的月份长达5~8个月。本区气候的干湿季和冷暖季变化分明，干冷季长（10月至翌年5月），暖湿季短（6~9月），风大，冰雪多。森林分布在高原地势稍低的东南部，一般在海拔3000~4000 m（河谷最低处约2000 m），因而气候温暖湿润，在河谷侧坡上发育着以森林为代表的山地垂直带植被，基带在高原东侧，川西、滇北和西藏泊龙藏布与易贡河交汇处的通麦谷地为亚热带温性常绿阔叶林，但分布面积最大的是针阔叶混交林和寒温性针叶林。青藏高原东南部地区可划分为4个林区：四川西部峡谷山地林区；横断山脉北部高原峡谷林区；横断山脉南部峡谷林区；东喜马拉雅北翼林区。

①森林火灾性状与特点 青藏高原的森林集中于该区的东南部，森林火灾为全国最少地区，平均每年发生森林火灾仅为 40 次左右，约为全国发生林火总次数的 25%，年过火森林面积 4000 hm^2，约占全国年平均过火总面积的 0.4%；平均每次森林火灾面积达 100 hm^2，接近大面积森林火灾标准，森林火灾次数虽少，但过火面积大。

该区森林火灾季节主要集中于干季，湿季的夏季一般不发生森林火灾。干季从 9 月至翌年 4 月，长达 8 个月。由于该区高山峡谷地带树木带谱明显，森林火灾季节月带现象也明显。森林火灾比较严重季节为 2~4 月，个别年份在 5 月也能发生森林火灾。冷杉林带发生森林火灾季节较晚，着火季节也相应短。

该区地形起伏，人烟稀少，交通不便，火源较少，加之森林多分布在高山峡谷处，一般情况下不容易发生森林火灾。但一旦发生森林火灾，多为较强烈的森林火灾。在常绿针叶林中多形成高强度树冠火，如 1972 年在四川阿坝地区云杉林中发生的森林火灾，火焰高十几米乃至几百米，许多野生动物、飞禽都遭到灭顶之灾。主要是由于该区地形为高山峡谷，加上可燃物数量多的云杉林和其他常绿针叶林林下有较多凋落物和腐殖质，着火后释放出巨大能量，形成难以控制的强烈树冠火。

②森林燃烧性分析 该区的森林处于地形复杂的高山峡谷，地形起伏变化大，有明显的树种带谱。不同树种带构成的森林的燃烧性也有显著差异。在该区海拔较低处为常绿阔叶林或竹林，一般不燃。但森林被破坏后，形成次生杂灌草本群落，大大地增加了森林的燃烧性。随着海拔升高，多为常绿落叶阔叶混交林或混有铁杉的阔叶混交林。随着立地条件的差异，其森林的燃烧性有显著的差异。阳坡、半阳坡的高山栎林和高山松林，由于立地条件干燥，易燃。在阴坡、河谷地生长的铁杉，则不易燃，然而一旦发生火灾，也可能形成树冠火。随着海拔的升高，冷湿性针叶林带的阳坡为杂灌丛和次生桦木林，阴坡或深谷地为云冷杉林。该带发生林火季节晚而短，一般森林不易燃，一旦发生森林火灾，火强度高，易转变为树冠火，损失严重，森林难以恢复。

该区难燃的有常绿阔叶林、竹林、云冷杉林；可燃的有常绿落叶阔叶混交林，针阔混交林和铁杉、华山松林，针叶混交林；易燃的有草本群落、易燃灌丛、各类空旷地和迹地、高山栎林和高山松林等。

（5）一般森林火险区林火管理

林火管理该区域土地面积大，各地自然条件、经济条件和社会环境差异明显，很多区域为沙漠、戈壁，环境恶劣；该区域森林资源较少，森林火灾次数多但火灾面积不大，因此，该区域维护生态环境的任务重大，为此，在该区应大力发展林业，重视林火管理，达到保护森林、涵养水源、保持水土的目的。该区火灾危险程度低的区域，森林资源少。重点加强森林火灾预防，做好防火宣传教育工作，根据实际需要加强基础设施建设，加强专业、半专业队和应急扑火队伍建设及装备建设。该地区的林火管理的主要措施如下：

①搞好火险区划 该区域的森林防火工作应因地制宜，突出重点。要对有森林的区域进行火险区划，以便进一步加强重点火险区建设，因害设防，增加森林防火工程投入，建立"四网三化"，提高对森林火灾的控制能力，使森林火灾损失降低到最小限度。

②加强群众防火 该地区的火源大多数为人为火源，在重点林区和火险区要加强护林防

火宣传教育工作,做到家喻户晓,全民重视,进一步发动群众,做好群众性森林防火工作。严格控制火险期上坟烧纸、燃蜡和放鞭炮等弄火行为,把护林防火变成群众的自觉行动,形成群防群治的良好局面。

③**加强入山管理,严格控制火源**　该地区的森林绝大多数分布在各大山系。这些山系林农、林牧交错,森林资源、矿产资源丰富,务农、放牧和入山作业人员较多,野外用火不慎以及野外吸烟引起的森林火灾较多。因此,要加强入山管理,建立各种责任制,严格控制火源,做好宣传教育,贯彻执行森林防火法制法规,提高群众的护林防火责任感。

④**加强航空护林**　该区面积大,尤其是蒙新和青藏地区地广人稀,交通不便,森林资源极其珍贵,最适宜开展航空护林,应在火灾经常发生的地域设立机降点,部署灭火队伍,以便及时发现、报告火情,迅速输送灭火人员赶赴火场灭火,力争把森林火灾损失降到最低。

⑤**加强珍稀野生动物的保护和管理**　该区各大山系的森林中有许多珍稀飞禽和其他野生动物,是重要资源,要加强保护,特别应避免森林火灾的危害,同时要加强野生动物的繁殖工作。由于蒙新和青藏地区生态脆弱,一切计划用火和营林用火都应该慎重,若用火的目的性不明确,方法不对,就有跑火成灾的危险。森林环境若遭破坏,再想恢复就十分困难。

思考题

1. 简述森林火险区划的原则和方法。
2. 简述森林高火险区划的特点。
3. 简述一般森林火险区划特点。
4. 简述温带针阔混交林的火险区特点。

第 5 章
森林火险预警

主要介绍森林火险预警的基本概念、任务和预警信号分级、标识等基础性知识，组织开展森林火险预警活动的基本程序和技术方法。以利于学习者掌握森林火险预警概念、预警信号分级，了解森林火险预警流程。

5.1 森林火险预警基础知识

习近平总书记2019年初在省部级领导干部"坚持底线思维着力防范化解重大风险专题研讨班"开班式上特别强调"三个既要、三个也要",为我们全面加强新时代应急管理工作,防范化解重大风险挑战,有效应对突发事件指明了方向。预警作为应急管理工作的重要一环,在预防为主、关口前移的大背景下必然会发挥越来越重要的作用。

5.1.1 预警的理论基础

5.1.1.1 系统论

系统论的基本思想方法,就是把所研究和处理的对象作为一个系统,分析系统的结构和功能,研究系统、要素、环境三者的相互关系和变动的规律,并优化系统观点看问题。预警管理是一个复杂的系统工程,必须从系统整体出发,某些预警指标的变化和波动,其原因往往不是单方面的,而对某一类事件的警报,也需要从多方面考虑应对措施。预警机制的建立健全必须以系统的全面性为基础,预警体系各组成部分、各要素之间,互相联系、互相促进,综合发挥作用。离开其他要素的联系和支持,预警机制就难以发挥应有的作用。

(1) 自然灾害系统

自然灾害系统包括致灾因子、孕灾环境、承灾体和灾情4个要素。这4个要素相互作用,构成了整个自然灾害系统物质流、能量流、信息流进行流动的基础。

①**致灾因子** 指可能造成人员伤亡、财产损失、社会经济损失、生态环境退化的异变因子。致灾因子包括自然致灾因子,如台风、暴雨、洪水、地震、滑坡、泥石流、冰雹、海啸等,也包括环境和人为致灾因子,如环境污染、交通事故、化工事故等。致灾因子是造成灾害损失的原因。

②**孕灾环境** 指由大气圈、水圈、岩石圈、人类社会圈所构成的地球表层系统,包括自然环境与人文环境。任何灾害都必定是发生在一定的孕灾环境中,如江河流域是易发生洪涝灾害的区域。孕灾环境是自然和人文因素中诸多因子相互作用而形成的,任何一个环节上的改变都会对整个环境状态产生影响。通过改变孕灾环境,可以改变灾害发生的频率、强度和损失情况,对灾情有着放大或缩小的作用。例如,退耕还林能有效地防止水土流失、防风固沙、改善局地气候条件,同时对于减少洪涝、干旱等灾害的发生有积极作用。

③**承灾体** 指各种致灾因子作用的对象,是直接受灾害影响和损害的物质文化环境,一般可划分为人类、财产和自然资源3类。承灾体损失程度不仅与致灾因子有关,还取决于承灾体自身的易损性或脆弱性的大小。所谓易损性或脆弱性是指承灾体在受到致灾因子不同程度打击时所遭受损失的程度,也就是说,承灾体自身应对致灾因子打击的能力。它反映了承灾体对灾害的承受能力,承灾体的易损性或脆弱性越大,对灾害的承受能力就越小;易损性或脆弱性越小,灾害承受能力就越大。

④**灾情** 指在灾害发生后，某个区域一定时间内的人员生命、财产和社会功能遭受破坏而损失的情况，它是致灾因子、孕灾环境和承灾体共同作用的结果。

（2）自然灾害系统理论

自然灾害系统理论研究大致可以分为致灾因子论、孕灾环境论、承灾体论和区域灾害系统论4种。

①**致灾因子论** 致灾因子论认为灾害的发生主要是受致灾因子的控制和影响，抵御和应对灾害的核心是对致灾因子发生、发展过程进行监测和控制，它的实践目的是提高致灾因子预报的准确率，并为工程建设提供技术参数，如对洪水发生的监测等。

②**孕灾环境论** 孕灾环境论认为灾害的发生主要是受一个地区的地理环境决定的，环境发生变化将对灾害的发生起到核心作用，如通过植树造林增加地表覆盖率，可以控制该地区的水土流失和沙尘暴灾害。孕灾环境论的主要研究成果多是从研究沙漠化、生物多样性破坏、水土流失等环境恶化情况入手，逐渐发展而形成一种解释区域灾害的理论体系。

③**承灾体论** 承灾体论认为灾害的发生主要是存在不同类型的承灾体，通过降低和改善承灾体的脆弱性和易损性，就可以避免灾害的发生或减少损失。该理论的主要内容包括承灾体的分类、承灾体易损性或脆弱性评估和承灾体动态变化监测。承灾体论用大量灾害案例较完善地解释了自然灾害灾情扩大的原因。

④**区域灾害系统论** 区域灾害系统论不同于前3种理论，它不是强调某一方面的主导作用，而是认为灾害的发生是一个复杂的巨系统，是致灾因子、孕灾环境与承灾体共同作用的结果。

目前，对灾害理论的研究已经从注重单要素、单灾种管理的研究转入对灾害系统的综合研究。同时，每次灾害过程都不是以单一灾种孤立存在的，而是呈链式反应，即灾害链（包括串发式和并发式灾害链），如干旱带来农作物旱灾，农作物旱灾又会导致农作物病虫害，导致林内、林缘可燃物增多发生森林火灾的危险增加。灾害系统的这种相互关联和灾害链式发生的特点，决定着灾害研究工作的综合性和复杂性，要不断建立灾害系统的横向结合和纵向加深的综合研究，使灾害理论研究更好地指导减灾实践。

5.1.1.2 控制论

预警管理的一个重要目的就是对突发事件进行预控，因而控制是预警管理的落脚点。预警机制目标实现效果取决于整个预警系统能否有效地控制和管理。在预警管理中，负责控制和管理的主体，将来自其他方面的信息进行分析判断，传递到被控对象并发生作用后，通过预警评估技术将预警结果客观、全面、准确地反馈回来，为下一步实现预警控制提供科学依据，实现预警体系的稳定有序运行。

（1）灾害管理

灾害管理是指所有各级有关灾害各阶段的政策和行政决定以及作业活动的集合体。它具有很强的应用性，其目的是通过采取一系列必要的措施，获取和分析各类综合信息，以便在灾前及时发出预警，灾中有效地进行救助，减少人员伤亡和财产损失，灾后快速进行恢复重建。因此，灾害管理是一项覆盖灾害全过程的活动，几乎包括与灾害有关的所有工作。灾害管理覆盖范围的广泛性决定了无法仅仅依靠单个部门承担全部灾害管理的职责。不同的管理部门受工作种类及职能的限定，只能负责其中一部分工作，这就需要权威机构负责灾害管理的综合协调和统一部署。灾害管理是一项系统性的工作。它具有连续性，是一种连续不断的且相互关联的活动；同时，灾害管理又具有周期性，灾害管理过程分为备灾、应急、救灾、恢复重建、减灾5个阶段。根据管理过程的不同阶段工作侧重点有所区别。

（2）灾害风险管理

伴随着全球气候变暖、极端气候事件频繁发生和人类社会经济的快速发展，自然灾害所造成的损失不断增加。面对日益严峻的灾害形势，加强灾害管理工作刻不容缓。如前文所述，灾害管理是一项覆盖灾害全周期的活动，几乎包括与灾害有关的所有工作。长期以来，灾害管理工作强调灾后的救助，对于灾前的预防准备重视程度不足，呈现出一种"头痛医头、脚痛医脚"被动救灾的灾害管理局面，使得对灾害风险的控制能力非常缺乏。联合国国际减灾战略将灾害风险管理定义为一项系统工程，即运用行政决策、组织机构、操作技能和能力执行政策与战略，运用社会公众和社区的处置能力减小自然灾害和相关环境与技术灾害造成的影响。它由各种形式措施组成，包括运用工程和非工程的措施避免（防止）或限制（减轻和防备）灾害造成的不良影响。

当前，各种灾害相互交合，人们希望找出更为有效的防灾减灾战略，以减轻综合灾害风险。在这种背景下，综合灾害风险管理策略应运而生。它是针对各种自然灾害，贯穿于灾害管理全过程，强调调用各种资源共同应对灾害风险的管理模式。将其定义为系统、科学地对可能发生的自然灾害风险进行识别、处理和评价，综合运用行政、法律、经济、技术、教育、工程等手段，整合灾害管理组织、信息和资源，最大限度地预防、控制和减轻灾害损失，以最低的成本最大限度地实现人员生命财产安全保障和社会可持续发展的灾害管理方法。《国家综合减灾"十一五"规划》中明确指出："扎实推进减灾工作由减轻灾害损失向减轻灾害风险转变，全面提高综合减灾能力和风险管理水平，切实保障人民群众生命财产安全，促进经济社会全面协调可持续发展"。在已经举办的多次"综合灾害风险管理"国际学术研讨会上也明确提出综合灾害风险管理是今后灾害管理的最佳模式，优化组合工程与非工程的综合灾害风险管理措施将成为今后防灾减灾和灾害管理的主要措施。

灾害的风险管理贯穿于灾害发生、发展的全过程，它包括灾害发生前的日常风险管理、灾害发生过程中的应急风险管理和灾害发生后的恢复和重建过程中的风险管理。它强调灾前的准备、预测、预警等工作，通过对可能出现的灾害进行预先的准备处理，尽量降低和减轻灾害出现的概率和强度。而对于无法避免的灾害，通过预先的防控措施，做好充分准备，以减轻灾害造成的损失。

（3）自然灾害预警

自然灾害预警是灾害风险管理的关键环节，及时、准确的预警信息是有效备灾和灾害应急处置的前提。根据联合国减灾战略秘书处的定义，"预警就是通过确定的预案，向处于风险中的人们提供及时准确的信息，以便采取有效措施进行规避风险，并做好灾害应急准备"。预警是风险管理过程中的风险处理行为，包含自然灾害的早期预警、灾害的临灾预警以及灾害过程中的动态预警等。

根据《国家综合减灾"十一五"规划》中的要求"加强自然灾害监测预警预报能力"，

目前我国已初步建立起灾害监测预警预报体系，地质、海洋、干旱、森林火灾等方面的灾害监测预警系统建设得到进一步加强。涉灾部门根据各自职能分工，分别建立了相应的灾害预警机制，向相关部门和人员发布灾害预警信息。例如，民政部门根据涉灾部门提供的实时灾害预警预报信息，结合风险地区的自然条件、人口、社会经济背景和历史灾情，进行分析评估，及时对可能受到自然灾害威胁的相关地区和人口数量做出灾害预警；气象部门根据气象监测信息，发布台风、大雾等预警信息。同时，建立了灾害预警预报信息发布机制，依据灾害危险程度，进行分级预警预报。随着现代通信手段、信息传播手段的多样化和现代化，将大大改善预警信息发布的覆盖面和及时性。

5.1.1.3 信息论

监测预警的有效运行必须建立在大量的信息取得、传输、整理、分析、处理之上。进行监测预警管理，必须掌握信息、处理信息、转化信息和发布信息。"足够"和"有效"的信息是进行预警系统的技术设计中应该首先考虑的原则。此外，不仅在预警系统的内部，而且在系统与外部环境之间，都存在着大量信息的交流。因此，要把握信息的规律，滤除伪信息，使原始信息能够有效地转化为可用于决策的有用信息，才能有效发挥预警作用，实现监测预警的良好运转。

5.1.1.4 预测分析方法

预测是运用各种知识和科学手段，分析研究历史资料和调研资料，对事物发展趋势或可能的结果进行事先的推测和估计。预测分析是预警的重要组成部分，是建立在调查研究或科学实验基础上的科学分析。没有预测分析，就不能揭示事物演变的规律及其发展趋势，也就不可能有监测预警。

预测分析方法有很多，包括定性分析、定量分析、定时分析、定比分析以及对预测结果的评价分析等。预测分析方法现代化、科学化的要求是：定性分析数量化、定量分析数量化、模型分析计算机化等。据统计至今已有150种以上预测分析方法，常用的也有二三十种，选择什么样的预测分析方法应依据预测目的、预测对象的特点、占有资料情况、预测费用以及预测方法的应用范围等条件来决定。有时还可以把几种预测分析方法结合起来，相互验证预测的结果，借以提高预警的质量。

5.1.2 预警的内涵

5.1.2.1 预警的概念

"预警"从字面意思可以理解为"预先、事前，注意可能发生的危险"，讨论预警的概念我们首先要从这个"险"字入手。

（1）风险

"风险"的概念起源于19世纪末，最早出现在西方经济领域中。1986年德国出版《风险社会》首次提出"风险"社会这个概念。《辞海》中将"风险"定义为"人们在生产建设和日常生活中遭遇可能导致人身伤亡、财产受损及其他经济损失的自然灾害、意外事故和其他不测事件发生的可能性"。美国财经界则将"风险"定义为"某一不利事件将会发生的概率"。显然，不同地区、行业对风险的认识有所不同。但归纳起来，最常用的含义有2种：一是某种可能发生的危害，它是可以用概率来描述危害的不确定性；二是指某个客体遭受某种伤害、损失或不利影响的可能性。

①**自然灾害风险**　一是某种程度自然灾害发生的可能性；二是因某种自然灾害对人类社会可能导致的危害，其中某种程度自然灾害发生的可能性通常被称为致险可能性，因某种自然灾害对人类社会可能导致的危害则可称为风险损失，即因受致险因子威胁，某种受险对象可能遭受的损失大小。联合国国际减灾战略（UN/ISDR）将"灾害风险"定义为："自然或人为灾害与承灾体脆弱性条件之间相互作用而产生的损失（伤亡人数、财产、生计、中断的经济活动、受破坏的环境）的可能性。"

一般地，自然灾害风险可以用如下公式表达：

$$灾害风险 = 致灾因子危险性 \times 承灾体脆弱性$$

式中，致灾因子危险性是指造成灾害的自然变异程度，主要由灾变活动强度和活动频率决定。一般灾变强度越大，频率越高，灾害所造成的破坏损失就越严重，灾害的风险也越大。承灾体脆弱性是综合反映承灾体承受致灾因子打击的能力，它与承灾体自身的物质成分、结构以及防灾减灾的处理能力有关。脆弱性越低，灾害损失越小，灾害风险越小；反之亦然。

②**自然灾害风险的特性**　第一是危害性，自然灾害风险会对社会、经济、个人和生态环境等产生危害性的后果。第二是可变性，自然灾害风险不是一成不变的，随着影响灾害事件自然原因的变化或人为作用的影响，也随着社会易损性的变化，灾害风险程度的大小，甚至性质都是可以变化的。因此，由于灾害及其影响因素的多变性和社会易损性的可变性，导致了自然灾害风险也是动态可变的。第三是不确定性，自然灾害的风险从概念上说包含2个方面，首先是灾害事件发生的概率；其次是灾害损失的可能性。这就说明风险对于描述灾害事件和产生后果具有不确定性。第四是复杂性，自然灾害风险具有复杂多样性的特点，同种灾害对于不同的社会系统结构、风险性质和强度可能不同；而对于同一社会系统结构，不同的自然灾害所产生的风险性质和大小也不同。同时，社会系统结构中承灾体的脆弱性具有可变性，这都使得自然灾害风险变得复杂多样。

③**自然灾害风险评估**　传统的灾害理论认为，灾害风险评估一般指对灾害发生的可能性的评估。自然灾害风险评价不仅应包括自然灾害发生的可能性，而且还应包括由此引起的可能后果的风险分析。广义的灾害风险评估是对灾害系统进行风险评估，即对孕灾环境稳定性、致灾因子危险性、承灾体易损性和灾情损失进行评估。自然灾害风险评估首先是分析风险区域内自然致灾因子发生时间、范围、强度、频度的可能概率，随后据此分析人类社会系统各种灾损的可能性概率，再依据破坏程度，推测各种损失的可能性数值，最后将3个环节的可能性数值组合起来，给出灾害风险损失。自然灾害风险评估结果是正确预警的重要技术基础之一。

（2）预警

预警的概念自古有之，古代主要用于兴兵打仗，最出名的莫过于长城烽火台，一旦有北方敌人进攻，即点起狼烟报警。后期预警概念扩展到经济、政治、特别是灾害领域。

预警是指根据突发事件过去和现在的一些数据、情报、资料等，运用逻辑推理和科学预测的方法和技术，对某些突发事件现象征兆信息度量的某种状态偏离预警线的强弱程度，对未来可能出现的风险因素、发展趋势和演变规律等做出估计与推断,并发出确切的警示信号或信息(即预警信号),使政府和公众提前了解事态发展的趋势,以便及时采取应对策略,防止或消除不利后果的一系列活动(闪淳昌和薛澜,2012)。

预警必须依靠有关突发事件的预测信息和风险评估结果,依据突发事件可能造成的危害程度、紧急程度和发展趋势,确定相应的预警级别,通过公共媒体、政府内部信息渠道等,及时对特定的目标人群发布警示信息,灵敏、准确地昭示风险前兆,并采取相关的预警措施,从而把突发事件给特定的政府部门和潜在的受影响群体可能造成的损失降到最低。预警在应急管理中扮演着消息树、发令枪和指挥棒的角色,预警信号的发出如扳倒消息树一般,代表灾害即将或已经到来;预警信号如发令枪一般,相关部门需采取相应行动;预警如一根无形的指挥棒,指挥着应急人员、经费、物资的分配方向。

5.1.2.2 预警的作用

2004年8月12日至13日,浙江省遭遇了自1954年以来登陆中国大陆强度最大的台风,造成10个市、75个县(市、区)、756个乡(镇)不同程度受灾。由于浙江省根据台风发展规律和特点,在预警阶段采取了各项措施,做到早准备、早部署、早行动,把大量工作做在台风登陆之前,因此有效减少了人员伤亡,把台风造成的损失降到了最低。在浙江省气象系统内建立了会商机制;各级互相通报、交流监测分析结果;气象部门与政府之间建立了预测预报报告机制;气象、民政、水利、国土等系统内部建立了预警信息双向传递机制。各级气象部门将分析预测结果通报给民政、水利、国土、海洋等相关部门的同时,将预测预报结果通过广播、电视、报刊、互联网、手机短信等多种渠道及时向公众进行预警,使广大群众能够及时了解台风动向,及早采取防范自救措施。

在现实生活中,同样有大量的事实证明,不重视预警,就会受到严厉的惩罚。2004年12月发生的印度洋地震海啸灾难夺去数十万人的生命。由于没有建立起有效的海啸预警系统,没有信息传递系统和信息确认系统,同时各国之间缺乏预警信息的共享和传递机制,因此,各国无法搜集和传递海啸来临的信息,即使搜集到信息,也没有制度来保证有关部门即时发出预警警报。此次海啸前,美国地质调查局监测到地震后,试图通知印度洋沿岸各国做好准备,可竟然无法找到与这些国家沟通的途径。地震震中在海底,震波传递到海岸一般需要20min到2h。海啸从苏门答腊到斯里兰卡用了0.5h,到泰国1h,到印度1.5h,到马尔代夫2h,而在大多数地方人们跑到安全地方只要几分钟。显而易见,如果印度洋沿岸各国建立有预警机制,或者与国际海啸预警系统有密切的联系,就可以在最短时间内获得预警信息,就能够赢得宝贵的逃生时间。

灾害预警的意义在于能够在灾害发生之前,对可能发生的灾害给出及时的预警,并且使这一预警信息及时传递到灾害管理部门、决策领导及可能受到灾害影响的社区和每一个人,辅助灾害管理部门做出正确的决策,辅助可能的受灾社区和个体做好应对自然灾害的行为、物质和思想准备并予以实施,有效帮助并减少灾害可能带来的生命和财产损失。灾害预警信息使人们能够做出对保护自身安全和财产有利的决定。如果将灾害预警集成到一个系统的灾害风险管理框架下,将有力推动社会和国民经济的发展。归纳起来,提高和加强灾害风险管理和预警能力,尤其是早期预警能力,对于降低灾害风险、应对和减轻灾害事件带来的不利因素，有着非常重要的意义。预警能够起到减少人员伤亡、减少经济损失、维护社会稳定、抚慰焦虑情绪的作用，可以概括为"救命、减损、稳序、抚民"，具体表现为以下2个方面：

(1) 挽救生命、减少财产损失

灾害预警信息是时效性要求非常强的信息，只有及时、准确地传播到各级政府、灾害管理部门、可能受灾的社区、社会团体及个人，才能确保有一定的时间对即将发生的灾害做出正确的反应。纵观古今中外，及时、准确的灾害预警信息，在减少人员生命与财产损失中发挥着重要的作用。

1922年8月2日21:00时，太平洋台风在中国广东汕头地区登陆。3日03:00，风力增至12级，海水陡涨3.6 m，沿海150 km堤防悉数溃决，汕头城平均水深3 m，沿海村镇一片汪洋。汕头地区6县1市遭到毁灭性洗劫，共死亡7万多人，数十万人流离失所。汕头市5/6的居民受灾，一半房屋塌毁，死伤两千余人。澄海区4万人丧生。海水淹过的耕地不长庄稼，井水两年后才淡化。这是中国20世纪造成人员死亡最多的一次台风灾害。

人民网相关资料显示，1969年7月28日，又一次超强台风正面袭击汕头，瞬时最大风力达到16级，潮水陡涨3.14 m，海水倒灌入韩江，但此时堤坝已加固，几十万人严阵以待，台风登陆后因救援得力，结果损失明显减轻，死亡人数逾1000人，伤9200人。

2006年8月10日，太平洋超强台风"桑美"在浙江省苍南县马站镇登陆，登陆时中心附近最大风速68 m/s，风力达17级。就在台风登陆的前一天，国家减灾委员会根据台风预警信息，已经向上海、江苏、浙江、安徽、福建、广东和广西等地下发紧急通知，部署第8号台风"桑美"的防灾救灾工作。根据《国家自然灾害救助应急预案》，在台风登陆后，立即启动三级应急响应，并向灾区派出国务院救灾工作组，指导灾区救灾工作。据统计，此次台风造成了483人死亡，由于预警及时，地方政府提前紧急转移安置了180.1万人，将灾害可能带来的损失降到了最低。

2007年8月18日凌晨，太平洋台风"圣帕"05:40前后在台湾地区花莲秀姑峦溪口附近沿海登陆，登陆时中心附近最大风力达15级（50 m/s）。19日2:00，台风"圣帕"在福建省泉州市惠安县崇望镇登陆，并给浙江、福建、江西、湖南等省带来了大面积灾情、险情，4省共发生各类地质灾害近8000处。但由于受灾地区有关部门高度重视，防范措施及时，成功预报52起地质灾害，4000多人避免伤亡。台风发生期间，浙江省国土资源部门组织519个组共2543人，采取"分片包干、直接到点"的办法，检查地质灾害隐患点2260处；福建省国土资源部门共出动213个防灾应急小组，协助基层组织加强巡查监测，及时发出预警信息，转移群众；江西省赣州市派出9个督察组到各县（市、区）检查指导工作，并将防御地质灾害作为督察重点。国土资源部*与中国气象局进一步加强合作，及时将气象预警预报信息发送到受台风影响的地区。湖南省通过湖南卫视天气预报节目，连续播出地质灾害预警信息4次，向市（县）国土资源部门发送传真37份，发送手机预警短信13 598条。据统计，此次灾害共造成26人死亡，9人失踪。由于预警及时，防范措施得力，将"圣帕"造成的灾害损失降到了最低。

---

* 现自然资源部。

2007年9月16日上午，第13号强台风"韦帕"在菲律宾东北部的洋面上生成，9月18日凌晨加强为超强台风。18日上午，中国气象局发布台风预警信息，国家海洋预报台发布了风暴潮Ⅱ级警报（橙色）和海浪紧急警报（红色）。国家减灾委员会（民政部）根据台风预警信息于18日上午派出应对"韦帕"台风工作组。随着进一步预测预警，当晚紧急启动国家自然灾害应急救助四级响应，检查"韦帕"台风应对准备情况的工作组立即转为四级响应工作组，并于19日凌晨抵达浙江省台州市，指导抗灾工作。19日02：30，第13号强台风"韦帕"登陆浙江苍南县霞关镇，登陆时中心风力达14级。据统计，截至20日07：00，浙江、福建、上海、江苏等省（直辖市）紧急转移安置268.8万人，因灾死亡7人，失踪4人。由于做出了及时的预警和应对，此次台风灾害造成的损失也降到了最低。

随着科学技术的发展，特别是以遥感技术、导航定位技术、卫星通信技术为核心的空间技术在减灾领域的应用，提供了大量有效的灾害预警信息，对于减少灾害损失起到了重要作用。2021年3月至2022年3月，我国各部门通过国家预警发布系统预警信息394 946条，其中，国家级发布预警信息1901条，省级发布预警9362条，市级发布预警62 553条，县级发布预警321 130条。外交部、自然资源部、住建部、交通运输部、水利部、农业农村部、卫健委、应急管理部、人防办、气象部等部门通过国家预警发布系统发布自然灾害类预警393 050条，事故灾害类预警85条，公共卫生类预警1724条，社会安全类预警87条。其中，森林火险3519条，高森林火险143条，草原火险142条，境内森林火灾13条，森林火险气象风险10条，林火相关的预警信息数量约占总预警信息的0.97%。

（2）为减灾与应急决策提供重要依据，维护社会稳定、抚慰民众焦虑情绪

准确的预警信息对于灾害管理部门和各级政府减灾与应急决策具有重要意义。结合一些案例，可以说明及时、准确的预警可以有效应对自然灾害的重要性。

1975年2月4日，辽宁海城7.3级地震预报成功，是世界上第一次成功的地震预报，并取得了明显的减灾实效，被世界科技界称为"地震科学史上的奇迹"。1974年，国发（1974）69号文件中明确指出："京津一带、渤海北部今明年内有可能发生5~6级地震，要立足有震，做到有备无患"。1975年2月4日00：30，辽宁省地震办公室向省政府报送了第14期《地震简报》，其中指出："前震和地震群之后，可能有较大地震发生，必须提高警惕，各有关市、县、乡要加强值班巡逻"。06：00左右，辽宁省政府听取了关于紧急震情汇报和临震预报意见；10：30，省政府召开了全省电话会议，及时发布了临震预报。预报中明确指出："海城、营口县交界处可能发生较大地震，各地要提高警惕，发动群众认真作好防震工作"。同时，也及时地采取了防震对策"要求海城、营口地区的市、县、乡领导要坚守岗位，组织各级人员昼夜值班，迅速动员住房不坚固的群众外出借宿；对工厂、矿山、水库、桥梁、坑口、高压线路要有戒备，要有专人看管，发现险情及时报告，以便采取应急对策"。营口县地震办公室向县政府提出今晚可能有大地震发生，并建议政府实施了相应防震对策："城、乡停止一切会议，工业停产，商店停业，城乡各招待所、旅社要动员客人离开，医院一般患者用战备车送回家，重病患者转移到防震棚里治疗；各级组织采取切实措施，做到人离屋、畜离圈，重要农机具要转移到安全地方"。由于此次地震预报准确，各级政府和群众对临震应急防震对策实施有利，致使地震伤亡大大减轻。此次地震直接伤亡18 308人，其中死亡仅1328人。

有专家估计，如果这次地震没有临震预报和采取相应的防震对策，伤亡人数可达 25 万人左右，财产损失可达 40 多亿元（范宝俊，1998）。

2004 年 12 月 26 日 7：59，在印度尼西亚苏门答腊岛西北近海（3.9°N，95.9°E）发生的里氏 9 级强烈地震，是全球有历史记录以来的第二大地震，仅次于 1960 年 5 月 23 日在智利发生的里氏 9.5 级大地震。地震引起了巨大海啸，浪高近 10 m，无数的城镇、村庄被夷为平地。由于印度洋沿岸国家没有海啸预警系统，这场突如其来的灾难给印度尼西亚、斯里兰卡、泰国、印度、马尔代夫等国造成了巨大的人员伤亡和财产损失；海啸还波及非洲的索马里、坦桑尼亚等国家。这次地震海啸导致近 30 万人遇难，经济损失难以计量。如果有类似太平洋地区的海啸预警系统，造成的人员伤亡和财产损失肯定会大大减少。海啸发生后，各国政府积极呼吁在印度洋沿岸建立海啸预警系统。

5.1.2.3 预警的原则

预警是应急管理的重要环节之一。2003 年 10 月十六届三中全会《中共中央关于完善社会主义市场经济体制若干问题的决定》第一次明确提出"建立健全各种预警和应急机制，提高政府应对突发事件和风险的能力"。通过科学的预警，可以使应急管理人员和公众及时了解和掌握灾害的类型、强度及演变态势，为抑制灾害的进一步发展，综合考虑突发事件的发生、发展等多方面因素，防范次生、衍生灾害的发生提供客观依据，为实现"预防为主，关口前移"的应急管理模式提供科学支撑。

开展预警的目的有 2 个：一是及时搜集和发现信息，对搜集到的信息进行快速分析处理，然后根据科学的信息判断标准和信息确认程序对爆发突发事件的可能性做出准确的预测和判断；二是及时向有关人员或公众发布突发事件可能发生或即将发生的信息，以引起有关人员或全社会的警惕。围绕预警目的，预警的目标主要是多渠道设置规范而直观的预警标志，建立准确、快速、畅通的预报渠道，确定科学有效的预警措施，有效减少突发事件的危害，从而实现超前反馈、及时布置、防风险于未然的功能。预警应遵循以下原则：

（1）时效性

从突发事件的征兆到全面爆发具有很高的不确定性，事态演变极其迅速，需要借助现代先进信息技术，及时、准确、全面捕捉征兆，并对各类信息进行多角度、多层面的研判，及时向特定的群体传递并发出警示。因此，预警工作的开展一般需要建立灵敏、快速的信息搜集、信息传递、信息处理、信息识别和信息发布系统，这一系统的任何一个环节都必须建立在"快速"的基础上，失去了实效性，预警就失去了意义。

（2）准确性

预警不仅要求快速搜集和处理信息，更重要的是要对复杂多变的信息尽可能做出准确或比较准确的判断，这关系到整个应急管理的成败。要在短时间内对复杂的信息做出正确判断，必须事先针对各种突发事件制订出科学、实用的信息判断标准和确认程序，并严格按照制订的标准和程序进行判断，避免信息判断及其过程的随意性。当然，提高预警准确性的关键是提高科学技术水平。

（3）动态性

预警信息的收集和发布是一个动态的过程。由于预警信息采样的时效性特征和突发事件本身的动态性，使得某一时点发布的预警仅针对当时的研判结果。然而突发事件是在不断变化的，因此，预警信息必须根据动态的研判结论进行相应调整。动态性还表现在预警信息的实时动态发布和预警响应的动态联动上，只有预警信息有针对性的覆盖所有相关人员，只有相关部门和人员激活预警响应，预警工作在动态管理中才能取得成效。

5.2 森林火险预警机制

5.2.1 概念

5.2.1.1 定义

森林火险预警是指通过对森林火险天气要素和林区社会生产生活活动等有关森林火险信息资料的分析，发现和预告森林火灾发生风险的活动过程。在森林防火系统乃至于整个林区社会经济系统正常运行的过程中，森林火险预警需严密跟踪、监控森林火险要素的变化动态，并采用科学分析方法和技术对森林火险现状和未来趋势作出估计和判断，一旦发现或者监控到规定的警戒性危险程度征兆时，立刻向相关方面发布警示信号和防御指南。

森林火险预警目前在我国尚处于发展完善阶段。森林火险预警实质上是以为火灾预防工作提供科学依据为目标，及时对林区社会生产活动动态、森林火险监测信息进行全面跟踪收集、分析和预判，通过一定方式、一定渠道向社会和管理部门发布的工作过程，是科学防火必不可少的重要工具之一。在国家将森林火灾纳入应急管理体系之后，人们才开始按照应急管理原理对现行森林防火运行机制进行科学化调整，逐步推广和实施森林火险预警。

5.2.1.2 开展原因

（1）政策依据

《森林防火条例》第三十条规定"县级以上人民政府林业主管部门和气象主管机构应当根据森林防火需要，建设森林火险监测和预报台站，建立联合会商机制，及时制作发布森林火险预警预报信息。气象主管机构应当无偿提供森林火险天气预报服务。广播、电视、报纸、互联网等媒体应当及时播发或者刊登森林火险天气预报"。2008版《森林防火条例》对监测、预警作出了初步规定。至2012年底国务院办公厅发布《国家森林火灾应急预案》的通知，预案中预警作为单独一章对预警分级、发布和响应作出明确规定。同年国家森防指办公室发出《森林火险预警与响应工作暂行规定》进一步明确预警分类、预警的制作和发布、预警响应措施、预警响应要求。这一系列法规、规定为森林火险预警系统的构建提供了政策依据。

同时在防火工作的实际操作过程中，一个发展方向是科学化的"双预案"运行模式。在森林防火工作最为主要的预防、扑救两大环节上全面引入风险管理和应急管理理论。用这两方面的理论来武装和改变传统的工作模式，把目前森林防火期天天处于"防"这一状态的工作模式调整为"预防阶段依据火险响应预案而为，扑救阶段因火灾应急预案而动"的新型工作运行模式。森林火险预警是一个集森林火险监测技术措施和森林防火管理措施为一体的系统性活动。在实际工作中,要真正开展起来严密、准确的森林火险预警,就应当在打好森林火险监测基础的前提下,按照相对固定的业务工作流程来进行。

(2)现实原因

按照森林火灾的燃烧理论,影响森林火灾的最主要有气象条件、可燃物、火源3个因素。前两个因素是自然的,说明了森林火灾的自然属性,人为的影响或改变天气和可燃物等自然属性的难度极大、效果甚微。但第3个因素——火源因素,是可防可控的,只要管好各类林内生产和生活用火,杜绝野外吸烟、上坟烧纸等野外火源,就能达到减少火灾发生、减少火灾损失的目的。森林火灾的特性决定了它的可防性、可控性。

目前我国的森林防火政策、措施,特别是火源管理政策都是基于以上观点制定的,正是基于这一点而通过强有力的政府行政手段,采取强硬的禁止一切野外用火的火源管理办法,大大减少了野外火源,减少森林火灾发生,确保了我国的森林火灾受害率保持在0.1%以内目标的实现。

然而,简单的禁止一切野外用火的火源管理制度,引发了很多新的矛盾:其一,由于各地的防火期都是林业生产和农业耕种的最佳季节,森林防火与林区生产、林区经济发展的矛盾逐渐凸显;其二,大部分林区,尤其是南方集体林区都是林农交错,千百万人世世代代都生活在林区,森林防火与林区人民正常的生活秩序因禁止一切野外用火而变得困难重重;其三,需要体验美好森林环境的人们进山旅游、探险加大了林区火源管理的难度;其四,极端情况下,因对森林防火等政策不满而引发的报复性纵火事件时有发生。如何实现防火目标,同时减少对林区人民生产、生活影响,成为摆在森林防火工作面前的巨大现实问题。森林火险预警的提出,为这一现实难题的解决提供了可行途径。贯彻"预防为主、积极消灭"的防火原则,提高森林防火科技含量,使我国森林防火工作实现由传统型的被动地设防和应急扑救为主防火向实现主动地设防和有准备地扑救的转变;由经验型防火向科学防火和全面科学林火管理转变。建立森林火险预警机制,科学指导林区的森林火源管理,规范林区生活、生产用火活动,科学调度扑火资源和防扑火力量;对减少森林火灾,减少因防火工作对林区人民生产和日常生活的影响具有重要的意义。

5.2.1.3 要素构成

从管理角度看,森林火险预警是现代森林防火管理的重要组成部分,缺少这个部分就达不到科学防火的标准。构成森林火险预警需要有以下基础性构件。

(1)完整的森林火险监测设施网络

森林火险监测网络是跟踪森林火险变化动态的专业设施系统,是收集森林火险信息的物质性工具,没有这一网络系统,就无法对随时随地变化的森林火险因子进行观测和全面收集,也就无法掌握森林火险现状。从我国实际情况和世界各国的通行做法看,森林防火管理部门要随时得到森林火险要素的实时性天气数据,在现行体制、技术手段特别是观测数据的点位上都不现实,而依靠公共性的气象预报参数进行森林火险预警也存在数据点位不符合要求和要素不全的问题,因此,只有森林防火管理部门根据特殊情况和需要,尽快建立健全符合本地特点和需要的、相对完整的森林火险监测设施网络,才能使森林火险预警有前提、有基础。

（2）健全敏感的火险评估人员队伍

森林火险是由天气火险要素和人为活动两方面综合作用产生的。要开展森林火险监测预警，就必须有人来对森林植被的物候变化状况、林区社会生产活动特别是涉及用火类生产活动的变化动态等进行实时跟踪，收集相关信息和动态，及时提供给森林火险分析人员，以使其综合分析和判断森林火险状态及趋势。

（3）量化的森林火险预警标准

森林火险实质上是对风险概况的描述，因此，必须有其特有的风险状态的描述方式方法，主要包括：

森林火险等级标准，即国家森林火险等级划分标准；统一的森林火险评估标准，包括基本观测和计算要素、监测方式方法、技术手段规范等；森林火险预警信号划分标准，即根据收集分析出来的火险信息，按照规定的森林火险等级标准发布预见性森林火险预报、警报。

（4）森林火险预警发布制度

森林火险预警发布是将森林火险监测取得的结果和林区社会生产活动的即时特点联系起来，并对短期内的森林火险作出等级判断，对其中处于一定危险程度的部分地区进行危险等级发布和公告，指导森林防火基层管理部门实施相应的管理措施，并告诫林区公众注意用火行为。由此可以看出，森林火险预警重点在于现实危险性和短期未来危险性两方面。对于实际工作指导意义最大的是短期未来的预警，一般 1 d 至多天出现高火险天气即发布预警，以次日预警为主。实行森林火险预警的地方和单位，必须有一整套明确的森林火险预警发布制度，并且在实际工作中普遍实施。这套制度的基本内容应当包括：森林火险预警信息的收集和传递规定；森林火险预警信息的生成机制规定；森林火险预警信息发布的管理规定。

发布森林火险预警信息，是对于达到规定警戒线的森林火险等级信息向指定方向和层面进行传达的过程。一旦开展起来，就成为一项日常性的森林防火业务活动。这一过程和活动，必须借助于信息技术和公共传播平台，以达到快速普及的效果，使得林区社会各个方面都能知道当时或者短期内的森林火险程度，以便在实际生产、生活中防范和规避森林火灾风险，防患于未然。

5.2.2 主要任务

森林火险预警是整个森林防火管理工作的第一道"防线"，建立和实行森林火险预警机制，是各级政府及其森林防火管理部门的一项日常性森林防火管理职能，要求各级森林防火管理机构必须对可能出现的森林火灾风险事先有一个充分的估计和判断，进而有针对性地做好应对准备工作，最大限度地减少火灾发生和火灾造成的损失。

5.2.2.1 确立森林火险分析机制

实行森林火险预警，首先要在森林防火组织机构内建立起各个方面火险要素信息收集、传递和处理的组织体系，进而在专业的组织体系内部建立起符合森林防火工作特点要求的运行机制。就目前来讲，大体上可以建立以下两种组织体系模式。

（1）独立组织架构

森林火险预警机构相对独立于森林防火管理机构之外，工作人员专职从事森林火险信息的收集、整理和分析、发布业务，不参与森林火灾预防、扑救等其他业务工作，只对本级、本单位的负责人负责和对相关部门提供服务，按照规定的职能要求发布森林火险监测和预警信息。

（2）兼职组织架构

这种组织方式是在森林防火机构内部指定专人负责的基础上，把有关森林火险各方面要素的动态信息收集、整理和分析工作分解到各个工作岗位上，采取兼职负责的办法进行，然后统一由指定的专职人员进行后期或最终结果处理、发布。

5.2.2.2 获取林区火险信息

森林火险预警是一项必须依靠大量的林区天气条件信息和社会活动信息来支持的业务工作，需要由系统设施的日常运行来完成。

（1）管理监测设备

森林火险监测网络设施设备是保证观测信息连续性和时效性的载体。管理和使用好这些设施设备，使之发挥正常作用和功能，是森林火险预警的基础性、日常性工作任务之一。

（2）跟踪火险动态

在森林火险监测预警工作中，要每天对森林植被的物候变化、天气现象、天气预报和林区野外生产作业等进行量化或动态观测，掌握住动态和变化规律，用高度的敏感性来联系森林火险变化。在一定程度上讲，对于动态的跟踪和掌握程度，决定着预警作用能否发挥，能否真正指导森林防火实际工作的运行，并对森林防火工作成效产生作用。例如，在监测到清明节期间森林火险天气等级为中度危险（三级森林火险）时，又对林区上坟烧纸、燃放鞭炮方面的社会活动动态进行了调查研究，发现并确定出森林火险的人为性火源因素呈集中多发态势，应当向林区社会发布预警信息。

（3）确定预警规则

森林火险预警是一项日常工作，要有一整套责任清晰、规范具体、制度严明的工作制度来保障。它的各方面基础信息必须是按照统一的规范方法和途径来采集、汇总和传递的。对于各个方面的火险要素，特别是无法用设备来采集信息的动态性要素，必须有规范化的统一方法和要求。否则，会引起预警信息的失误，给森林防火工作的运行甚至于林区社会正常生产生活秩序造成不应有的影响，甚至造成严重的浪费。

5.2.2.3 适时发布森林火险预警信息

适时发布预警信息是森林火险监测预警系统和业务工作最为直观、最为重要的任务。处于不同管理层次上的森林防火管理机构，在森林火险预警信息的发布模式和对象上也有着明显的不同。就全国而言，可以分为宏观预警和局地预警两类。森林火险宏观预警一般由国家、省（自治区、直辖市）两级森林防火管理机构和气象台联合分析、发布，用以指导大的区域性森林防火工作；森林火险局地预警则是由县级地方森林防火机构或者大型国有林业局自然保护区等森林经营管理单位来实施，用以直接指导当天或者次日等短期内的森林防火工作措施安排，以科学应对森林火灾发生风险，达到防患于未然的目的。无论是哪种森林火险预警模式，都要通过下列载体或形式来完成。

（1）发布森林火险预警信息

预警信息分为当日实时预警、次日预报预警和短期（一般为3日）趋势预警3类。省级以上的森林火险宏观预警信息，一般在达到或预测到3级森林火险时以图文并茂的文档方式对管理部门和单位发布，以公众媒体图像标示和口播、字幕提示方式向林区社会公众发布。县级单位则应同时采取多种形式快速、全面地向防火管理单位和社会公众两方面进行发布，其中：防火期中每天要定时向所属森林防火单位发布2次当天和次日森林火险预警信息或火险预报；防火期中每天在天气预报的公众媒体传播平台上向社会公众发布次日预警信息或火险预报；利用预警信号旗和电台、宣传车、电视字幕等多种方式向社会公众通告，维护公众对森林火险的知情权。

（2）发布高森林火险警报

当发现异常高森林火险要素明显迹象时，要立即发布以文档表述为主的"高森林火险警报"，并相应提高火险警报的发送机关层次，同时发布高等级的预警信号，动用多种传播手段快速向林区社会预警、通告。这种高森林火险警报，还可以只对某一预测发生区域专题发布，由当地采取多种形式向下和向社会发布，调动社会各方面力量参与到森林火险应对和火灾防范中来。

5.2.3 预警分级

突发事件预警分级是指根据有关突发事件的预测信息和风险评估结果，依据突发事件可能造成的危害程度、紧急程度和发展态势，确定相应预警级别，标示预警颜色，并向社会发布相关信息。各类突发事件都应当建立健全预警分级制度，自然灾害、事故灾难、公共卫生事件应当划分预警级别。考虑到社会安全事件比较敏感，紧急程度、发展态势和可能造成的危害程度更为复杂和不易预测等特点，社会安全事件的预警工作则要从实际出发、内外有别。

《突发事件应对法》第四十二条规定："可以预警的自然灾害、事故灾难和公共卫生事件的预警级别，按照突发事件发生的紧急程度、发展势态和可能造成的危害程度分为一级、二级、三级和四级，分别用红色、橙色、黄色和蓝色标示，一级为最高级别。预警级别的划分标准由国务院或者国务院确定的部门制定。"在总体预案中，采用一致的预警分级方法。

预警分级综合考虑事故发生的概率以及可能造成的后果，对事件的严重程度进行评价和分级；一般预警分级方法主要以人、财、物的损失来进行判断，采用各部门独立预警的模式。在森林火险预警工作中采用一级至四级预警，分别用红色、橙色、黄色和蓝色标示，一级为最高级别。具体预警信号分类及标识方法在下一节内容中有详细介绍。

5.2.4 预警的发布、解除和级别调整

预警信息的主要内容应该具体、明确，要向公众讲清楚突发事件的类别、预警级别、起始时间、可能影响范围、警示事项、应采取的措施和发布机关等。为了使更多的人"接收"到预警信息，从而能够及早做好相关的应对、准备工作，预警信息的发布、调整和解除要通过广播、电视、报刊、通信、信息网络、警报器、宣传车或组织人员逐户通知等方式进行。

对老、幼、病、残、孕等特殊人群以及学校等特殊场所和警报盲区，要视具体情形采取有针对性的公告方式。预警信息的发布和解除需要按照相关规定填写发布单和解除单。另外，单一事件在发生、发展到应对完毕的整个过程中，存在预警级别动态变化的情况。突发事件初起时的预警级别可能较低，随着事态进一步扩大，其预警级别可能上升，反之亦然。如果有关部门不及时更新、调整预警级别，很可能造成重大损失或付出不应有的代价。随着突发事件的演变及相关处置手段的干预，突发事件的发展态势可能逐渐变弱，这就需要及时解除预警，避免民众长时间的恐慌心理而带来不必要的影响。

（1）森林火险预报的制作和发布

①进入森林防火期前，各级森林防火部门应当召集气象专家和防火部门专家，进行天气和森林火险形势会商，形成季节性的《天气和森林火险形势预测报告》；应当收集、整理前期天气、干旱、物候、火源、火灾历史资料等情况，天气和气候预测信息，制作《未来一月（周）森林火险等级预报》；法定节假日、重点时段，应当依据前期天气、干旱、物候、火源、火灾历史资料和天气预报等信息，与当地气象部门会商，制作《节假日（重点时段）森林火险等级预报》。

②各级森林草原防灭火指挥部办公室或森林防火预警监测信息中心应当加强对森林火险预警系统的管理，广泛收集当地的森林可燃物、野外火源、物候信息，并协调气象部门、防汛抗旱部门了解干旱、气候和天气预报信息，做好日常的森林火险监测和火险等级预报。发生重要森林火灾地区应当会同当地气象部门制作《重要火灾火场气象和森林火险预报》。

③各类森林火险预测预报结果应当及时以文件、短（彩）信等方式通知有关领导和部门，通过广播电台、电视台、报纸、网站、微博等媒介向社会公众发布，主要林区应充分利用电子屏、彩旗等形式发布森林火险等级预警信息。

④应当依据当地的地理位置、地形地貌、气候特征、森林及可燃物特征、野外火源状况，研究制订适合当地的森林火险模型，并在使用中不断修订完善。

（2）森林火险预警信号的制作和发布

①森林火险预警信号由各级森林草原防灭火指挥部办公室或森林防火预警监测信息中心负责制作，由当地森林草原防灭火指挥部或森林防火办公室领导签发后对外发布。

②当预测某一地区未来连续 3 d 以上出现（二至五级）森林火险等级时，依据前期天气、干旱、物候、火源、火灾历史资料等信息，经与气象等部门会商后决定预警等级和预警期限，制作发布森林火险（蓝色、黄色、橙色、红色）预警信号。

③发布的森林火险预警信号应当立即以文件、短（彩信）等方式报告本级森防指、林业主管部门领导，通知相关地区森防指、林业主管部门领导和防火办相关人员及有关单位，并通过广播电台、电视台、报纸、网络、微博、短（彩）信、小区广播等媒体向社会公众发布警示信息。发布的森林火险预警信号应当在森林防火指挥中心显示；主要林区应当以电子屏、指示牌、悬挂彩旗等多种方式发布森林火险预警信号。

④当各级森林草原防灭火指挥部或森林防火办公室发布的预警信号级别不同时，高级预警信号优于低级预警信号。森林火险预警信号发布后，在预警信号有效期内发布单位可根据火险等级的变化，调整预警级别，或提前解除预警信号。

5.2.5 森林火险预警的流程

森林火险预警是一个集森林火险监测技术措施和森林防火管理措施为一体的系统性活动。在实际工作中，要真正开展起来严密、准确的森林火险预警，就应当在打好森林火险监测基础的前提下，按照相对固定的业务工作流程来进行。

5.2.5.1 确定适应本级别的预警目标

在一个地方或单位区域内计划实施森林火险预警工作，首先要根据森林火险监测网络及设施设备特点，对采集上来的基础要素数据进行森林火险预警应用分析，进而再根据当地森林火险要素的一般性变化规律进行预警工作目标设定。首先确定出在现有技术手段和方法条件下，究竟能够对未来多长时间的森林火险做出准确的预报。目前，在我国，森林火险预报和服务的种类主要包括：长期趋势预测（季、月、周）森林火险等级预报、节假日（重点时段）森林火险等级预报、每日森林火险等级预报、各整点森林火险实况监测报告、重要火灾火场气象和森林火险预报服务等。国家和省级一般可以对 3d 内的森林火险做出较为准确的预报和预警，县级单位一般以当天和次日预警为主。但是在实际工作中，一般都以当日 10：00 进行现状预警、当日 14：00 进行次日预警为工作目标，以确保预警信息的准确性。在这方面，不宜过分追求更长的预警时限目标。预警时限越长，准确率就会因为火险要素变化多端而降低，反而是预警信息的指导作用降低。

5.2.5.2 确定适合本地区的森林火险预报方法

在计划实施森林火险预警的初始阶段，要根据当地确定的预警时限目标来选择符合国家标准规定的森林火险等级评定方法及辅助办法。就目前来说，各级森林防火机构要统一使用国家规定的森林火险等级标准和技术规定。但是在正式开展森林火险监测和预警工作前，应当根据本地区森林植被、气象和物候条件等方面的特点来进行试验和验证，反复修订森林火险要素因子在火险指数中权重值，并确认准确率在 85% 以上时才可以付诸正式实施。同时还可以采取多元线性回归，概率统计等多种辅助方法进行同步预报和预警。需要注意的是，无论是进行火险指标参数修改还是使用新的火险评定方法，都需要在严格试验和经过上级审批后才可以实际应用。

5.2.5.3 以林火监测为基础获取综合信息

森林火险预报和预警是以信息采集和分析、判别为主要日常任务的专业工作。对于实际观测的森林火险要素信息和等级信息，要按照规定时间和动作来严谨收集和分析处理，做到无疏漏和无错误；对于需要向专业部门索取的气象信息和社会活动信息，要建立起相对固定的数据格式和种类，明确来源和数据属性，不能随机收集和不定期索取。在这一方面，要建立健全森林防火部门和气象部门之间的服务协作机制。

5.2.5.4 根据林火预报结果确定火险预警等级

在评定森林火险等级的相关数据资料齐全或者经过监测设施设备自动观测和计算已经得出森林火险等级后，要由森林火险监测预警人员再进一步对部分火险要素因子的实时数据进行一定方式的处理，并将预报数据纳入森林火险预报方法中进行计算处理，得出森林火险预报等级。在此基础上，对于达到当地或者国家规定的警戒线时，按照规定评定森林火险预警信号等级。

5.2.5.5 及时发布预警信号

在已经准确判断出未来1天至多天森林火险预报等级后，森林火险监测预警人员要进一步对预报期内的林区社会生产生活活动中涉及用火的行为态势进行评估和定性分析，把人为火源因素综合考虑到森林火险态势中来，最后评定出各个所属单位的森林火险预报等级，经过负责人审定后，对其中达到预警标准的发布一定程度的预警信号，并对人为火源管理和火险应对具体措施提出指导意见。当预测出确有高森林火险来临时，要立即由森林防火部门发布高森林火险警报和预警信号。

森林火险预警信号是面向林区社会公众和各个森林防火管理部门发出的带有强烈警示目的的森林火险等级信息，具有特别重要的警示和宣传意义，是动员全社会共同应对森林火险、预防森林火灾的重要工具，在森林防火实践中具有重要作用。

5.2.6 森林火险预警的常用技术方法

森林火险预警仅针对天气性森林火险预报中较高危险程度的火险级别进行预警，森林火险预报与预警在技术原理方法上是一致的。目前世界各国普遍采用的森林火险预报预警或林火预报方法有许多种，但是差别在火险要素的具体权重分配上，所使用的判断因子基本上是一致的，只不过有的是直接的，有的是间接的。在原理上，基本都是以森林可燃物能否被点燃、被点燃的难易程度，可燃物被点燃后能否蔓延、蔓延的难易程度等为核心性判断的着眼点，然后再把天气条件因素、人为活动因素和森林植被因素发生的概率综合纳入可能性预判中来，就形成了预报和预警。林火预报是以森林火灾为预报目标事物，突出的是森林火灾发生的可能性预报；而森林火险预警则是以火险为目标事物，突出的是森林火险等级出现的可能性。

无论哪一种技术方法，在实际工作中能得到广泛应用的往往是使用森林火险要素现实信息数据和预报信息数据来源方便易得的那一种。没有相对固定的森林火险要素数据采集站（点）和预报数据来源，就无法进行森林火险预警。目前，我国普遍采用的森林火险监测预警技术方法是森林火险天气等级评定法。此外，还可以配合数理统计法等综合使用。基于上述林火预报和森林火险预警的关系，森林火险预警在实践中应当主要围绕以下技术和方法进行完善和创新发展。

5.2.6.1 降水变量分析法

这种方法是根据森林可燃物受降水影响决定能否被点燃的原理来进行的。它立足于当前降水状况而不考虑很长时间的降水基础，一般以最近一次降水分布和降水量为基础，利用森林火险监测站或气象台提供的降水数据作为预报基础，并在仅考虑未来预警期内有无降水发生及降水量多大、分布等概率因素，然后再辅以风力、温度等因素进行预报预警。它应用的前提条件，首先要对本地各个不同程度的降水量出现后不同立地条件、森林环境等多长时间能出现火险现象做出统计计算，确定出具体数值标准，然后再用监测到的逐日降水状态数据作为基础来累加未来降水量预测数值，预报出森林火险等级。比如，经过长期数据统计分析得知，某一地方的某一类型森林区域在前次降水量10 mm的第5天再无有效降水的情况下，无 3 级以上风力和前次降水后无气温持续偏高现象，可达到 3 级森林火险预警状态。

5.2.6.2　天气要素分析法

在实践中，由于影响森林火险变化的诸多因素之中天气条件变化最为频繁，直接决定森林火险状态，而天气条件因素的观测手段和信息采集来源具有较好的实践应用基础，在森林火险预警中研究得比较深入和成熟，应用得也比较早和比较普遍。在实际应用中，我国通常把这类预报称为森林火险等级预报，加拿大则以"林火天气指标子系统（FWIS）"作为整个森林火险等级系统的一部分。

5.2.6.3　可燃物干湿变化与气象要素相关关系预报法

可燃物的湿度（含水率）是影响火灾发生的一个直接因素，越湿越不容易被点燃。并与林分郁闭度、森林可燃物干湿变化是受气象要素直接作森林土壤类型、地质条件等其他因素综合作用有关。可以通过测定森林可燃物的含水率，统计计算出可燃物的含水率与火灾发生相关性来进行预报预警。这种方法，从原理上看很直接，也似乎很容易，但是在实践中却很难，目前尚没有十分满意和公认的成熟方法，主要问题在于森林中可燃物种类特别多，既有枯枝落叶、倒木等死可燃物，又有草本、灌木、乔木等活可燃物；既有粗大的，又有中度和细小的，在经过一次或多次降水后，它们在含水率变化上千差万别，很难找出标定物。因此，这种方法比较接近实际情况，但在标定物选择和干湿测定方面却很难找到能普遍应用的好方法，只能作为实验性或者局面性验证、修订方法来使用。

5.2.6.4　天气条件和植被状态综合评判法

这种方法必须建立在林火预报方法中的"历史资料拟合法"和森林火险监测两个方面的基础上，首先要对过去火灾发生的时间、地点、面积、天气条件、火源等进行统计和分析，利用历史火灾资料来找出火灾发生发展规律，找出火灾与气象要素的相关性；然后在实际工作中再利用每天监测到的森林火险因素数据和火险状态来进行预报和预警。目前，比较成熟和规范的就是按照国家《森林火险天气等级》标准的技术规定来操作。在实际应用中，可以对过去的历史资料分季度或分月份统计计算，并对比现实进行验证，必要时可以进行地区性火险要素因子指数调整，以达到符合本地气候、植被、火源客观情况的目的。这种方法是各地区开展森林火险监测预警工作应当遵守的基本方法，其他方法只能处于辅助和验证、修订的位置。

5.2.6.5　数学模型预报法

根据大量室内外观测和点火试验，用已知的物理热力学和动力学原理，用数学运算的方法得出各种动态方程，用超级计算机仿真。这种预报方法是目前发展的一个方向，但是在因子选择上应当特别注意来源的普遍易得性。

目前，世界各国报道和使用的森林火险预报包括预警技术方法逾 100 种，我国也在 20 世纪 90 年代研究制定出了几十种。各种预报方法在其适用区域均具有一定的可操作性，但在林火发生预报预警和林火行为预报预警方面目前尚没有实践证明简易适用的成熟技术方法。有关林火预报的论述，可以参考邸雪颖的《林火预测预报》（东北林业大学出版社，1993）、姚树人和文定元的《森林消防管理学》（中国林业出版社，2002）等著作来进行研究和探讨更深入的创新发展。

5.3 森林火险预警信号

5.3.1 森林火险预警信号分类

5.3.1.1 分类依据

《中华人民共和国突发事件应对法》中规定，可以预警的自然灾害、事故灾难和公共卫生事件的预警级别，按照突发事件发生的紧急程度、发展势态和可能造成的危害程度分为一级、二级、三级和四级，分别用红色、橙色、黄色和蓝色标示，一级为最高级别，预警级别的划分标准由国务院或者国务院确定的部门制定。森林火险预警信号是依据森林火险等级及未来发展趋势所发布的预警等级，原林业部《关于发布全国森林火险天气等级行业标准的通知》的行业标准（LY/T 1172—1995）、中国气象局发布的行业标准《森林火险气象等级》（QX/T 77—2007）、《国家森林防火指挥部办公室关于印发〈森林火险预警与响应工作暂行规定〉的通知》的规定均对火险等级和预警信号等级作出过规定，本节介绍火险预警分级、信号相关内容根据 2016 年最新版的林业行业标准《森林火险预警信号分级及标识》（LY/T 2578—2016）。预警级别共划分为 4 个等级，依次为蓝色、黄色、橙色、红色，其中橙色、红色为森林高火险预警信号，其基本的分级与森林火险天气等级标准一致。

5.3.1.2 火险预警与火险等级关系

森林火险等级与预警信号对应关系见表 5-1 所列。

表 5-1 森林火险等级与预警信号

森林火险等级	危险程度	易燃程度	蔓延程度	预警信号颜色
一	低度危险	不易燃烧	不易蔓延	—
二	中度危险	可以燃烧	可以蔓延	蓝色
三	较高危险	较易燃烧	较易蔓延	黄色
四	高度危险	容易燃烧	容易蔓延	橙色
五	极度危险	极易燃烧	极易蔓延	红色

注：一级森林火险仅发布等级预报，不发布预警信号。

5.3.2 我国森林火险预警信号标识

按照森林火险气象条件、林内可燃物易燃程度及林火蔓延成灾的危险程度，统一将森林火险预警信号划分为 4 个等级，依次为红色、橙色、黄色和蓝色，同时以中文标识，其中红色预警信号代表极度危险，森林火险等级为五级；橙色预警信号代表高度危险，森林火险等级为四级；黄色预警信号代表较高危险，森林火险等级为三级；蓝色预警信号代表中度危险，森林火险等级为二级。一级森林火险（低度危险）仅发布等级预报，不发布预警信号。

5.3.2.1 森林火险红色预警信号

（1）图标

森林火险红色预警信号如图 5-1 所示。

（2）含义

森林火险红色预警信号，表示有效期内森林火险达到五级（极度危险），林内可燃物极易点燃，且极易迅猛蔓延，扑火难度极大。

图 5-1　森林火险红色预警信号图标

（3）预警响应措施

①协调有关部门，在中央、地方电视台报道红色预警响应启动和防火警示信息；②红色预警地区利用广播、电视、报刊、网络等媒体宣传报道红色预警信号及其响应措施；③红色预警地区进一步加大森林防火巡护密度、瞭望监测时间，按照《森林防火条例规定》，严禁一切野外用火，对可能引起森林火灾的居民生活用火应当严格管理，加强火源管理，对重要地区或重点林区严防死守；④适时派出检查组，对红色预警地区的森林防火工作进行蹲点督导检查；⑤掌握红色预警地区装备物资准备情况及防火物资储备库存情况，做好物资调拨和防火经费的支援准备；⑥掌握红色预警地区专业队伍、森林消防队伍部署情况，督促红色预警地区专业森林消防队进入戒备状态，做好应急战斗准备；⑦开展森林航空消防工作的地区和航站加大飞机空中巡护密度，实施空中载人巡护。北方航空护林总站、南方航空护林总站视情赴红色预警地区检查航护工作；⑧做好赴火场工作组的有关准备。

5.3.2.2 森林火险橙色预警信号

（1）图标

森林火险橙色预警信号如图 5-2 所示。

图 5-2　森林火险橙色预警信号图标

（2）含义

森林火险橙色预警信号，表示有效期内森林火险达到四级（高度危险），林内可燃物容易点燃，易形成强烈火势快速蔓延，具有高度危险。

（3）预警响应措施

①橙色预警地区利用广播、电视、报刊、网络等媒体宣传报道橙色预警信号及其响应措施；②橙色预警地区加大森林防火巡护、瞭望监测，严格控制野外用火审批，按照《森林防火条例规定》，禁止在森林防火区野外用火；③橙色预警地区森林草原防灭火指挥部适时派出检查组，对橙色预警地区森林防火工作进行督导检查；④了解掌握橙色预警地区装备、物资等情况，做好物资调拨准备；⑤了解橙色预警地区专业森林消防队伍、森林消防队伍布防情况，适时采取森林消防队伍靠前驻防等措施，专业森林消防队进入

待命状态,做好森林火灾扑救有关准备;⑥开展森林航空消防工作的地区和航站加大飞机空中巡护密度。

5.3.2.3 森林火险黄色预警信号

(1)图标

森林火险黄色预警信号如图 5-3 所示。

图 5-3 森林火险黄色预警信号图标

(2)含义

森林火险黄色预警信号,表示有效期内森林火险等级为三级(较高危险),林内可燃物较易点燃,较易蔓延,具有较高危险。

(3)预警响应措施

①黄色预警地区利用广播、电视、报刊、网络等媒体宣传报道黄色预警信号及其响应措施;②黄色预警地区加强森林防火巡护、瞭望监测,加大火源管理力度;③黄色预警地区的森林草原防灭火指挥部认真检查装备、物资等落实情况,专业森林消防队进入待命状态,做好森林火灾扑救有关准备。

5.3.2.4 森林火险蓝色预警信号

(1)图标

森林火险蓝色预警信号如图 5-4 所示。

(2)含义

森林火险蓝色预警信号,表示有效期内森林火险等级为二级(中度危险),林内可燃物可点燃,可以蔓延,具有中度危险。

(3)预警响应措施

①关注蓝色预警区域天气等有关情况;②及时查看蓝色预警区域森林火险预警变化;③注意卫星林火监测热点检查反馈情况。

图 5-4 森林火险蓝色预警信号图标

5.3.3 森林火险预警信号发布

发布森林火险预警信号是各级森林防火管理机构一项十分重要的日常工作职责。在发布时限、载体和警示面上都应当有具体的规定动作和统一标准,要对具体职能单位和人员落实责任。在实践中,不同等级的预警信号,也有不同的发布管理规定和发布方法。一般来说,发布途径和方法有以下几种。

5.3.3.1 公众媒体发布

这是警示林区社会公众高度注意森林火险的主要手段和通用方法。通常是由当地气象主管部门所属的气象台在森林防火期内每日天气预报中,通过电视、广播向社会公众发布,并指明森林火险预警区域和简要的防御指南。这一面向社会公众的森林火险预警信号,要由各级森林草原防灭火指挥部办公室与当地气象台共同研究确定出统一的森林火险等级划分标准和技术方法,统一预警信号的分类办法和发布制度,然后在经过每日交换、沟通、会商当日森林火险监测系统的监测实况、天气预报信息和可燃物状态等基础信息后,形成一致的等级判断,由气象台直接向有关媒体提交和发布。发布森林火险红色预警信号时,还应当考虑到高度紧张地应对措施可能对林区社会经济活动造成的约束性影响,由业务人员提报给当地森林草原防灭火管理主要负责人和气象部门主要负责人共同研究和审批后,才能发布。

5.3.3.2 系统内部发布

系统内部发布是指以直接指导基层单位森林火险应对措施为目的的预警信息、发布。一般是通过专门的信息传输平台(如计算机网络、无线电通信网络)、电话或专门文档资料等方式对所辖基层单位进行通告。这种发布方式,要建立起十分严明的发布负责人、接收负责人及相对固定的发布时间、发布范围等方面的操作性制度,建立健全发布、接收记录,防止信号传输出现漏洞影响火险应对措施的落实。

5.3.3.3 林区发布

在广大的林区村庄,森林防火期内的农业、种植业生产和野外作业,甚至于生活用火都可能引发森林火灾。如何把森林火险预警信号、普遍通告、警示到广大林区公众中去,使他们及时掌握森林火险程度,做好森林火灾防范,是森林火险预警工作的重大课题和当前的一项重要任务。在林区村庄普遍通过挂置森林火险预警信号旗,须借助于一定的集群通信手段和方法才能做到实时,并实行预警信号转换制度。否则,就会出现信号旗与当时的森林火险不一致的问题,影响实际成效和作用。在实践中,一般采用及时发布实际火险等级的办法解除或提高预警等级。这种直接面向林区群众的森林火险预警信号发布方式,是今后工作的重点,并需要长期努力和逐步完善。

5.4 森林火险监测预警信息化

5.4.1 信息化基础

5.4.1.1 概念

信息(Information)是一个严谨的科学术语,美国学者克劳德·香农将信息定义为"用来减少或消除不确定性的东西",但信息的定义并不统一,这是由信息的极端复杂性决定的。信息的表现形式数不胜数,如声音、图片、温度、体积、颜色等,信息的分类也不计其数,如电子信息、天气信息、生物信息等,在日常生活中,我们无时无刻不在和信息打交道,信息与人类息息相关。

随着信息全球化的推进,我国也不可避免地被卷入到信息化的浪潮。1986年,中国在"首届中国信息化问题学术研讨会"上这样表述信息化:"信息化宏观上泛指国民经济和社会服务的各个领域中，广泛使用信息技术，是社会生产生活方式发生深刻变化的过程"。发展到 20 世纪 90 年代时，信息化的概念丰富、深刻起来，开始从不同角度对信息化加以定义，呈现出百花齐放的态势。1993 年 11 月，在北京专门召开中国社会科学院与"21 世纪电讯、信息与经济合作组织"大规模、高层次会议，议题为"信息化与经济发展国际研讨会"。我国学者林毅夫从经济学和社会学角度来阐述定义指出："所谓信息化，是指建立在 IT 产业发展，IT 在社会经济各部门普及的基础上，运用计算机、网络改造传统的经济、社会结构的过程"。1997 年，首届全国信息化工作会议召开，把"信息化"定义为："信息化是指培育、发展以智能化工具为代表的新生产力，并使之造福于社会的历史过程"。2002 年 10 月 22 日，国家信息化领导小组批准颁布了《国民经济社会发展第十个五年计划信息化重点专项规划》，其中对"信息化"内涵界定为"信息化是充分利用信息技术，开发利用信息资源，促进信息网络为共享交流，提升信息产业质量，培养信息人才，依托法规、政策、标准为综合保障体系"。

2006 年 5 月 8 日，中共中央办公厅和国务院办公室厅联合下发《2006—2020 年国家信息化发展战略》文件中，对信息化进行了定义："信息化是充分利用信息技术，以信息资源为核心，促进信息交流和知识共享，提高信息服务质量，推动经济社会发展转型的历史进程"。

5.4.1.2 内涵

信息化是一个历史过程，是一个动态变化的过程。信息化是现代社会生产生存方式转变的推动力，传统的生产方式被信息型、服务型生产方式所替代，社会主体分享共同的信息资源，不断提高生产力水平和生活质量。利用信息技术改造国民生活各个领域，像一台"发动机"渗透带动各个行业和部门更新换代，提高整体行政运行和管理效率，加强国民政治经济的国际竞争力。从工业社会到信息社会转变角度出发，将信息技术应用推广到每一个企业和设计部门，信息技术在科学、医学、教育、文化及公共行政管理等方面发挥作用是不可忽视的。对国民经济和综合国力都产生了直接和间接的影响。信息化对于推动我国深化改革开放、实现现代化具有重大作用和深远意义。

总的来说，信息化就是生产力的进步，以信息技术为推动力，社会发展形态转变的时代。信息化不仅是一次技术革命，更是一次深刻的认识革新和社会变革。现今，信息化发展水平成为衡量一个国家综合国力的重要标志，成为国际竞争力的关键因素。

5.4.2 监测预警信息化现状

目前，我国林火监测与预警信息化建设正处于发展阶段，但与发达国家相比仍有差距。美国和加拿大等发达国家在这一领域一直走在世界前列，了解这些国家的信息化建设成果，有助于我们学习和借鉴。

5.4.2.1 监测与预警网络化建设

（1）国外网络化建设

在当前信息技术快速发展的背景下，能够利用网络技术进行信息传播是信息化工作的一项重要内容，而各种专业网站是信息传播的重要组成部分，这些网站的建设与推广是信息化步伐中的重要环节。国外有众多林火网站，这些网站有隶属于国际组织的，也有各国政府开设的。

国际组织创建的林火网站中，Global Fire Monitoring Center（全球火灾监测中心，GFMC）最具代表性，其网址为：https://gfmc.online/（网页图片如图 5-5 所示）。该网站由联合国教科文组织、国际林联、国际北方森林研究联合会等国际组织赞助维护。从图 5-5 中可以看到，GFMC 网页内容十分丰富，不仅包含了林火监测与预警的内容，还有林火管理的方方面面，如森林火灾的科研信息、林火监测信息、当前林火情况、林火数据库、森林防火组织、林火管理与培训、森林防火重大会议等内容和链接。其中，科研信息包括林火原理、监测、预警模型、火灾模拟等方面的研究最新进展和对应链接；林火数据库包含有关林火的各类资料数据库，如各国林火报告、林火次数与损失情况统计数据库以及各类林火相关出版物和论文等。并且，该网站也提供了五大洲各个国家防火网站的链接。

图 5-5　GFMC 网页概览

http://www.fs.usda.gov/ 是由美国农业部管理的林业信息网站，其中 Managing the Land 和 Science & Technology 两个栏目中均有林火的相关信息。Managing the Land 包含美国林火监测信息、林火系统及数据、林火新闻及出版物等内容，Science & Technology 主要聚焦于林火监测、预警、灭火等的最新理论与应用进展。其中林火系统与数据包括林火效应信息系统、Wild-fire 评估系统、林火管理工具、Wild-fire 模型及烟雾模型等内容；林火新闻及出版物则提供了最新林火政策、管理快讯、救助指南、林火机构合作报告等信息。除该网站之外，美国还有诸多各有侧重的林火信息网站，如由美国内政部土地管理局负责的消防和航空办公室网站：https://www.blm.gov/programs/fire，该网站主要为用户提供全国性的政策、标准、方向和业务监督信息，包含灭火、火灾预案、预测服务、消防规划和防火宣传教育等内容；由佛罗里达州林务局设计开发的 https://cloudnav.com/casestudy/florida-forest-service/ 则旨在为人们提供如何降低林火造成损失、全州林火监测的相关信息。由美国各州、各政府部门、各组织开发管理的林火信息网站还有很多，上文介绍的 3 种只是其中的代表。具体的网站可由 GFMC 进行查询和链接。

加拿大政府林业部门以及民间组织也创立了很多提供不同种类林火信息的网站。如加拿大政府管理的加拿大自然资源网（https://www.cnrl.com/），该网站提供了加拿大全国的遥感监测信息，包含火灾发生情况判断、火灾损失评估等；由 FPInnovations 创立的 Wildfire Operations Research（https：//dl.acm.org/magazines/）则主要提供林火研究的最新进展、林火相关会议的会议纪要、相关数据库的链接、研究项目的计划、林火相关讲座的信息等。

另外，在欧洲许多国家也有类似的网站，它们各司其职，为民众、科研工作者、政府管理人员提供了林火原理、监测、预警等各方面的信息，形成了一张完整且高效运作的林火信息传播网。

（2）我国网络化建设

与上述发达国家相比，我国在林火监测与预警的信息化道路上仍相对落后，近几年来，随着我国互联网的发展和经济的腾飞，信息化水平才开始有了较大的进步。

由国家森林草原防灭火指挥部依托应急管理部火灾防治管理司设立的中国森林草原防火网（http：//slcyfh.mem.gov.cn）是我国最权威的林火信息发布网站，网站包含森林防火相关政策法规、各地防火动态、火险预报、防火知识和防火信息等板块，内容十分丰富，涵盖了森林防火灭火的方方面面。并且，各地森林防火部门在登录网站后，还能够查看全国各地的森林火险天气等级预报、监测卫星轨道实时预报等十分重要的防火信息，网页图片如图 5-6 所示。

图 5-6 中国森林草原防火网

同时，中国森林防火网也设立了微信公众号和移动客户端，使得普通用户和森林防火工作人员可以在第一时间获知防火要闻、预警信息和最新进展等内容。

除了中国森林防火网之外，由国家林业和草原局和各地方政府管理的森林防火网站还有很多，例如，应急管理部北方航空护林总站（http：//bhzz.org.cn）、中国森林消防装备信息网（http：//www.zgslxf.com.cn/）以及各地方林业信息网站等。

除此之外，我国林业部门也在加大和网络、通信供应商的合作力度，以加快林火信息化的步伐，为林火监测与预警提供更多的便利。2014 年初，四川省林业厅分别与四川移动、电信和联通签署《森林防火信息化建设战略合作框架协议》，协议中提出了信息化建设的 3 项要求。一是加强森林防火宣传。三大通信企业要充分发挥信息技术强、覆盖范围广、客户资源众多的优势，加大森林防火宣传的力度和广度，建立森林防火免费公益短信平台，大力宣传森林防火的法律法规及政策、普及森林防火基本知识、及时发布森林火险预警监测信息。

二是要加强基础通信和应急通信设施建设。各级林业部门要依法积极支持三大通信企业在林区修建通信基站等基础设施，扩大通信覆盖面，减少通信盲区和死角。在发生森林火灾时，各通信企业要积极提供应急通信保障，避免因通信不畅造成严重后果。三是要加强森林防火通信研究。三大通信企业要针对森林防火领域的实际需要，积极开展森林防火通信科学技术研究及成果的应用、示范和推广。同时要求各级森林防火部门要加强联系、搞好对接，主动接受、积极应用现代信息技术。根据协议，各方将在森林防火宣传、林区修建通信基站等基础设施、森林防火通信、森林防火监控与应急指挥系统、森林防火领域的信息技术研究成果的应用示范推广等方面展开合作。

总的来说，我国在林火监测与预警的网络化建设上取得了一定的成果，但多以政府的信息发布功能为主，与美国、加拿大等国家相比，在数量上和质量上仍有一定差距。

5.4.2.2 监测、预警模型与系统

（1）国外现状

① 随着时代的发展，林火的预报、监测和预警等系统逐渐通过信息化技术整合在了一起，美国国家火险等级系统（NFDRS）于1972年研制成功后在美国全境得到了广泛的应用，并于1978年进行了修改和完善。该系统既能够进行火险预报和林火发生预报，也能够对火行为进行预报和预警，是一套代表世界现林火预报预警最高水平的综合性系统。其中，火行为预测系统对20个可燃物模型进行整合，最终形成13个可燃物模型，在实际应用中可根据可燃物状况选用不同的可燃物模型。其在火险天气研究中以"着火组分"来反映易燃程度；在火行为研究中以"蔓延组分"和"能量释放组分"来反映火行为；在林火发生预报中以火源和"着火组分"作为预报因子。该系统包括"人为火发生指标""雷击火发生指标""燃烧指标"和"火负荷指标"4个输出指标，"火负荷指标"是前3个指标的综合，是系统的最后输出结果，是火险天气、着火可能性和火行为特征的集合，反映控制火灾的难易程度和任务量。在林火监测与预警中，气象条件一直被视为最关键的影响因素之一，任何一种预报方法都离不开气象预报所提供的参数，而气象预报的精度则涉及气象要素选择、气象观测台站的分布格局和气象观测手段等。仅在美国西部地区，就设置了350个太阳能自动遥控气象站，可以测量风速、风向、湿度和气温等。热力学和动力学原理在对火行为预报的研究中非常重要，美国科学家进行了大量室内和室外燃烧试验来模拟林火，从中探讨林火蔓延规律以及林火蔓延与环境条件的关系；美国也建立了专门用于林火蔓延研究的林火实验室，力求通过物理的方法来揭示森林燃烧与蔓延的机制。美国劳伦斯利弗莫尔和洛斯阿拉莫斯国家实验室建造了被认为是目前最为复杂的野火变化计算机模型。罗森迈尔（Rothemare）把数学方法和物理学方法结合起来应用在林火试验上，研究出一系列林火蔓延的热力和动力模型，为这套系统奠定了坚实的理论基础。消防人员可以依靠这套系统测定大火燃烧的速度和行进方向，从而找出最佳的灭火方案。

② 由美国农业部林务局（USDAFS）发布的 BehavePlus 林火行为预测应用软件，运用燃烧率、湿度、风速和地形来预测火势蔓延速度、大火的路线、强度，甚至火焰的高度，这些获得的信息在美国森林防火中产生了巨大的价值。以美国蒙大拿州山峡地区的一次荒野地带林火为例，这次火灾威胁到一个野生动物保护区和一个居民区，但 BehavePlus 分析结果显示

大火将会在荒野中自行熄灭，因此消防部门没有实施扑救，事实正如软件预测的那样，大火自行熄灭，没有造成人员伤亡和财产损失，并节省了75万美元的灭火费用。BehavePlus数据结构较为简单，虽不需GIS支持，但它只能模拟单点的林火行为。而同样由USDAFS发布的FARSITE模型（FireAreaSimulator），可以在具有景观异质性的地形、可燃物和天气条件下对林火行为及蔓延进行时间尺度和空间尺度上的模拟，它将现有的地表火、树冠火、飞火及火加速等模型集成到一个二维火灾发展模型中，但该模型的使用需要GIS的支持。

③ LANDIS是一个由美国威斯康星大学麦迪逊分校开发的空间直观景观模型，用于模拟森林景观在大的空间和时间尺度上的变化，包括森林演替、种子扩散、风干扰、火干扰和采伐等模块。LANDIS模型通过跟踪样地上物种的存在或缺失，来模拟在风、火、砍伐等自然和人为干扰下样地和景观尺度上的森林动态。LANDIS必须与GIS结合使用，预测不同的干扰或假设下总的空间格局变化，又称为预案模型。LANDIS模型把小尺度上的研究结果应用于大尺度的森林景观变化研究，为大时空尺度森林景观变化研究提供了一种强有力的工具。LANDIS目前已被广泛应用于森林景观的长期预测、森林景观对全球气候变暖的反应、不同火干扰模式下森林景观的演替等。

④ 美国林业部门将信息处理、通信传输和遥感监测等技术应用于森林火灾的监测和扑救工作，并形成了美国森林消防高级系统技术（FFAST），在防灭火领域取得了良好的应用效果。FFAST充分考虑了地面、空中和太空3个层次的林火数据资料的处理和传递。在该系统中，主要应用了传感器、通信、数据库等5大技术体系。

⑤ 德国FIRE-WATCH森林火灾自动预警系统，德国勃兰登堡州原有133个森林防火瞭望台，这些森林防火设施用了近30多年，已经不能适应现代森林防火的要求，且其中大多防火设施长期失修。据专家估计，维修和新建防火设施需要花费约250万欧元，因此，勃兰登堡州农业部与财政部联合决定共同开发一种森林火灾自动预警系统。在德国航天航空中心的技术支持下，2003年4月23日，FIRE-WATCH森林火灾自动预警系统在德国培兹林业局辖区的森林正式投入使用。这是一种应用数码摄像技术对森林火灾的烟雾进行识别的自动预警系统，能够及时对森林火灾进行定位。2002年，在勃兰登堡州、梅克伦堡—前波莫瑞州与萨克森州安装了24套FIRE-WATCH系统以及7套第二代FIRE-WATCH装置，此后该系统所监视的林区发生了近120次森林火灾，没有一次漏报。

FIRE-WATCH森林火灾自动预警系统是一种陆地数字化远距离观察系统，能够对大面积森林地区进行观察。一般安装在30~65m高的地方，正常监测半径10km，有的甚至可达40km。一套系统大约有15架摄像机，只需3~4人即可操控。勃兰登堡州计划2006年之前在全州各林业局共安装80~90架摄像机（单价7.5万欧元），可以监测$65 \times 10^4 hm^2$的森林。专家指出，这种自动预警系统还能够进一步发展成为可靠的通信系统，可以用来传输森林状况的分析数据，也可以在飞机上应用录像技术，其与卫星技术相结合可用于大面积森林的调查。

除上述几种模型与系统外，还有诸如加拿大的森林火险等级系统（CFFDRS）、美国的野火空中传感系统（WASP）等许多先进的林火监测与预警系统。诚然，上述的综合性系统在应用中取得了巨大的成功，但由于森林防火机制的差异，我们也要根据我国实际情况有选择性地吸收、借鉴。

（2）国内现状

我国森林防火的科研工作起步于20世纪50年代，但由于当时的经济和技术限制，相比国外森林防火系统地研究，我国起步较晚，直到1987年大兴安岭森林大火之后，我国才设立"大兴安岭森林大火预防与扑救系统地研究"科研项目，用于解决扑救森林大火的系统技术和手段问题。1991年，大兴安岭森林防火信息指挥中心构建了森林防火计算机系统；1999年，海南省把地理信息系统纳入森林防火系统中，提高了森林资源空间监测和管理的能力。近年来，我国经济增速一直处于世界前列，科技发展也突飞猛进，有了自己的高清资源卫星和北斗定位系统，并且，随着我国逐步加大对森林资源保护的资金投入，尤其是在一系列科研基金（国家高技术研究发展计划（863计划）、国家自然科学基金、林业科技支撑计划等）的支持下，我国对林火监测与预警信息化的相关研究也逐渐向世界先进水平迈进。目前，我国在该领域的研究主要有2个方向：一是攻克具体问题的技术性研究，如林火蔓延模型的构建、森林火险时空模型的构建、林火图像识别算法、林火预测算法、林火数据库/档案建设、"3S"技术应用等；二是以全局应用为主的系统性研究，如森林防火物联网应用、森林防火信息化管理、辅助决策系统构建、防火综合管理系统构建等。目前，很多技术性研究成果已经广泛地应用于各地的森林防火工作中，并取得了良好的效果。但从全国来看，国有林场、地方林业部门、森林公园或自然保护区所使用的林火监测与预警综合性系统仍不统一，在很大程度上无法共享数据，不利于森林防火信息化的发展。

5.4.3 监测与预警信息技术应用

信息技术是林火监测与预警信息化进程中的核心要素，是一个覆盖广泛的交叉学科。信息技术的研究覆盖科学、技术、工程与管理学等学科，包含这些学科在信息的管理、传递和处理中的应用，以及相关的软件和设备及其相互作用，信息技术的应用包括计算机硬件与软件、网络与通信技术、应用软件开发工具等。一般来说，信息的应用过程包含了5个部分，即信息获取、信息传递、信息储存、信息加工以及信息检索。针对信息利用过程的5个步骤，选取相对成熟且应用广泛的几种信息技术进行介绍，并选取有代表性的信息技术应用案例进行探讨。只有深入了解现阶段先进信息技术及其特点，才能更好地将其应用到林火监测与预警信息化变革之中。

5.4.3.1 信息技术

（1）无线通信技术

无线通信是指利用电磁波信号在空间中的传播进行信息交换的通信方式，无线通信系统一般由无线基站、无线终端以及应用管理服务器等组成。

根据其用途不同，可分为陆地公众蜂窝移动通信系统、宽带无线接入系统、无线局域网、无线个域网、无绳电话、集群通信和卫星移动通信等；根据其使用频段的不同，则可分为中长波通信（小于1MHz）、短波通信（1~30MHz）、超短波通信（30MHz~1GHz）、微波通信（1GHz以上）、毫米波通信（几十GHz）、红外光通信和大气激光通信等；根据通信距离的长短又可分为短距离无线通信和长距离无线通信技术。下文对几种常用的无线通信技术进行简要介绍。

① RFID 又称无线射频识别，可通过无线电讯号识别特定目标并读写相关数据，而无需识别系统与特定目标之间建立机械或光学接触。可分为无源RFID、有源RFID和半有源RFID 3类产品。其具有如下特点：读取方便快捷，无需光源，可透过外包装进行识别，采用自带电池的主动标签时，有效识别距离可达到30m以上；识别速度快，标签一进入磁场，解读器即可读取标签信息，且能够同时处理多个标签；使用寿命长，由于其无线通信的方式，可以用于高污染环境和放射性环境，且寿命大大超过条形码或二维码；标签数据可动态更改：使用编程器可以向标签写入数据，从而赋予RFID标签交互式便携数据的功能，且写入时间短；数据容量大，RFID可存储数10K的数据，比传统的标签载体容量大；动态实时通信，标签以50~100次/s的频率与解读器进行通信，只要标签在解读器的识别范围内，就可以对标签未知进行动态追踪和监控。由于RFID的以上特点，其目前广泛应用于门禁系统、物流系统、停车场管理、高速路收费、食品追踪与监测等领域，日常生活中经常使用的公交卡、饭卡大多也使用的RFID技术。目前，在RFID基础上演变而来的近场通信（Near Field Communication，NFC）由于具有相互通信能力、计算能力和更高的信息传输速度，开始广泛地应用于手机、PDA、相机等手持终端中。

② 蓝牙（Bluetooth） 由爱立信公司于1994年创制的一种无线技术标准，可实现固定设备、移动设备之间的短距离数据交换。它是一种基于数据包、有着主从架构的协议。一个蓝牙主设备最多可与一个微微网（每个独立的同步蓝牙网络）中的7个设备通信，但从设备却很难与一个以上的主设备相连。设备之间可通过协议转换角色，从设备也可转换为主设备。蓝牙的最新版本是2014年12月2日发布的蓝牙4.2，该版本显著地提高了蓝牙的传输速率和安全性，并能够更好地支持物联网的实现。蓝牙技术目前广泛应用于各种数字设备之中，如手机、蓝牙耳机、电脑、PDA和智能家电等。

③ 紫蜂（Zigbee） 基于IEEE802.15.4标准的低功耗局域网协议，它与蓝牙类似，是一种新兴的短距离无线通信技术。在工业、家庭自动化控制和工业遥测遥控领域，人们对无线数据通信的需求越来越强烈，然而蓝牙技术由于功耗大、组网规模小、成本高和抗干扰能力差等特点无法满足上述需求。经过人们长期努力，Zigbee协议于2003年正式问世，其具有低功耗、低成本、低速率、近距离、短时延、高容量和高安全等特性，并且使用免执照频段。Zigbee有着广阔的前景，其应用领域已经渗入到工业控制、家庭和楼宇网络、农业控制和医疗等方面。

④ 蜂窝移动通信（Cellelar Mobile Communication） 采用蜂窝无线组网方式，在终端和网络设备之间通过无线通道连接起来，进而实现用户在活动中的相互实现。其主要特征是终端的移动性，并具有越区切换和跨本地网自动漫游功能。蜂窝移动通信业务是指经过由基站子系统和移动交换子系统等设备组成蜂窝移动通信网提供的话音、数据、视频图像等业务。AMPS（Advanced Mobile Phone System）是美国贝尔实验室于1978年开发的第一代蜂窝移动通信系统，解决了移动通信中频谱供给与需求的矛盾。并且，AMPS的迅速发展带动和促进了全球对蜂窝移动通信技术的研究。GSM（Global System for Mobile Communication）被称为第二代蜂窝移动通信系统，于20世纪90年代中期投入商用，被全球超过100个国家使用，目前仍是应用最为广泛的移动电话标准。第三代蜂窝移动通信

系统包括 WCDMA、CDMA2000 以及我国研发的 TD-SCDMA，在 2G 的基础上大幅度提高了移动数据传输速率。LTE（Long Term Evolution）是真正高速的蜂窝移动通信技术，可以实现 150 Mbps 的传输速率，但仍达不到第四代移动通信技术（即 4G）的标准，其升级版 LTE-Advanced 被称为 4G。目前，由于 LTE 技术拥有更高的传输速率、更低的延迟和更好的移动性，其在各个领域的应用十分广泛。

⑤**卫星通信**　指利用人造地球卫星作为中继站来转发无线电波，从而实现两个或多个地球站（包括地面和低层大气中）之间信息传递的通信方式。由于地球同步轨道卫星绕地球的运行周期与地球自转同步，卫星与地球之间处于相对静止的状态，只要三颗相隔 120° 的均匀分布卫星就可以覆盖全球，在卫星通信上具有天然的优势，因此利用同步卫星进行通信已经成为主要的卫星通信方式。其他低轨卫星多在卫星移动通信中应用。

目前使用较广泛的卫星通信系统主要有以下 3 种：全球覆盖，利用地球同步轨道卫星的固定卫星通信系统。国际卫星通信组织经营的商用卫星 Intelsat 是全球覆盖的最好例子，目前已发展到第九代。全球覆盖，利用地球同步轨道卫星的移动卫星通信海事卫星通信系统（Inmarsat）。工作的为第三代海事卫星，位于大西洋东区和西区、印度洋区和太平洋区。全球覆盖，利用低轨道卫星的移动卫星通信系统，包括"铱星（Iridium）"和"全球星（Globalstar）"。"铱星"系统共 66 颗卫星，分 6 个轨道，每个轨道 11 颗卫星；"全球星"系统由 48 颗卫星组成，分布在 8 个圆形倾斜轨道平面内。相对于其他通信方式，卫星通信的通信距离和安全可靠性有着不可替代的优势。尤其在遭遇恶劣天气、抗震救灾等关键时刻，卫星通信是必不可少的通信手段。

无线通信技术的种类繁多，其他如对讲机通信系统、无线局域网等就不再一一介绍了。

（2）物联网

顾名思义，物联网（Internet of things，LOT）就是"物物相连的互联网"。国际电信联盟对物联网的定义如下：物联网是用智能化传感器、射频技术、全球定位系统（GPS）、遥感（RS）等信息传感设备及系统和其他基于物—物通信模式（M2M）的短距无线自组织网络，即全部物品和互联网之间连接好，从而实现信息之间的转换和相互沟通，呈现智能化鉴别、定点、跟踪、监控与管理的一种庞大智能网络。我国工业和信息化部认为：物联网是通信网和互联网的拓宽运用和网络延展，它运用传感技术与智能设备对物理世界实现感知识别，使网络传输相连接，达到计算、处理和知识挖掘，呈现人与物、物与物信息之间转换和没有空隙相连，最后让物理世界能够随时监控、精准管理和科学决策的目标。总的来说，物联网是指诸多传感器、通信技术与现有互联网相互连接的一项综合性技术，其包含 2 层意思：一方面，物联网是互联网的延续和扩展，其中心和本质仍然是互联网；另一方面，物联网的终端可以扩展到世界上所有的物品，并在物品之间进行信息互换和传递。物联网示意如图 5-7 所示。

2010 年，我国工业和信息化部将物联网技术列为国家重点发展的一项新兴产业。由于物联网"万物相连"的特性，利用物联网可以实现对目标的智能化识别、定位、跟踪、监控和管理。目前，物联网已经在诸多领域中发挥了巨大的作用，如物流跟踪、车辆调度、食品安全、智能家居、图书馆管理、农业管理以及林业管理等。

图 5-7 物联网示意图

以林业管理为例,物联网技术的引入使得林业资源监测的方式产生了蜕变。森林资源管理站在监测点周围选择有代表性的树干粘贴含有监测点信息、树龄、树种、胸径、树高等内容的电子标签;在空气和植株根部的土壤放置有数据处理能力的传感器,这些传感器可以自动监测温度、水分、养分等并将这些信息上传至网络;在监测点上方安装高清摄像头,并利用全球定位系统等信息传感设备与信息中心联网,定期对林木生长情况和林区环境进行扫描和监控,就可以建立一个信息来源及时、准确的林业资源物联网,实现实时监测、视频监控、生产报警、远程自动控制等。当某一区域内的森林生长状况异常,或温度、水分、养分的监测数值异常,或有盗伐、盗猎情况时,系统会自动提醒,相关部门就能够及时发布监测动态、制定应对措施。可以说,物联网的出现和引入为人们处理和解决森林问题提供了全新的模式。

(3)云计算

云计算(Cloud Computing)这一概念的雏形最早出现在 1961 年,人工智能之父 John McCarthy 提出把分散在各地的服务器、存储系统以及应用程序整合起来共享给多个用户,让用户能够像用水和用电一样使用这些计算能力,他称之为"效用计算"。云计算的产生是 IT 技术进步、计算能力和成本需求推动下的必然产物,是分布式计算(Distributed Computing)、效用计算(Utility Computing)、并行计算(Parallel Computing)、虚拟化(Virtualization)、网络存储(Network Storage Technologies)、负载均衡(Load Balance)等传统计算机和网络技术发展融合之后产生的"新一代的信息服务模式"。

目前,云计算还没有统一的定义,按照中国电子信息产业发展研究院(赛迪基团)在 2009 年出版的《中国云计算产业发展白皮书》一书,云计算是指一种 IT 资源的交付和使用模式,指通过网络(包含互联网和企业内部网)以按需、易扩展的方式获得所需的硬件、平台、软件及服务等资源。与传统的计算服务模式相比,云计算主要具有以下 5 个特点:

① **泛在的网络接入** 在任何时间任何地点只要有网络的地方,不再需要复杂的软硬件设施,而是用任何简单的可接入网络的设备如手机、平板电脑等就可接入进到云,使用已有资

源或者购买所需的新服务等；

②**资源的共享**　计算和存储资源集中汇聚在云端，再对用户进行分配，通过多租户模式服务多个消费者，在物理上资源以分布式的共享方式存在，但最终在逻辑上以单一整体的形式呈现给用户，最终实现在云上的资源分享和可重复使用，形成资源池；

③**弹性**　用户可以根据自己的需求，增减响应的IT资源，如CPU、存储、带宽和软件应用等，使得IT资源的规模可以动态伸缩，满足IT资源使用规模变化的需求；

④**可扩展性**　用户可以实现应用软件的快速部署，从而很方便的扩展原有业务和开展新业务；

⑤**按需、付费**　用户可以根据自身实际需求，通过网络方便地进行计算能力的申请、配置和调用，服务商可以及时进行资源的分配和回收，并且按照使用资源的情况进行服务收费。

云计算作为一种全新的信息服务方式，能够应用到各行各业之中，并使这些行业迸发出新的活力。如云教育、云物联、云社交、云安全、云政务、云存储、云农业等。以云教育为例，云教育（或教育云）是指教育在云技术平台上的开发和应用。云教育从信息技术的应用方面打破了传统教育的垄断和固有边界。通过教育走向信息化，使教育的不同参与者，教师、学生、家长、教育部门等在云技术平台上进行教育、教学、娱乐、沟通等功能。同时可以通过视频云计算的应用对学校特色教育课程进行直播和录播，并将信息储存至流存储服务器上，便于长时间和多渠道享受教育成果。

而随着物联网技术的深入发展和流量的增加，对数据储存和计算能力的需求将带来对云计算的需求增加，在未来物联网的高级阶段，也必将需要虚拟云计算技术的进一步支持和应用。

（4）数据挖掘技术

随着计算机技术的发展，各个领域中数据量都呈爆炸式增长，如何在浩瀚的数据海洋中找到需要的、有价值的信息就成为人们关注的焦点，数据挖掘技术应运而生。数据挖掘，又称为数据库中的知识发现（Knowledge Discovery from Database），是一个从大量数据中挖掘寻找出未知的、有价值的模式或规律等知识的复杂过程。一般来说，一个典型的数据挖掘系统主要包含6个部分：数据库、服务器、知识库、数据挖掘引擎、模式评估模块和可视化用户界面。数据挖掘是计算机、统计学、数学等学科的交叉，目前应用较为广泛的数据挖掘方法主要有以下6种。

①**传统统计方法**　包括抽样、多元统计分析、统计预测法等；

②**可视化技术**　如利用图标等方式直观的表述数据特征；

③**决策树方法**　即对数据进行切分，每次切分对应一个问题，也对应着决策树中的一个节点；

④**神经网络**　模拟人神经元的功能，对数据进行调整和计算，用于分类和回归；

⑤**遗传算法**　基于自然进化理论，模拟基因联合、突变、选择等过程的一种优化技术；

⑥**关联规则挖掘**　利用数据之间的关系对大数据进行分析。

数据挖掘技术可以在诸多领域帮助人们寻找潜藏在海量数据下的规律，例如，沃尔玛利用大数据挖掘每天处理数TB的新数据和PB级的历史数据，并从中寻找规律来指导销售策略，这为沃尔玛带来了 10%~15% 的销售涨幅。而在灾害领域，数据挖掘技术也发挥着十分重要的作用：傅泽强等利用内蒙古锡林郭勒盟干草原地区 1953—1997 年中 37 年的火情资料，全面系统地分析了草原火灾的时空分布规律，并提出了相应的火灾管理策略；徐波等计算了 2000—2009 年中国 300 余个地级以上行政区的火灾综合损失，并对这些区域进行了分级，将各区域分为平稳区、改善区、恶化区和波动区。

（5）仿真技术

仿真技术（Simulation Technology），是以计算机和专用设备为硬件工具，以控制论、系统论、相似原理和信息技术为基础，利用系统模型对实际的或设想的系统进行动态试验，是一门多学科的综合性技术。仿真时对现实系统的某一层次抽象属性的模仿，人们利用仿真模型进行试验，并用得到的数据对现实世界的问题进行解答。计算机是最主要的仿真硬件，用于仿真的计算机有 3 种类型：模拟计算机、数字计算机和混合计算机。

①**模拟计算机**　出现于 20 世纪 30 年代，是用电流、电压等连续变化的物理量直接进行运算的计算机，由若干种作用及数量不同的积分器、加法器、乘法器和函数产生器等部件组成，改变各部件的连接形式和各系数的调定值就可修改模型，且仿真结果可连续输出，但其精度和抗干扰能力差，随着数字计算机技术的不断发展，模拟计算机逐渐被数字计算机所取代；

②**数字计算机**　当今世界电子计算机的主流，分为巨型、大型、中型、小型、微型和单片型等（微型和单片型即我们熟悉的个人电脑），具有很高的运算速度，某些专用的数字计算机速度更高，能够满足大部分系统的实时仿真要求，且抗干扰能力、存储能力较强，已经成为现代仿真的主要工具；

③**混合计算机**　把上述两者连接在一起工作，充分发挥两者的优势，但成本较高，只能在一些要求严格的系统仿真中使用。仿真软件包括为仿真技术服务的仿真程序、仿真语言和以数据库为核心的仿真软件系统，如广泛用于世界一流大学教学和科研领域仿真的 Arena，用于工程领域结构分析、动力学分析的 MSC Software 等。

仿真技术的发展和应用为人类社会带来了巨大的经济效益和时间效益，其在航空工业领域中的应用使大型客机的设计和研制周期缩短了 20%。目前仿真技术已经广泛应用于物理、高分子化学、结构生物学、工程学、航空航天、金融、管理、突发事件处置等科学和社会的各个领域。

5.4.3.2　技术应用

（1）林区环境参数实时采集系统

在林火监测与预警中，第一步是获取林区（或草原）的林火相关信息，而后可以根据这些信息进行林火预报、林火监测以及林火蔓延分析。下面对一种基于传感器和铱星通信技术的林区环境参数采集系统进行介绍。

①**技术选择因素**　在实际的森林巡护过程中，巡护人员不能对不可见闻的环境参数进行识别与分辨，且巡护任务较重易造成巡护人员的疲劳和注意力下降，此外，巡护人员存在经验差异，这些因素均增加了巡护人员在森林火灾发现尤其是早期林火发现上的判断的不稳定性和不可靠性。因此，采用多种传感器对不同的环境参数进行捕捉是对林火监测的有力补充。

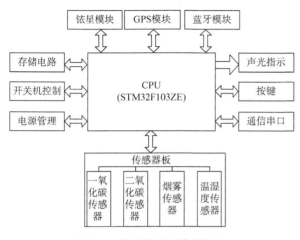

图 5-8 监测终端硬件结构图

由于林区大多地处偏远，蜂窝移动网络难以覆盖，铱星系统的全球覆盖特性就显得尤为重要。并且，铱星系统提供的突发短数据（Short Burst Data，SBD）业务（类似于地面移动通信的短信服务）能够在全世界范围内提供地面终端设备到另一个地面终端设备或者到远程服务器系统之间的短数据帧传输服务，能够满足林区环境参数信息的传递要求。

② **系统结构与功能** 本系统依托于监控终端实现。如图 5-8 所示，监控终端主要由 CPU、传感器模块、铱星模块、GPS 模块、Flash 与 SD 卡存储模块、蓝牙模块以及电路模块等组成。

其中，铱星通信部分选用铱星公司的 Q9602 模块，可以在监测终端和用户应用平台之间传输短数据信息，最大移动发送信息是 340 个字节，最大移动接收信息是 270 个字节；传感器模块则由 4 种传感器构成：CO 浓度测量采用日本 NEMOTO 公司的微型 EC805-CO 传感器，测量范围 0~1000ppm，精度为 ±20ppm；CO_2 浓度测量采用韩国 ELT 公司的微型红外 S-100 传感器，测量范围 0~5000ppm，精度为 ±30ppm；烟雾浓度测量采用韩国 OGAM 公司的微型 MS5100 传感器，其输出电压值与烟雾浓度成近似线性关系，范围为 0~5V；空气温度与湿度测量采用瑞士 SENSIRION 公司的 SHT11 温湿度一体传感器，温度测量范围 -40~123℃，测量误差 ±0.4℃，相对湿度测量范围 0~100%，测量误差 ±3%。

从该系统的终端结构可以看出，该系统能够准确地测量林区 CO 浓度、CO_2 浓度、烟雾浓度和温湿度，然后将这些信息进行储存并通过铱星模块实时发送至林火监测部门，供后续林火预报、监测与蔓延分析使用，具有准确和及时的特点。

如果利用物联网技术，将传感器散布于林区关键位置组成无线传感器网络，就可实现对整个林区的环境参数的实时监测，从而为灾前预警、灾中监测和扑救指挥提供宝贵的数据支持。除了对环境参数进行监测外，还可以利用 RFID 技术，在树干上粘贴含有树种和生长状况的标签，并实时对这些数据进行实时监测和统计，提供预警信息。

（2）林火档案信息化管理

林火档案是在林火管理过程中形成的各类信息文档，包括林火预防、监测管理与记录、林火预警预案与实施、林火扑救、火灾灾后处置、防火设施管理以及装备管理与使用等各类记录文档。建立健全的林火档案保存与管理制度，有利于森林防火工作人员掌握一个地区森林火灾发生发展的原因、规律，并能够为科研工作提供大量的一手数据。传统以手工录入和纸质载体为主的林火档案管理方式程序烦琐、效率低下，且不利于对数据进行查询和统计分析，因此利用现代信息技术构建林火档案管理系统势在必行。

该系统以林火管理中的信息种类和林火档案业务流程为基础，包含日常监管、林火监控、档案维护和统计分析等模块内容，其数据流程如图 5-9 所示。①日常监管即记录和维护每天气象信息和各监测点人员到岗值班信息,并通过系统定时向上级林火管理部门汇报;②林火监控即实时监控记录火情的全过程,包括火点位置、火势发展、人员车辆调度和火情处理等信息;③档案维护即林火档案记录数据的录入、修改和查询等;④统计分析即提供对历史档案数据的各类查询和统计分析,包括火灾种类、成因、空间分布、季节分析、处置情况和损失分析等。

林火档案管理系统的建立使得林火档案不仅便于保存、维护和查询,更方便进行统计分析,如可利用 GIS 工具制作"林火档案图",能够从空间上直观显示不同区域火灾发生频率,从而有针对性地进行防火工作部署;可利用林火监控模块所保存的林火事件完整记录生动的重现火情发生发展的全过程,便于进行总结和分析等。

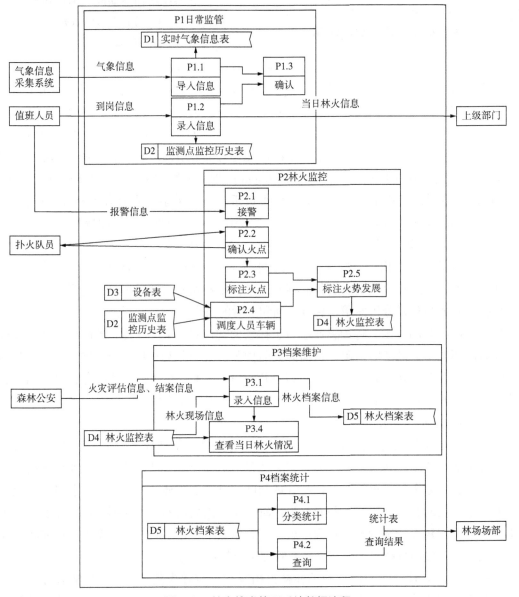

图 5-9 林火档案管理系统数据流程

总的来说，目前信息技术在林火监测与预警的应用中还存在着诸多不足，主要表现为以下3点：①林区移动互联网通信技术覆盖度很低，接入传感器和物联网的水平较低，尚不能实现通信技术在林区的全面覆盖；②无线通信技术、物联网技术和现有林业基础数据库在大数据、云计算方面的整合程度不够，尚没有构建成一体化的信息感知与实时传输体系；③信息化建设缺乏全国统一的标准，不同地方的系统采用不同开发平台、操作系统和数据库管理系统，很难实现互联互通，导致形成了无法互通的信息孤岛。

思考题

1. 简述森林火险预警的定义。
2. 简述森林火险预警的主要任务。
3. 简述森林火险预警信号的分类及其标识。
4. 简述森林火险预警发布对象。
5. 简述森林火险预警的基本步骤。

第 6 章
森林火险预警响应

主要介绍森林火险预警响应的原则、任务、响应机制和日常管理的基础性知识，组织预警响应活动的基本程序和运行机制。以利于学习者掌握森林火险预警响应的原则和响应状态，了解预警响应的业务流程。

6.1 森林火险预警响应原则与任务

森林火险预警与响应要做到准确预报、及时预警，科学响应、因险施策，分级负责、上下联动，应着力提高预警准确性，突出响应的时效性。为保证森林火险预警与响应工作高效有序进行、做好森林火灾的防范工作，要依照《森林防火条例》《国家森林火灾应急预案》和《森林火险预警与响应工作暂行规定》等法规，建立健全科学、规范的森林火险预警与响应运行机制至关重要。

森林火险预警响应，是指森林防火管理机构及其工作人员、林区群众根据森林火险等级预警信息而做出的森林火险应对、森林火灾预防等一系列行动的总和。这项工作，是森林火险预测和预警两项前期工作结果的应有性延伸，是科学防范森林火灾的前提和基础，也是实现我国森林防火工作由被动型应对森林火灾向主导型化解火灾风险转变，从"事后救火"被动管理向"事前化解"主动管理的客观需要。

6.1.1 原则

森林火险预警响应是一项以减少森林火灾发生频次和降低森林火灾损失为目的的各类防火资源支出性行动。在实际应用中，应当特别注意把握好以下原则。

6.1.1.1 因险应对

紧密联系本地区森林防火实际和森林火险程度，对应相应预警级别和不同管理层级、不同岗位进行分级分类响应。因险应对可以避免过分的响应措施和规模造成人力物力资源浪费，同时充分调动和体现参与单位和各个岗位人员的基本工作职能，真正体现和回答出"谁应该参与到当前的森林火险预警响应中来""我在这种响应状态下应该做什么"等细节性问题。

6.1.1.2 突出时效

森林火险受自然和人为因素影响最为直接，须及时关注不同区域的变化情况，在做出预警后立即进行火险响应，全面进入到规定的响应状态中去。森林火险预警响应的行动滞后，往往会很快发生森林火灾事件，一旦出现森林火灾事件，就可能会打乱已有的预警响应人力资源配置。有时甚至会因此出现部分响应环节无法运行的严重问题。使森林防火工作陷入时段性的被动局面。在实践中，一般都要对于每一个方面和每一个环节做出具体时间上的规定。

6.1.1.3 上下联动

森林火险预警响应是一项系统性的社会化工程，在实施中各响应单位需要保持纵向和横向的行动协同一致性。根据岗位职责的不同，响应单位要依据事先规定好的任务分工，保持火险应对和火灾防范措施的全面性和力度上的均衡性，避免出现薄弱环节和疏漏区域。

6.1.1.4 准确规范

在响应预案的制订中，需要依据森林防火管理环节制定出适用于不同单位的规范化行动准则，实现规范化应当以专门研究制订的森林火险预警响应预案为载体，在事先就把各项措施落实到人，落实到山头，地块。

6.1.2 任务

森林火险预警响应的主要任务是规定出各个森林防火管理层级、职能单位及其工作人员的森林火险预警响应状态，并严格组织实施。森林火险预警响应状态，是指各级森林防火管理机构和责任单位（或个人）针对不同的森林火险预警信息，为预防和有效扑救森林火灾，根据当地实际而做出的应对性行动标准。一般来说，森林火险预警响应应包括以下主要任务。

6.1.2.1 落实主体责任

森林火险预警响应实质上是森林火险处理过程。在接到森林火险预警信息后，相关的单位、组织和个人应及时进行森林火险应对和处理，使发生森林火灾的可能性得到最大限度地降低。在实际工作中，首先的任务就是逐个单位和区域、逐个环节来具体明确究竟由谁来负责相应措施的落实和执行，由谁在具体岗位上对应性的做什么样的工作。明确森林火险预警响应主体，即时落实火险处理措施载体的过程，也是明确森林防火责任义务的过程。解决的是由谁来作、谁必须做好的问题，是设计和落实森林火险预警响应机制的第一道工序，既不能留有面上的遗漏，也不能有细节上的缺失，必须做到纵向逐次到底，横向延伸到边。一般来说，有4类森林火险预警响应的责任实施主体：①各级政府职能部门和森林防火管理机构及其工作人员；②林业和草原局、林场、森林公园、森林类型自然保护区等森林经营管理单位（或个人）；③在林区从事生产生活活动的生产组织和各类人员；④各级、各类森林消防力量。

6.1.2.2 制订响应预案

在森林火险预警的响应中，若响应措施过重，则会增加森林防火工作的资源投入和响应成本；若响应措施不足，则容易出现应对措施的疏漏，甚至导致森林火灾失去控制，造成严重影响。因此，需要根据不同的危险级别进行不同力度的应对，具体来说，即要根据本地本单位森林防火期中各个时段的林区社会生产生活活动特点及导致高森林火险的主要因素来对不同级别的预警危险度进行分别应对处理，做出统一的、各个单位都共同遵守的响应措施规定。

在实际的森林防火工作中，由于各单位责任范围火险因子存在明显差异，因此同一森林火险预警等级也对应着不同的响应资源配置，这就需要每个最小的森林管理单位（或个人）按照通行的、统一的规定来预先做出不同级别火险的应对方案，就是通常所说的《森林火险预警响应预案》，主要是在林场、乡镇等基层单位来实施。

6.1.2.3 确立实施办法

森林火险预警响应是森林防火期内工作状态转化最为频繁的日常性主要任务之一。森林防火管理机构和基层森林防火组织应当研究制订出从承接预警信息、确定响应级别、启动响应预案到安排响应措施等一系列有机运行的工作流程和规则，以保证系统高效和运转顺畅，确定相对固定化的森林火险预警响应实施办法，是保证日常工作合理有序运转的关键性任务，应当在实践中不断发展和完善。

6.1.2.4 完善检查考核

在森林火险预警响应工作步入全面实施阶段后，各级森林防火机构和管理人员的主要任务就是实施日常性的森林火险预警响应状态执行情况的检查监督。这是森林火险预警响应工作最为日常化的工作任务，也包括在森林防火工作的检查监督和考评评定范围内。在检查监督中，主要任务是监控预警响应环节有无疏漏、缺失问题，有无人员不在岗，有无不按预案转变响应级别等问题。

6.2 森林火险预警响应机制

6.2.1 级别划分

《中华人民共和国突发事件应对法》规定发布灾害预警之后，各地应采取响应措施。按照我国和世界上对于突发事件应急管理的一般原理和通行做法，森林火险预警响应的级别和森林火险预警信号的对应关系应当采取下列方法来划分。

6.2.1.1 红色预警响应

红色预警响应对应的森林火险预警信号是红色预警信号，即未来一天至数天预警区域森林火险等级为五级，林内可燃物极易点燃，极易迅猛蔓延，扑火难度极大，极度危险。这个响应级别是最高级的森林火险应对等级，不仅要求森林火险管理机构和森林防火主体单位或个人立即进入高度紧张状态，也对林区社会的广大公众的进山入林作业等具有高度的限制性，甚至对于生产生活活动进行必要的限制。因此一般要经过当地政府或者政府授权的森林草原防灭火指挥部正式启动，以免给社会经济活动造成不必要的影响。一旦进入森林火险红色预警响应，森林火险预警信号和防御指南等信息要快速、多频次的广泛向林区社会发布和警示，以取得社会公众的理解和支持。

6.2.1.2 橙色预警响应

橙色预警响应对应的森林火险预警信号是橙色预警信号，即未来一天至数天预警区域森林火险等级为四级，林内可燃物容易点燃，易形成强烈火势快速蔓延，高度危险。这个火险响应级别是次高级的应对等级，对于进入山林人员和林区野外用火具有明确的限制性，火灾防范人员也应随之大量增加，停止生产作业用火审批。它是森林防火期内实施比较多的响应级别，也是控制森林火灾发生率最为关键的响应状态。

6.2.1.3 黄色预警响应

黄色预警响应对应的森林火险预警信号是黄色预警信号，即未来一天至数天预警区域森林火险等级为三级，林内可燃物较易点燃，较易蔓延，具有较高危险。在这个响应状态下，森林区域的森林防火人员要按照基本配置基数全部到岗到位，并对野外用火实行限制性措施。

6.2.1.4 蓝色预警响应

蓝色预警响应对应的森林火险预警信号是蓝色预警信号，即未来一天至数天预警区域森林火险等级为二级，林内可燃物可以点燃，可以蔓延，具有中度危险。这个火险响应级别是森林火险响应状态的启动等级，在森林防火期中居于多数。

这里应该特别说明的是，森林火险预警响应的级别设定及其应用，不同于重大、特大森林火灾处置预案和国家有关突发公共事件应急预案中规定的响应级别，它响应的不是灾害事件，而是灾害事件的发生危险，两者不能混淆。

6.2.2 总体规则确立

森林火险预警响应的实施，必须要有相应的政策规定做保障。如果没有在一定区域内相对统一的运行规则和制度，就无法做到科学合理的森林火险预警响应。一般来说，处于国家、省（自治区、直辖市）、市（州、盟）几个行政管理层级的地方政府和森林防火管理机构应把制定和完善森林火险预警响应运行机制和运行规则作为重点，在实施过程中则以检查监督实际执行情况为日常工作的重点内容。森林火险预警响应相关政策规定的研究和制定，对于一个即将开始实施火险响应状态的地方或单位来说具有特别重要的意义，也是能否取得预期实效的关键环节。

6.2.2.1 基本内容

森林火险预警响应规定涵盖以下基本内容：①实施森林火险预警响应机制的目的、意义；②实施范围和适用对象；③实施森林火险预警响应应当遵循的基本原则；④森林火险监测预警信息的来源和响应状态的启动标准；⑤森林火险预警响应等级划分标准和规定；⑥森林火险预警响应预案制定和审核应当遵循的基本程序；⑦森林防火期内启动森林火险预警响应状态应遵循的操作程序；⑧森林火险预警响应状态由高级别向低级别转换的有关规定；⑨对下级单位应对高森林火险实施细则的规定；⑩各级气象、森林防火主管机构森林火险监测、预警信息沟通和森林火险适时监测的设施设备体系建设的规定；⑪对于各个相关部门、单位适时转入相应的响应状态的规定；⑫森林火险预警响应落实和执行情况列入各级、各类森林防火工作检查、监督重点内容的规定；⑬对于森林火险预警响应状态责任过失的查处规定；⑭具体的响应状态和措施规定；⑮对其他事项的规定；⑯实行开始时间。

以上几个方面的基本内容，是森林火险预警响应工作在起步阶段由某一级或某一个森林防火机构应当研究并提出政策规定基础意见的基本要素。各个地方和单位森林防火工作基础不同，所应当规定的具体内容和侧重点也会明显不同。在实际工作中，可以根据所规定内容涉及的部门、单位和森林火险预警响应措施对社会经济活动的影响程度，来确定承载这些规定的公文载体。对于已经在高森林火险应对方面有了地方法规、行政规章和其他规范性文件规定的，可以采取"实施办法""实施意见""实施方案""通知"等文件形式安排部署；对于以往没有这方面规定的，应当尽量采取规制性较强的文件载体进行规定，以免在实施中遇到责任处罚等具体问题缺少处理依据。同时，森林火险预警响应的规定也是随着客观情况的变化而需要及时调整、修订和逐步完善的，并不是一成不变的。

6.2.2.2 注意事项

森林火险预警响应能否取得实效，能否在实施后起到对经验防火行为的抑制作用，真正做到科学合理应对和主动预防，关键在于整个研究和谋划森林火险预警响应工作过程中围绕

"响应状态"所做出的政策规定是否全面、细致、实用。研究制定森林火险预警响应有关政策规定，应当按照以下一般方法和步骤来进行。

（1）明确森林防火工作的整体目标

从管理角度看，森林火险预警响应是一项森林防火工作的工具。它的应用和运行是以管理行为为纽带来进行的。无论是什么样的管理都要有一个明确的管理目标，尽管管理目标有的是定量的、有的是定性的，但是必须有，没有目标的管理不是真正意义的管理。也就是说，在开始谋划森林火险预警响应工作之初，就要首先明确开展这项工作究竟"为了什么？""要达到什么样的成效？""都需要在哪些方面来实施？"这些问题明确了，也就清楚确定了开展森林火险预警响应工作的目标，就找到了森林火险预警响应工作的服务方向，并连带着查找出了要解决的主要问题和工作切入点。因此，保障森林防火工作做的总体目标是森林火险预警响应的立足点；提高各项森林防火措施的科学有效性是森林火险预警响应工作的目标任务；把森林防火工作推上科学运行、科学决策和科学管理的轨道是森林火险预警响应应当发挥好的基本作用。

在现阶段，我国森林防火工作的目标大体上有以下存在形式。

①**概括性目标**　通常用"有效控制森林火灾发生和危害""努力降低森林火灾发生率和危害率""不发生大森林火灾"等来阐述。这种目标是一种弹性目标，一般在森林火灾发生和危害比较严重，预防和控制能力还很有限的区域使用。之所以用这样还不够十分明确的目标，主要是当地森林防火形势还比较严峻，在大幅度降低森林火灾发生率方面还有很大的管理能力和设施设备能力差距。影响森林火险急剧变化的主客观因素十分复杂，需要有一个渐进的发展过程。

②**量化性目标**　一般用"无（或不发生）特大森林火灾""无（或不发生）重大森林火灾"等标准性目标配合"森林火灾发生率""森林火灾受害率""森林火灾控制率""森林火灾案件查处率"4项工作指标来共同评定。这种工作目标是一种刚性目标体系，一般在森林防火工作基础较好、森林火灾发生趋势相对稳定，并具有较强预防和控制森林火灾综合能力的地方和单位使用。这种目标对于整体工作拉动力很大，也比较便于调动基层单位各个方面的积极性和创造性，但同时也因森林火险的异常变化而存在巨大风险。一般不适用于在森林防火工作基础较差的地方使用，也不能放弃渐进过程一下子把目标定很高，使基层单位失去信心。特别需要注意的是，决不能搞"层层加码"，最后到某一个管理层级和单位就变成了"无森林火灾"的目标，把不能实现的目标硬性下达给基层单位。

（2）确定预防为主的综合性对策和措施

实施森林火险预警响应发挥作用的主要原理是在科学应对森林火险中化解掉或减少森林火灾发生风险，使森林火险转变为森林火灾事件的比例尽可能降低。从这一角度理解，森林火险预警响应实际上是各项预防工作措施的行动标准。因此，在研究和安排森林火险预警响应工作时，应严格按照"预防为主，积极消灭"的森林防火工作方针要求，全面细致的按步骤做好以下基础工作。

①**查源头**　全面查找出本地能导致森林火灾发生的风险源，并对其引发森林火灾事件的频率进行统计分析。

②找差距　对已经找到的森林火险风险源目前的应对和处理措施进行实际成效评估，找出不足及导致不足的原因。

③立目标　在对自身现状准确评估后，按照当地社会经济发展的速度和能力，在理想目标和现实之间来研究和确立近期森林防火工作的具体目标。

④定措施　在上述工作完成后，要逐一对森林火灾风险源进行化解和处理方面的措施设计，统筹安排好各项森林防火措施和工作机制、运行程序、资源配置、责任制度等，完善和调整好相关政策规定。这是开展森林火险预警响应工作最为关键的方法和步骤，力求细致。

（3）规定森林火险应对措施的状态标准

在研究和确定出森林火险应对和火灾预防综合性措施后，要进一步把这些具体措施逐个方面落实到各个森林火险预警等级和各个工作组织、各个防火工作岗位的人员身上，形成标准化的基本要求，这就是所谓的森林火险预警响应状态。这个状态标准一般由县级以上森林防火管理机构对其所属基层单位来制定，既包括以预防森林火灾发生为目标的火险应对措施，也包括各个森林防火管理职能机构和各类工作人员在岗位上的应对行为，但不需把具体措施和工作行为落实到具体的山头地块。这样一来，对于每一级森林火险预警信息，所有从事森林防火相关工作的机构和人员都在得知森林火险状态后知道自己应该做什么，应该怎样来做。这个状态规定，是当地森林火险应对的总体部署和行动标准，具有特别重要的承上启下作用，应当立足于简洁、明确和便于分解操作。

（4）制定森林火险预警响应预案的编制规则

在完成预警响应状态规定的研制之后，还要进一步把这些规定落实到森林防火区域的山头地块中，落实到每个相关的人员身上，这样才能把森林火险应对的具体措施和管理行为真正落实到位。在这个环节上，必须建立起一整套符合当地实际，并包含所有防扑火措施在内的完整和易于执行的预置性森林火险化解和应对措施方案。这个方案在森林火险预警响应中被称为《森林火险预警响应预案》。之所以称之为预案，就是因为其是完全按照应急响应原理设计和实施的，是以森林火险预警等级为行动依据来分级分类预先制定的。研究制定森林火险预警响应预案的编制规则和具体要求是安排和落实森林火险预警响应措施的一项必不可免的基础性工作，必须紧密联系各地实际情况和能力水平，在召开研讨会议和调查研究后统一部署和实施。关于森林火险预警响应预案的编制方法和规则一般采取下位服从上位，下位分解细化上位的办法来进行。同时，一般只有县（局）级以上政府和森林防火管理机构才具有确定森林火险预警响应预案编制规则的职能。预案编制规则是指导县级和基层林场、乡镇等基层单位和森林防火专业组织编制本地、本单位森林火险预警响应预案规范性文件。它的准确性和可操作性直接决定着森林火险应对成效的高与低，应当在实施前反复研究和验证。

（5）开展试点验证和修订

完成以上几个方面的工作，也就基本上完成了森林火险预警响应状态有关规定的研究和制定任务。在这一系列过程中，一般会形成本地、本单位森林火险预警响应基本规定（或工作方案）、预警措施与火险等级应对表和预警响应预案3个方面的基础要件。这些要件是首次实施森林火险预警响应工作的基本依据和行动准则。在研究制定过程中，一般需要经过

1~2个森林防火期和一定范围内的试点单位实践验证和完善修订，确认切实可行后才能全面组织实施。

6.2.2.3 范例

森林火险预警响应工作在我国开展时间较短，各地实施程度不同，已经全面实施的省份也仅仅有十几年的实践经验。以吉林省为例，该省自2005年实行这一新的运行机制以来，林区干部群众高度认可和积极参与，森林防火工作一直在科学防火的轨道上健康发展。

6.2.3 预案编制

森林火险预警响应的各项工作都必须严格按照预案来进行，这是森林火险预警响应运行机制最为基本的制度之一。组织县级、林场（乡镇）及森林防火管理单位和森林经营管理单位开展森林火险预警响应预案的编制工作，并采取多种形式进行逐一单位的预案审核，是组织开展这项工作的必需步骤和重要任务。同时，在实施过程中，还要在每一个森林防火期前组织各基层单位进行预案修订并审核，以保证预案的有效性。

6.2.3.1 意义和原则

（1）编制和执行森林火险预警响应预案的意义

编制森林火险预警响应预案，就是要按照规定的森林火险预警等级类型，分别预置性的配备森林消防队伍、设施、设备及相应的应对措施、运行程序，为科学合理地化解森林火险和预防、处置森林火灾各类管理活动提供依据。森林火险具有紧密跟随天气现象和人为活动变化而变化的明显特性，在一定区域内也经常呈现出明显的差别。按照分别危险等级响应的基本运行原理，很难在一个诸如县级行政管辖区域内实行同一级别的预警响应对策和运行状态，必须按照分块应对的方法来实施。在此情况下，就必须有一个既统一应对标准又能各自灵活实施的遵循依据，编制和执行森林火险预警响应预案是解决这类问题的有效途径，也是各自根据火险状态科学安排防火措施、配置资源和控制成本的科学方法。森林火险预警响应预案是整个预警响应机制的核心性实施载体，对森林防火成效起着决定性作用。县（市、区）森林草原防灭火指挥部和应急管理主管部门、林业草原主管部门、森林经营局、自然保护区管理局及各个林区乡镇、各类林场（包括集体、个人森林所有者和经营者）均应当严格执行和科学修订森林火险预警响应预案，严格依据森林火险预警等级科学开展森林防火工作。无论是编制预案，还是执行预案，都在增强森林火险应对的科学性、时效性、规范性和预防森林火灾的主动性等方面具有特别重要的意义。

（2）编制森林火险预警响应预案的基本原则

编制森林火险预警响应预案，应当从应急管理的基本原理和要求出发，以当地森林防火工作的总体目标为准绳，把握好以下基本原则。

①**预见性原则** 编制森林火险预警响应预案，首先要对不同的火险等级类型的性质、原因及可能发生的后果做出准确、全面的判断，对应当动用的各种资源和采取的应对措施等做出预见和预置性安排，以确保预案的适用性和有效性。对于森林防火资源配置在某方面存在不足的要在审核预案时提出明确的整改意见。在预案执行过程中，发现擅自减少资源投入的，要严格进行限期整改。

②**全面性原则**　森林火险预警响应预案涉及森林防火工作的各个方面，必须以尽可能避免森林火险应对和火灾预防措施无遗漏为原则，全面系统的安排好所有措施，要对各个方面的具体工作运行程序做好安排，并要在单位之间保持预案百分之百落实和执行，以免个别单位遗漏影响整体既定目标的实现。

③**细节化原则**　森林火险预警响应预案必须对每一个森林火灾发生的风险源防御措施的细节都做出应对安排，要具体到每一个入山道口，每一个护林员的管护区，每一名防火工作人员的工作程序和任务之中，甚至于林区的每一个生产作业点、坟头等地点都要有火灾防范措施安排和人员监管。预案的细节化程度不仅在一定程度上决定着预警响应工作的成败，还直接决定着森林火险应对措施能否真正从安排转为实际行动。没有细节安排缜密的预案，是一个空洞的无法用行动来执行的预案，也标志着当地森林火险预警响应工作没有真正开展和实施起来。同时，这一问题在基层单位往往容易被有意或无意的忽视，应特别注意。

④**可操作性原则**　森林火险预警响应预案中的所有应对措施和工作程序都必须紧密结合当地森林防火和森林经营管理实际，既要明确各个火险等级相应的应对措施和相关规定，又要逐个环节明确任务，用语要通俗易懂和简洁准确，使其具有完全的可操作性。也就是说，一定要使每一个单位和每一个人都能知道在哪种火险状态下自己应该做什么，应该怎么来做。

⑤**适时完善原则**　由于天气异常变化和林区社会经济活动中会不断地有新情况、新问题发生，特别是林区社会风俗和生产方式的不断变革，经常会使人为火险因素发生直接的、经常的甚至是剧烈的变化，致使承载森林火险应对措施的预案也必须随之而做相应的调整。一般情况下，森林火险预警响应预案应当在每一个森林防火期来临前，在经过全面细致的森林火险气象趋势预测和林情社情火源因素综合调查分析后，进行一次调整修订，以使其尽量符合当地、当时的森林防火需求实际。

6.2.3.2　基本内容

森林火险预警响应预案不同于森林火灾应急处置预案。一方面，森林火险的变化没有森林火灾态势变化那么剧烈和快速，对比森林火灾来说，它是一个相对渐进的过程；另一方面，森林火险预警响应预案的操作和执行单位侧重于基层森林防火单位和一线森林防火人员，主要作用是保证各个方面和各个岗位人员按部就班、分工负责的实施相应措施，而不是应急性的大范围支援，在实际工作中，一般按制定和实施单位来划分。

（1）**县级森林火险预警响应总体预案**

该类预案指县（市、区、旗）级森林防火指挥管理机构和国有林业和草原局、森林经营局、森林和野生动物类型自然保护区管理局、森林公园等森林经营管理单位，根据有关森林火险预警响应政策规定而编制的面向管辖区所属单位的森林火险预警响应总体预案。它是当地森林火险应对的总体安排部署和各个细节措施的工作标准，重点是规定当地森林草原防灭火指挥部成员单位、森林防火专业机构及所属单位的森林火险预警响应人力、物力资源配置标准和必须实施的应对措施，规定统一的工作程序和应对方法。这类预案，部分内容需要规定到可以直接执行的程度；部分内容特别是对于基层单位的内容则以规定和安排好所有应对措施，规定资源配置和行动标准为主，还需要各个基层单位分解落实到自己的预案。

（2）乡镇（林场）级森林火险预警响应预案

这类预案是林区乡（镇）级人民政府、各类林场和相当于林场的森林经营管理单位（或经济组织、个人）根据上级总体规定和自身实际而编制的森林火险预警响应预案。它的重点是把所有的森林火险应对和火灾预防措施全面地落实到人头、林地，并十分明确地规定出预警等级传达、响应状态转换、责任区和责任人等细节问题的行动方法。在要求上，必须要有本地各等级森林火险应对人力资源配置、设施设备数量等具体安排，必须做到资源配置和预案安排全部对号入座和在林地上无应对措施遗漏。

6.2.3.3 编制程序

无论是县级单位还是乡镇（林场）级基层单位，编制森林火险预警响应预案都应当遵循下列程序。

（1）规划与设计好全面系统的森林火险分级应对措施

由县（市、区旗）森林草原防灭火指挥部和应急管理主管部门、林业草原主管部门、森林经营局、自然保护区管理局按照国家和省级森林火险预警响应的有关规定和上级市、州的附加规定要求，结合本地具体情况对森林火险可能导致森林火灾发生时空分布等各方面进行对比分析，以既定的防控目标为出发点，确定出该地应该采取的火险应对系列措施。这是一个应对措施的设计过程，也是以编制预案为基础的防火工作步骤。只有在此过程中根据本地具体情况和上级要求把不同火险等级的具体应对措施，按照力度轻重不同安排部署，才能保证预案的全面性和有效性。

（2）确定资源配置方案和解决途径

由预案编制单位组织进行实地考察，落实森林防火资源投放位置和数量，确定工作程序和相关责任人。然后经过充分研究和一定范围的讨论决定，提出资源配置具体方案和相关问题的解决办法，使资源投放水平能够达到森林火险预警响应规定的基本标准。对于资源配置水平已经能满足需求的，是一个科学合理调整安排的过程；对与资源基础薄弱的单位来说，是一个深入解剖问题、解决问题和提升能力的过程。一时间无力解决的，上级防火管理机构要协助解决或作为隐患整改内容来管理。这一步的关键是各项措施要与森林资源、社会环境高度一致，并且得到具体落实。乡镇、林场和集体，个人森林所有者和经营者在自行完成森林防火资源按数量投放到指定位置，初步完成方案后，还要报上一级防火部门和单位待审，审核合格后再向下一步进行。

（3）起草预案和落实资源

在前述内业设计和野外考察等基础工作完成后，要按照要求的进度安排来组织骨干力量进行预案的编写工作。预案格式和基本内容应按照所在地上级森林防火机构规定来执行。当本地森林火险应对资源存在某方面不足和问题时，要同时设法解决，不能采取以现有资源为标准来设计预案的做法来应付。在存在问题基本解决后，才能正式起草。

（4）征求意见和分级初审

完成预案草案编制工作后，要经过征询意见和审核过程。对于乡镇、林场等基层单位和个人上报的森林火险预警响应预案草案，由当地或本单位森林防火办公室组织力量逐一进行现场查证和审核。确认符合规定和基本满足实际需求时将其纳入县、局及森林火险响应预案。当地或本单位所有基层组织全部确认和审核后，由当地政府和主管森林草原防灭火工作的负责人牵头组织森林草原防灭火指挥部成员单位编制本县、局级森林火险预警响应预案草案。在县级森林火险预警响应预案草案编制完成后，一般要组织编制单位向预案所涉及的单位和人员进一步征求意见和衔接，同时上报本市、州森林草原防灭火指挥部征询审核意见。市、州森林草原防灭火指挥部应当依据本级政府的具体部署和国家、省（自治区、直辖市）的相关规定来进行严格审核，并提出具体的书面审核意见。

（5）审定和发布森林火险预警响应预案

由县（局）森林草原防灭火指挥部根据征询上来的修改意见对预案草案进行修改完善后，将预案草案和市、州森林草原防灭火指挥部的审核意见一并提交本级政府常务会议或本局领导班子会议审议。审议通过后以当地政府文件形式下发实施和上报上一级森林草原防灭火指挥部备案。

（6）森林火险预警响应预案的修订更新

森林火险预警响应预案一经发布实施后，不得因为单位负责人工作变动而随意放弃和擅自修改。整体补充完善应当按照原制定的修订更新规定和程序办理。局部和单项加强性调整也应由原发布机关或单位修改完善并上报备案。

6.2.3.4 范例

森林火险预警响应预案是落实森林火险预警响应工作的重要抓手，预案编制需从应急管理的基本原理和要求出发，以当地森林防火工作的总体目标为准绳，把握预见性原则、全面性原则、细节化原则、可操作性原则、适时完善原则。特别是县、乡、林场基层单位的响应预案更需注重明确任务分工、落实到人头，增强可执行力。

县级森林火险预警响应预案是县级森林草原防灭火指挥管理机构和应急管理主管部门、林业草原主管部门、森林经营局、森林和野生动物类型自然保护区管理局、森林公园等森林经营管理单位，根据有关森林火险预警响应政策规定而编制的面向管辖区所属单位的森林火险预警响应总体预案。乡镇、林场森林火险预警响应预案是林区乡镇人民政府、各类林场和相当于林场的森林经营管理单位（或经济组织、个人）根据上级总体规定和自身实际而编制的森林火险预警响应预案。

6.2.4 发展完善

在我国，目前森林火险预警响应机制还是一个新生事物。这一新机制的逐步完善和推广应用，直接影响着森林防火运行机制的变革。尽管在已经实施的地方和单位已经取得了十分显著的成效，但仍需要在实践中不断加以完善和细化。重点需放在县（局）、乡（场）两级森林火险预警响应预案的充实完善上，细化预警响应机制具体措施；同时还需要大力提高森林防火管理和建设的科学化水平。

6.2.4.1 设施设备支持系统的创新建设

建立和完善森林火险预警响应机制，必须首先以一定的设施设备系统为支持基础。只有在依靠设备系统准确进行森林火险监测和预警的前提下，才能真正开展和持续运行起来。当前，应当在建设上突出加强森林火险监测预报系统建设，用创新发展的思路来大力推进相关设备和系统工具的开发和研究。这一系统的主要任务如下。

（1）森林火险自动化监测设备的升级性研发

在现有技术设备的基础上，进一步研究和开发自动化程度更高、数据管理和处理功能更为强大的森林火险监测自动站，特别是在自动进行火险预报软件开发方面需要尽快建立多方联合攻关机制，加大资金扶持力度，以满足普遍开展森林火险监测预报的需要。

（2）加快建设森林火险监测网络

目前，我国大多数地方和单位还没有建立起专业的森林火险监测网络体系。这也是森林火险预警响应机制迟迟不能广泛开展起来的重要原因之一。没有这个专业性的基础，森林火险监测预警工作只能是"无米之炊"或"找米下锅"道路上维持运行。

6.2.4.2 技术手段的创新完善

没有科学先进的森林火险监测预报技术手段和方法，就不可能科学开展和运行森林火险预警响应工作。在我国，无论是森林火险监测评估的技术方法，还是森林可燃物燃烧特性、火行为等方面的研究和实用技术还都很少。需集中各方面的产、学、研力量，围绕以下主要技术来公关。

（1）区域性森林火险等级评定技术方法

要在国家森林火险天气等级技术规定的基础上，进一步紧密结合当地的气候和森林环境特点，进行分区域、定时限的集中性森林火险要素指标参数普遍验证和修订工作，形成全国范围内的技术标准。同时，还要组织开展森林火险监测预报辅助技术方法的研究，扩展森林火险监测预警工作的服务范围和对森林防火综合能力的贡献力。

（2）建立森林火险预报信息的采集网络

森林火险预报必须有可靠的预报要素信息来源。第一，森林防火管理机构应当和气象部门紧密配合，建立起信息服务渠道和保障机制；第二，科学研究单位也要立足于森林防火管理的实际，大力研究和开发依靠简单化的森林火险要素指标预报数据进行准确预报的实用技术方法；第三，逐步建立健全各级森林防火机构内部的森林火险预报员制度，使森林火险监测预报和预警响应工作进入日常化管理轨道。

（3）大力开展信息化建设工作

要组织力量对森林火险监测预警技术的信息数据处理专业软件进行全面、系统的研究和开发，并分门别类形成相关的技术标准，提高森林火险信息的科学性和准确性。

（4）创新和细化预警信号发布办法

要进一步理顺预警信号发布、公告办法，深入探索和理顺新机制在实施过程中出现的新情况，采用多种方式细化包括预警信息发布和传递、预警旗更换、配套管理等方面的措施和制度。

6.2.4.3 管理制度措施的完善提高

（1）探索实施森林火险监测员制度

需逐步建立起完整的森林火险监测员体系。重点培训各级森林火险监测点所在地的基层林场预报员、瞭望员和巡护员，使他们准确掌握某一方面的森林火险监测知识，管理和使用好所配备的相应设备，及时报告森林植被的物候变化状态，保障森林火险监测预报网络的正常运行，实现全方位的森林火险监控。

（2）转变森林防火工作的运行方式

依靠预警响应机制来规范和引导森林防火期内各项工作的运转，实行"因险而动"的科学化运行机制。在细化预警响应预案的基础上，结合各个环节、各个岗位分别建立相应的管理制度，用制度来约束和规范所有森林防火工作人员的日常工作行为，用预案来指导各项工作的开展。在林区的社会环境方面，也要逐步建立健全林区群众的预警响应氛围。要通过悬挂预警信号旗等有效方法，向全社会公布预警状态。这方面，要探索和创新工作方法，努力建立起林区村庄的义务报险员制度，由他们来完成森林险预警信息的传递、火险预警信号旗的更换、悬挂等具体工作。在各级森林防火办公室，要大力探索办公室内部和气象部门、下级单位之间的日常火险会商制度，参照国外通行的做法，逐步形成每日依据森林火险来安排应对措施和防火资源的机制。

（3）探索完善森林防火"双预案"运行模式

在森林防火工作最为主要的预防、扑救两大环节上全面引入风险管理和应急管理理论。用这两方面的理论来武装和改变传统的工作模式，把目前森林防火期天天"防"、天天处于一样状态的工作模式调整为预防依据火险响应预案而为、扑救依预案而动的新型工作运行模式。在这样的"双预案"运行工作模式下，各级森林防火机构在防火期中的所有工作安排和运行，都依据森林火险状态的变化而变化。可以说，实施每一个管理行为都有科学依据，紧张有序，张弛有度，规范高效。各级森林防火机构在工作方式的变化方面，主要是由根据经验安排工作项目和不清楚基层单位火险状态下的"等火"转变为日常工作按火险等级应对预案来安排和实施，有火灾发生时按扑火预案行动。森林防火机构每天严密监测森林火险状态，并会同同级气象部门会商火险预警等级，及时向社会及行业内部发布次日预警等级。各个森林防火基层单位要按照预警响应预案规定的相应状态，部署当天的各项工作，派出巡护员、瞭望员等管理人员，按照预警响应预案的要求考核各岗位人员的工作状态。森林草原防灭火指挥部成员在进行监督检查时也要按照响应预案的具体规定来进行火灾隐患的排查和督导。

（4）充分挖掘森林火险预警响应社会化共同参与的效力

森林火险预警响应机制既涉及林区社会生产生活活动的许多方面，也需要社会各界的广泛参与和支持。要实现森林火险应对和森林火灾预防工作的社会化，就需要在林区社会中广泛开展宣传教育工作。一方面，要在森林防火宣传、火险预警信号发布上积极协调有关部门、媒体进行配合，必要时可结合林区各企业自身宣传一并进行，通过采取公益性广告的形式进行宣传，但不能硬性摊派；另一方面，要广泛动员林区的老党员、老干部以及各类在校学生以志愿者的身份参与到预警信号发布和森林防火宣传中，形成全社会共同关注森林火险预警信号、关心森林防火工作的局面。

6.3 森林火险预警响应实施

6.3.1 基本原则、任务和业务程序

建立森林火险响应机制是一个阶段性的工作任务，而开展森林火险预警响应工作则是森林防火中十分重要的、经常性的森林防火日常工作内容和任务。与建立森林火险预警响应运行机制一样，森林防火期中实施森林火险同样是一项系统管理科学。日常性森林火险预警响应业务工作质量的提高，对于整个森林防火工作具有特别重要的意义。

6.3.1.1 基本原则

对于各级森林防火管理机构来说，一旦正式实施森林火险预警响应运行机制，就意味着每一天的森林防火工作都必须严格依据森林火险预警来组织开展，所有工作安排与实施也都必须围绕火险响应状态来运转，实际工作中应特别注意以下原则。

（1）运行规则统一

在一个统一实施森林火险预警响应机制的区域或单位，要在实行预警响应机制的过程中，保持上下级之间在响应级别、资源配置及状态转换等方面的业务管理规则统一，做到步调一致，标准一致。

（2）及时转换状态

根据森林火险状态经常受天气过程影响而变化的特点，各级森林防火机构和基层防火单位要及时对预警响应状态进行调整和改变。森林火险预警响应状态由高级别向低级别转换，只有在降水性天气现象已经出现，或大风现象已经停止后才能进行。并报告上级机构。森林火险预警响应状态由低级别向高级别转化时，一般可以在当天早晨根据预警信息和上级响应级别通知、命令进行，而不应该等待大风现象出现后才转入，以免引起人员组织安排不到位不能满足响应时效的问题。

（3）严格检查监督

根据森林火险状态安排部署每天或近几天的森林防火工作措施，虽然具有科学合理配置防火资源和合理降低防火成本的明显优点，但是也同时给基层单位安排部署工作增加了比原来更为复杂的工作环节，存在基层干部嫌麻烦的问题。因此，在日常工作中必须严格对各地森林防火预警响应的实际状态实施监控和检查监督，防止出现"高不升、低不降"的走过场的形式主义响应现象。

（4）明确岗位责任

森林火险预警响应在整个森林防火工作中居于至关重要的中间环节，具有牵一发而动全身的效应，必须从确保运行质量的角度对各个方面、各个环节的业务工作实施严格的岗位责任制，明确规定奖惩措施，增加严肃性确保基本无差错。

6.3.1.2 基本任务

森林火险预警响应机制建立起来并正式运行后,各级森林防火管理机构在组织开展森林防火工作的过程中,必然会在多个管理环节上产生一些经常性的日常业务事项。这些日常性业务,既要满足森林火险预警响应和森林防火整体工作的需要,又要符合上下统一、行为规范和制度健全的基本要去。就其基本任务而言,响应的实施主要应包括以下几项。

（1）建章立制

在整个森林防火工作的科学化运行机制中,森林火险预警响应工作居于承上启下的位置和环节上,它既是承接森林火险监测预报成果,将预警信息转换为森林火灾预防和扑火准备实际应对行动的连续性工作;又是直接在火源管理、扑火准备等方面进行管理行为调整的实际措施。虽然在建立森林火险预警响应机制之初已经对于相关的响应行动标准做出了规定和安排,但在实际运行中还会出现新问题新情况,原来研究制定的管理制度和规范也会有疏漏和不完善之处。因此,健全和不断完善预警响应相关管理制度是森林火险预警响应必不可少的重要任务之一。具体内容包括：

①根据新情况新问题新变化及时调整当地森林火险预警响应规定,及时组织修订森林火险预警响应预案。

②根据森林火险预警响应机制的运行过程中发现的新问题及时修订和补充建立相关业务处置规范。

③完善森林火险预警响应的责任管理、岗位管理、检查监督等方面的管理制度和办法。

（2）资源配置

森林火险预警响应工作最为频繁的日常工作就是火险状态的转换。这项在森林防火期内每天都要运行的工作,必须由各级森林防火机构内部的专门人员来实施。这是开展经常化的森林火险预警响应工作必不可少的前提条件。在日常工作中,森林防火机构要从上到下逐个管理层面配备专门从事森林火险预警响应安排布置工作的岗位和人员,并建立健全业务衔接方法、程序和管理规则。

（3）运行调度

进入森林防火期后,森林火险预警响应机制即同步开始运行。各级森林防火管理机构和相关队伍、相关人员都要按照当天的响应规定来开展工作。在这个过程中,森林防火机构和各个基层单位的调度人员都要下达响应状态命令,并逐级了解和调度所属单位的响应状态情况。要建立相对固定的定时联络制度,建立和逐步完善各种业务衔接标准用语、文本和职责分工等业务管理制度。发现问题,要及时向本级森林防火管理机构负责人报告。

（4）检查监督

对于森林火险预警响应状态的检查监督是非常重要的一项日常管理业务。尤其是在森林火险预警响应刚刚开始实行阶段,要特别注意预警响应状态的及时转换、防火人员到岗到位情况及预案执行情况的检查监控。要将当天各个地区的响应状态及时通告给当地政府和森林草原防灭火指挥部成员,使其在检查督促过程中依据规定的响应状态行动标准来实施检查督导,增强检查督促工作的针对性和有效性。

6.3.1.3 业务管理程序

森林火险预警响应的日常管理工作起步时间较晚，目前还缺乏更多的实践经验可供选择借鉴和丰富充实。本节仅就已经实施预警响应机制单位的现有做法进行尝试性阐述。

（1）调整预警响应基本规定

森林火险预警响应状态规定是根据当地森林防火实际需要，以森林防火工作管理目标为依据而确定出来的系统性工作方案和执行标准。林区社会环境的变化和森林防火管理目标的变化都对响应状态的规定有直接的影响。因此，及时根据需要和变化来调整各个森林防火期的预警响应状态规定，是一项十分重要的前置性工作任务。

①**预警响应状态执行情况调研** 在每个森林防火期来临前，各级森林防火管理机构要通过多种形式和方法调查了解现行森林火险预警响应状态规定在实际执行中遇到的问题。调查研究工作要深入到基层一线，直接听取一线干部群众的客观反映，掌握一手材料和一线需求，并同时与基层干部研究解决问题的具体措施。特别是注意新鲜经验的总结和推广应用，使调查研究工作起到实际效果。

②**实施预警响应规定的修订** 在经过调查研究和深入分析后，要组织人员依据现行的规定进行系统性、季节性或年度性修订、完善。对于其中客观合理的部分予以保留；对响应力度不够的部分予以合理加强；对脱离实际的内容要求进行合理化调整；对遗漏部分进行补充完善，以使森林火险预警响应规定和相关安排更加科学合理和更加有力、有效。

③**提请发布实施** 在森林防火管理机构组织力量对森林火险预警响应状态规定进行系统修改后，一般要按照印送各个基层单位征求意见，提交本级森林草原防灭火指挥部各个成员单位审议和提请当地政府或森林草原防灭火指挥部发布的步骤来进行，使新修订、完善的森林火险预警响应规定具有适时性和合法性。

（2）完善业务管理流程

对于各级森林防火管理机构之间、与基层森林防火责任单位之间的业务管理流程，要组织人员对现行的森林火险预警响应运行流程的合理性、简捷性和准确性进行全面评估分析，研究确定出更加方便，合理的业务处理流程和相关规范，完善各项配套的管理制度。必要时应当专题组织业务培训，并研究制定专门的业务规范。在此方面随着各地预警响应运行机制的深入发展，创新发展和大力完善的空间很大，需充分发挥和调动基层干部的积极性和创造性。目前已经实施森林火险预警响应的地方，主要按照自上而下的原则运行。

①在森林防火期内从省级到县（局）级的森林草原防灭火管理机构每天逐级向下发布森林火险预警等级信息，各个下级单位依据上级部门发布的火险等级信息并与本地区气象台沟通会商充分核对预警结果，评估后，做出本地区次日森林火险预警等级，通过电台、电话等向所属单位发布。

②乡镇、林场等基层防火责任单位的电台员或调度员接到火险预警等级通知或响应状态通知（或命令）后，做好记录并向本级负责人报告或经授权后直接通知相关负责人进行安排。

③在每天的基层单位与县（局）级森林防火机构无线电定时联络时，按照规定内容报告本地当天的预警响应实际状态。

（3）实施响应状态监控

在森林防火期内，林区各级政府、森林草原防灭火指挥部及其办事机构都应当在组织开展森林防火工作的过程中按照当时的森林火险等级及响应级别来检查和监控基层单位的实际落实情况，对于未按预警级别落实响应状态的，需及时提出并责令限期改正。对于森林防火各类资源投放不符合规定或与预案不符的，需责成问题单位限期改正；对于响应状态运行环节出现遗漏或缺失的，需及时提出，问题严重的按规定追究相关工作人员责任。

6.3.2 森林火险预警响应状态

森林火险预警响应是对应各个不同森林火险等级而实施森林防火工作措施的行动安排或行动标准。在具体实践中，一般是采取规定基本响应状态应对与针对某一类火险因素特殊应对相结合的办法来实施。一般响应状态的规定往往是相对稳定、相对全面和相对原则性的，而特殊应对响应状态一般是阶段性和局部性的，涉及面也较为单一，通常以火源管理专项整治工作为载体。

6.3.2.1 红色预警响应状态

红色预警响应对应的森林火险预警信号是红色预警信号，未来一天至数天预警区域森林火险等级为五级，林内可燃物极易点燃，极易迅猛蔓延，扑火难度极大，极度危险。

原国家森林防火指挥部办公室2012年印发的《森林火险预警与响应工作暂行规定》中规范的有关单位或地区红色预警响应措施包括：协调有关部门，在中央、地方电视台报道红色预警响应启动和防火警示信息；红色预警地区利用广播、电视、报刊、网络等媒体宣传报道红色预警信号及其响应措施；红色预警地区进一步加大森林防火巡护密度、瞭望监测时间，按照《森林防火条例规定》严禁一切野外用火，对可能引起森林火灾的居民生活用火应当严格管理，加强火源管理，对重要地区或重点林区严防死守；适时派出检查组，对红色预警地区的森林防火工作进行蹲点督导检查；掌握红色预警地区装备物资准备情况及防火物资储备库存情况，做好物资调拨和防火经费的支援准备；掌握红色预警地区专业队伍、森林武警部队部署情况，督促红色预警地区专业森林消防队进入戒备状态，做好应急战斗准备；开展森林航空消防工作的地区和航站加大飞机空中巡护密度，实施空中载人巡护；北方航空护林总站、南方航空护林总站视情况赴红色预警地区检查航护工作；做好赴火场工作组的有关准备。

根据这一通知规定，各级森林防火机构、组织可以制定相应响应状态，如：

（1）森林草原防灭火指挥部及其办公室的预警状态

①市（州、盟）森林草原防灭火指挥部 政府主要领导、主管领导中有1人能随时到森林草原防灭火指挥中心指挥扑火工作，并专项向高森林火险区的领导同志调度、了解应对措施，可视情况采取用火管制措施和组织更大力度的火灾防范工作。森林草原防灭火指挥部其他成员单位全部进入临战状态。

②市（州、盟）森林草原防灭火指挥部办公室 全面进入临战状态，除处置火情外出人员外，其余人员延时坚守岗位，夜间实施防火办责任人带班制度，并开展以下工作：

a.将火险预警信息报告本级森林草原防灭火指挥部的总指挥及林业部门主要负责人，并通告相关单位；

b. 向下级专项通告火险，加强对下级防火办值班人员查岗及状态调整，值班员吃饭不空岗，与政府值班人员有电话联络渠道；

c. 如有火灾发生，通知本级森林草原灭火指挥部成员单位做好相关准备，随时做好扑火预案启动的基础性准备工作，安排好扑火支援力量，并为政府和森林指挥部领导赴火场协调指挥做好前期准备；

d. 专项调度所属单位增加响应措施的具体信息。

③县、市区森林草原防灭火指挥部　政府主管领导至少有1人能随时进入扑火组织指挥状态。防火办应当确保能随时联络到与扑火力量组织，预备及后勤保障有关的森林草原防灭火指挥部成员。实行几大班子分片包保督察的，可视情况深入到责任区进行现场督促指导。必要时可采取电台、电话会议的方式应急部署防范措施，也可是情况采取用火管制措施和组织更大力度的火灾防范工作。森林草原防灭火指挥部其他成员单位全部进入临战状态。

④县、市区、局级森林草原防灭火指挥部办公室　除处置火情外出人员外，白天至少1名负责人带班，夜间实行防火办责任人带班和电台员加班制度，人员延时工作以应对突发火情，并开展以下工作：

a. 将火险预警信息报告给当地森林草原防灭火指挥部总指挥及相关单位；

b. 规定和通告瞭望员、检查员等防火工作人员的到离岗时间及工作状态；

c. 加强对林场、乡镇森林防火值班员查岗及状态调整，值班员不得空岗，并与当地政府值班人员保持联络畅通；

d. 与本区域内各有关单位保持通信畅通，向本区域内专项通告火险预警等级，通知森林草原防灭火指挥部成员单位做好相关准备，检查并调度基层执行同级响应预案情况；

e. 如有火灾发生，立即做好启动本级扑火预案的准备工作，上报响应措施及相关数据信息。

（2）职能部门、单位及基层组织的火险预警响应状态

①市、县应急管理主管部门和林业草原主管部门

a. 主要领导和分管领导进入双带班状态，随时准备分前、后方组织指挥扑火，组织本级防火办做好协调森林草原防灭火指挥部成员单位的扑火准备工作，对基层单位进行应对部署；

b. 组织本级机关干部到基层进行蹲点指导，紧急部署火源看守、用火管制及扑火准备事宜，并向当地政府主要领导及主管领导汇报拟采取的措施；

c. 组织做好扑火预案启动的相关工作，必要时可直接对基层单位领导在位状态进行抽查。

②国有林业和草原局等森林经营保护单位

a. 主要负责人和分管负责人实行双带班，能随时与本单位森林防火机构取得联系；

b. 组织本单位领导班子成员分赴各个林场和基层单位蹲点督导检查，并严密部署本单位森林火险预警响应预案落实工作；

c. 利用电台、电话等紧急部署林内生产、生活用火管制措施及扑火预案启动准备工作；

d. 与本行政区的县及政府领导、森林草原防灭火指挥部及周边单位衔接好扑火支援预案。

③各类林场（含其他森林经营利用组织和个人）

　　a. 严格按照本单位的《森林火险预警响应预案》红色预警响应的规定增加防火看守人员和扑火预备人员，并向施业区、管辖区发出高火险通知；

　　b. 停止林内生产活动，全力进行森林防火，全面实行林内和林缘生活用火管制，扑火机具保持待用良好状态；

　　c. 派出监督人员巡查各个岗位防火人员的在位情况，确保所用预警响应预案安排的人员全部到岗在位，并明确防火工作人员延时离岗的时间；

　　d. 主要领导和主管领导均不离场外出，其他管理人员分片进行督促检查，夜间有 1 位领导值班；

　　e. 做好扑大火的相关准备工作，通知其他所有防火工作人员做好扑火出动准备，并注意落实周边联防支援力量。

④乡镇政府和林业工作站

　　a. 镇政府主要领导和主管领导、林业站站长保持通信畅通、不离开辖区；

　　b. 布置村、社逐户进行防火通告，做好林区靠近森林居民的生活用火限制措施落实，实行林区村屯室外全面禁火，防止山火入屯和屯火上山；

　　c. 按照森林火险预警响应预案的红色预警响应安排，动员和组织更多人员进行防火巡查，落实扑火支援单位。

⑤村、社及群防群护组织

　　a. 林区内的村主任按照乡镇政府和林业工作站的要求专门布置森林防火工作，按规定把增加的防火人员布置到位；

　　b. 社主任和十户联防当日责任人逐户通告火险、封山防火区域和禁火规定，并挂置森林火险红色预警旗；

　　c. 如有火情发生，按要求组织火场清理和看守人员。

（3）专（兼）职森林火险预警人员的火险预警响应状态

①**检查站检查员**　向被检查人员通告高森林火险等级，提前并延后检查时间，实行 24 h 检查执勤。按当地规定在划定的重点森林防火区域禁止一切非森林防火人员进入林内。

②**森林防火巡护员**　按照森林火险预警响应预案红色预警响应的安排进入工作责任区，巡护人员从日出后 0.5 h 进入森林防火巡护责任区进行巡查和火源管理，中午在管护区用餐，巡查工作不间断。

③**入山道口把守员**　提前和延后看守执勤时间，并按照上级要求劝退和阻止进入封山防火区的入山人员。

④**瞭望员**　加大瞭望频次。比如，从日出开始至日落每 10 min 用望远镜观察一次，日落后保持有 1 人每 30 min 上台观察一次至日出，并在夜间保持与防火办的电台联络。

⑤**电台员**　实行昼夜值机，随时处置调度扑火联络事宜。

⑥**防火办微机操作员**　24 h 保持与单位通信畅通，随时做好指挥扑火的技术支持。

（4）各类森林消防队伍的火险预警响应状态

①**集中食宿类专业森林消防队**　森林消防队负责人全部在位。森林消防队值班员时刻坚

守岗位，扑火机具、油料和车辆放置于规定位置并在白天处于一级待发状态，队员着装和携（运）行设备、机具按本地扑火和支援扑火分类准备并符合规定标准。可以规定响应时间，如接到扑火命令后 5 min 内完成出动；夜间保持 2 级待发状态，15 min 内完成出动。

② **非集中食宿类半专业森林消防队** 负责人全部在位，下班时间延长至晚间。队值班员时刻坚守岗位，扑火机具、油料和车辆放置于规定位置并全天处于二级待发状态。夜间集结不多于 20 min，接扑火命令后 20 min 内完成出动，着装和携（运）行设备、机具符合规定标准。

③ **各类支援型森林消防队** 所有支援型森林消防队员在本单位边工作边待命，扑火机具、油料和车辆、服装等放置于规定位置，并可适当在集结待命地进行扑火训练。接到命令 1h 内能出动，所在单位 24 h 有专人值班和快速召集扑火人员，单位负责人应亲自带队扑火，落实首次出动给养。

6.3.2.2 橙色预警响应状态

橙色预警响应对应的森林火险预警信号是橙色预警信号，未来一天至数天预警区域森林火险等级为四级，林内可燃物容易点燃，易形成强烈火势快速蔓延，高度危险。

原国家森林防火指挥部办公室 2012 年印发的《森林火险预警与响应工作暂行规定》中规范的有关单位或地区橙色预警响应措施包括：橙色预警地区利用广播、电视、报刊、网络等媒体宣传报道橙色预警信号及其响应措施；橙色预警地区加大森林防火巡护、瞭望监测，严格控制野外用火审批，按照《森林防火条例规定》禁止在森林防火区野外用火；橙色预警地区森林防火指挥部适时派出检查组，对橙色预警地区森林防火工作进行督导检查；了解掌握橙色预警地区装备、物资等情况，做好物资调拨准备；了解橙色预警地区专业森林消防队伍布防情况，适时采取森林消防队伍靠前驻防等措施，专业森林消防队进入待命状态，做好森林火灾扑救有关准备；开展森林航空消防工作的地区和航站加大飞机空中巡护密度。

根据这一通知规定，各级森林防火机构、组织可以制定相应响应状态，如：

（1）森林草原防灭火指挥部及其办公室的响应状态

① **市（州、盟）森林草原防灭火指挥部** 政府主管领导原则上不到本市（州盟）外公务出差，能随时到森林防火指挥中心指挥扑火工作，并适时询问当日森林防火工作态势，能随时进入扑火组织指挥状态。防火办应当确保能随时联络到有关扑火力量组织和后勤保障有关的森林草原防灭火指挥部成员，实行几大班子分片包保督查的，可视情况深入到责任区进行督促检查。必要时可采取电台、电话会议的方式应急部署防范措施。

② **市（州、盟）森林草原防灭火指挥部办公室** 向下级专项通告火险预警情况，通知本级森林草原防灭火指挥部成员单位做好相关准备。如有森林火灾发生，随时做好扑火预案启动的基础性准备工作，安排好扑火支援力量，并为政府和森林草原防灭火指挥部领导赴火场协调指挥做好前期准备工作，专项调度所属单位橙色预警响应措施的具体信息。除处置火情外出人员外，其余全部延时坚守岗位，夜间实行防火办责任人带班制度。

③ **县（市、区、旗）森林草原防灭火指挥部** 政府主管领导原则上不到本市（州）外公出，并适时询问当日森林防火工作态势，能随时进入扑火组织指挥状态。县（市、区）防火办应当确保与扑火力量组织和后勤保障有关森林草原防灭火指挥部成员的随时联络。实行几

大班子分片包保督察的,可视情况深入到责任区进行督促检查。必要时可采取电台、电话会议的方式应急部署防范措施。

④县(市、区)、局级森林草原防灭火指挥部办公室　向区域内专项通告火险预警情况,除处置火情外出人员以外,白天至少一名负责人带班,夜间实行防火办责任人带班和电台员加班制度,人员延时工作以应对突发火情,并开展以下工作。

　　a.将火险预警信息报告给当地森林草原防灭火指挥部总指挥及相关单位;

　　b.规定和通告瞭望员,检查员等人员的到离岗时间及工作状态;

　　c.加强对林场、乡镇森林防火值班员查岗及状态调度,值班员不得空岗,并与当地政府值班员有电话联络渠道;

　　d.与本区域内各有关单位保持通信畅通,向本区域内专项通告火险等级,通知森林草原防灭火指挥部成员单位做好相关准备,检查并调度基层执行预警响应预案情况;

　　e.如有火灾发生,立即做好启动本级扑火预案的准备工作,上报响应措施及相关数据。

(2)职能部门、单位及基层组织的响应状态

①市、县应急管理主管部门和林业草原主管部门　主要领导和分管领导进入双带班状态,不外出,随时准备分前、后方组织指挥扑火,组织本级防火办做好协调森林草原防灭火指挥部成员单位的扑火准备工作。对基层单位进行应对部署。组织本机关干部到基层蹲点视察。必要时,可直接对基层单位领导在位状态进行抽查。

②国有林业和草原局等森林经营保护单位　其开展的主要工作有以下几项。

　　a.主要负责人和分管负责人实施双带班,能随时与本单位森林防火机构取得联络;

　　b.组织本单位领导班子成员分赴各个林场或基层单位蹲点指导检查,并严密部署本单位森林火险预警预案落实情况工作;

　　c.利用电台、电话等紧急部署林内生产、生活用火管制措施及扑火预案启动准备工作;

　　d.与本行政区的县级政府领导、森林草原防灭火指挥部及周边单位衔接好扑火支援预案。

③各类林场(含其他森林经营利用组织和个人)　其开展的主要工作有以下几项。

　　a.严格按照本单位的《森林火险预警响应预案》橙色预警响应的规定增加防火看守人员和扑火预备人员数量,并向施业区、管辖区发出通告;

　　b.全面实行林内和林缘生产用火管制,扑火机具库房保持打开状态;

　　c.严格巡查各个岗位防火人员的在位情况,确保全部到岗在位。并明确防火工作人员离岗时间;

　　d.主要领导和主管领导均不离场外出,其他管理人员分片进行督促及检查。夜间有一位领导值班;

　　e.做好扑火的相关准备工作,通知其他所有防火工作人员做好扑火出动准备。

④乡镇政府和林业工作站　接到预警响应通知或命令后,政府主要领导、主管领导和林业站站长保证通信畅通、不离开辖区。做好防止山火入屯和屯火上山工作,动员和组织更多人员进行防火巡查,按照森林火险预警响应预案的橙色预警响应安排,动员和组织更多人员进行防火巡查,落实扑火支援单位。布置村社逐户进行防火通告。

⑤**村舍及群防群护组织** 其开展的主要工作有以下几项。

a. 林区内的村主任按照乡镇府和林业工作站的要求专门布置森林防火工作，按照预警响应规定把应增加的防火人员布置到位；

b. 村主任或十户联防当日责任人逐户通告火险预警、封山防火区域和野外禁火规定；

c. 如有火情发生，按照要求组织火场清理和看守。

（3）专（兼）职森林防火人员的响应状态

①**检查站森林防火检查员** 提前并延后检查执勤时间，通告森林火险等级，并按照要求劝退进山人员，重点区域实行昼夜检查执勤。

②**森林防火巡护员** 按照森林火险预警响应预案橙色预警响应的安排进入工作责任区，从日出后 0.5 h 进入防火巡护区进行巡查和火源管理，中午在管护区用餐，巡查工作不间断。

③**入山道口把守员** 按照森林火险预警响应预案橙色预警响应的安排进入工作位置，按规定项目进行检查，重点严查火源。看守活动保持不间断，并按照上级要求劝退和阻止进入封山防火区的入山人员。

④**瞭望员** 加大瞭望频次。比如规定，从日出 0.5 h 后开始至日落后每 10 min 用望远镜瞭望观察一周，日落后每 30 min 上台观察一周至 21:00 结束，夜间保持与防火办的电台联络。

⑤**电台员** 不漏岗，昼夜保持联络畅通。加大岗位点名检查调度频次，专职电台员值机时间延长至 21:00，准确传达工作事项，掌握重要区域和关键岗位状态，并随时保持与本单位防火带班领导和外线人员的通信联系，随时处置调度和扑火联络事宜。

⑥**防火办微机操作员** 24 h 保持与防火办通信畅通，随时做好指挥扑火的技术支持。

（4）各类森林消防队伍的响应状态

①**地方集中食宿类专业森林消防队** 森林消防队值班员时刻坚守岗位，扑火机具、油料和车辆放置于规定位置并全天处于二级待发状态。森林消防队负责人全部在位。接到扑火命令后 10 min 内完成出动，着装和携（运）行设备、机具符合规定标准。

②**地方非集中食宿类半专业森林消防队** 森林消防队值班员时刻坚守岗位，扑火机具、油料和车辆放置于规定位置并全天处于二级待发状态。森林消防队负责人全部在位。下班时间延长到 21:00，夜间集结不多于 20 min，接到扑火命令后 20 min 内完成出动，着装和携（运）设备、机具符合规定标准。

③**各类支援性森林消防队** 所有支援性森林消防队员在本单位边工作边待命，扑火机具、油料和车辆、服装等放置于规定位置，并可适当在集结待命地进行扑火训练。接到命令 1 h 内能出动，所在单位 24 h 有专人值班和快速召集扑火人员，单位负责人应亲自带队扑火，落实首次出动给养。

6.3.2.3 黄色预警响应状态

黄色预警响应对应的森林火险预警信号是黄色预警信号，即未来一天至数天预警区域森林火险等级为三级，林内可燃物较易点燃，较易蔓延，具有较高危险。

原国家森林防火指挥部办公室 2012 年印发的《森林火险预警与响应工作暂行规定》中规范的有关单位或地区黄色预警响应措施包括：黄色预警地区利用广播、电视、报刊、网络等媒体宣传报道黄色预警信号及其响应措施；黄色预警地区加强森林防火巡护、瞭望监测，加大火源管理力度；黄色预警地区的森林防火指挥部认真检查装备、物资等落实情况，专业森林消防队进入待命状态，做好森林火灾扑救有关准备。

根据这一通知规定，各级森林防火机构、组织可以制定相应响应状态，如：

（1）森林草原防灭火指挥部及其办公室的响应状态

①**市（州、盟）森林草原防灭火指挥部**　可组织几大班子及森林草原防灭火指挥部成员单位负责人分片督导基层森林防火工作。政府分管领导在通信上随时与市（州、盟）防火办保持联络，到外地出差应当指定替代负责人。

②**市（州、盟）森林草原防灭火指挥部办公室**　至少1名负责人带班，将火险预警信息报告森林草原防灭火指挥部各位指挥，并通告相关单位。加强对下级防火办值班人员查岗及状态调度。值班员吃饭不空岗。市（州）防火办与政府值班人员有电话联络渠道。

③**县（市、区、旗）森林草原防灭火指挥部**　可组织几大班子及森林草原防灭火指挥部成员单位负责人分片督导基层防火工作。政府分管领导在通信上随时与县防火办保持联络，到外地出差应当指定替代负责人。

④**县（市、区）、局级森林草原防灭火指挥部办公室**　至少1名负责人带班，将火险预警信息报告森林草原防灭火指挥部各位指挥及相关单位。规定和通告瞭望员、检查员等人员到、离岗时间及工作状态。加强对林场、乡镇值班人员查岗及状态调度。值班员不得空岗，并与政府值班人员及相关单位有电话联络渠道。通知基层单位启动同级火险预警响应预案。派出人员或组织相关基层单位进行野外用火检查监督。

（2）职能部门、单位及基层组织的响应状态

①**市、县应急管理主管部门和林业草原主管部门**　分管领导进入带班状态，其他领导班子成员可视情况深入基层检查工作运行状态。组织本级防火办做好扑火准备工作，对基层单位进行火险应对部署。组织本机关干部到基层蹲点督导。

②**国有林业和草原局等森林经营保护单位**　主管领导进入防火带班状态，其他分片包保的班子成员到基层或直接对基层单位的防范措施提出指导意见。主管领导不到本局外公务出差，主要领导出本县和本局需事先向本县级政府和上一级森林草原防灭火指挥部报告。

③**各类林场（含其他森林经营利用组织和个人）**　所有入山岔路口均按照森林火险预警响应预案规定配置人员实行专人看守，并确保全部到岗到位，明确在岗和离岗的时间，扑火机具库房保持打开状态。林场主管领导不离开林场，并派出监督人员巡查各个岗位防火人员在位情况。主要负责人外出需向县级森林草原防灭火指挥部请假。

④**乡镇政府和林业工作站**　政府主管领导、林业站长保证通信畅通、不离开本管辖区。通告所有林区村社组织按规定派出防火人员，派出机关干部分片落实防火、扑火措施。林业站长夜间带班。

⑤**村社及群防群护组织**　其主要工作有如下几项。

a. 林区内的村主任和社主任（小组长）按照乡镇政府和林业工作站的要求通告村民和林区所有人员不再野外擅自用火、弄火，落实防火重点对象的监护人、责任人；

b. 社主任和"十户联防"当日责任人挂置森林火险黄色预警旗，并按照预警响应规定将入山把守人员和巡护员布置到位；

c. 如有火情发生，按要求组织火场清理和看守人员。

（3）专（兼）职森林防火人员的响应状态

①**检查站森林防火检查员** 从有入山人员开始到出山活动结束，按规定项目进行检查及返还火源，保持检查活动不间断。

②**森林防火巡护员** 日出后 1 h 进入防火巡护责任区进行巡查和火源管理，中午在管护区用餐，巡查工作不间断。林场、乡镇及当地责任单位按预案增加数量和确定巡护区。

③**入山道口把守员** 从有入山人员开始到出山活动结束，按规定项目进行检查及返还火源。保持看守活动保持不间断，并按照上级要求劝退和阻止进入封山防火区的入山人员。

④**瞭望员** 从日出 1h 后开始至日落每 15 min 用望远镜瞭望观察一周。日落后每 40 min 上台观察一周至 20：00 结束，夜间保持与防火办的电台联系。

⑤**电台员** 电台室始终有人值班，不漏岗，昼夜保持畅通联络。加大岗位点名检查调度频次，并随时保持与本单位防火带班领导和外线人员的通信联系，随时处置调度和扑火联络事宜。

⑥**防火办微机操作员** 定时上网与上级防火办联络，上报及下载有关文件及火险预警相关信息。调试指挥中心的各类设备随时准备投入使用，随时做好指挥扑火的技术支持。

（4）各类森林消防队伍的响应状态

①**地方集中食宿类专业森林消防队** 森林消防队值班员时刻坚守岗位，扑火机具、油料和车辆放置于规定位置并处于二级待命状态。扑火负责人至少 1 人在位。接扑火命令后 15 min 内完成出动，着装和携行（运）设备、机具符合规定标准。

②**地方非集中食宿类半专业森林消防队** 机具、车辆集中摆放，加足油料，随时待用。队长全天在岗，队员白天工作时间在指定位置集中待命，夜间能在 20 min 内集结，集结后 15 min 能完成出动且机具、装备齐全。

③**各类支援性森林消防队** 机具车辆集中摆放，加足油料，随时待用。保持扑火支援人员相对集中。建立快速集结联络方式，接到命令后 2 h 内集结和出动。所在单位有人值班和负责召集森林消防队员。

6.3.2.4 蓝色预警响应状态

蓝色预警响应对应的森林火险预警信号是蓝色预警信号，未来一天至数天预警区域森林火险等级为二级，林内可燃物可以点燃，可以蔓延，具有中度危险。

原国家森林防火指挥部办公室 2012 年印发的《森林火险预警与响应工作暂行规定》中规范的有关单位或地区蓝色预警响应措施包括：关注蓝色预警区域天气等有关情况；及时查看蓝色预警区域森林火险预警变化；注意卫星林火监测热点检查反馈情况。各级相关部门应按照相关的响应状态进行细致安排，本书不再赘述。

6.3.3 林火预防体系、机制的构建

森林火险预警响应的完成离不开完备森林火灾群防体系的构建、森林火灾火源综合管理体系的构建和森林火灾预防绩效评价体系的构建。

6.3.3.1 森林火灾群防体系的构建

森林火灾群防体系，是指林区社会环境中从事各种经济、生产和生活活动的社会成员认识和参与防范森林火灾的组织形式和措施载体，即通常所说的群众性防火的概括。构建广泛且牢固的森林火灾群防体系，营造出林区社会良好的森林防火氛围，是森林防火工作最为重要的一道基础性防线。长期的实践证明，建立健全森林火灾群防体系是预防森林火灾发生最为重要的手段之一，目前仍然是森林防火工作的主要任务。

（1）构建森林火灾群防体系的必要性

①群防体系是森林火灾预防的主控防线　森林火灾是一种由人为或自然因素作用于森林环境系统而发生的自然灾害，但一般来说，森林火灾发生的自然因素主要是通过作用于森林环境使森林可燃物具备易燃条件（即出现所谓的森林火险）而不直接引发森林火灾，只有局部地区或特殊状况下才直接引发森林火灾，在我国仅占森林火灾次数的1%左右；而林区社会生产、生活活动中的人为性森林火灾发生因素则是最为主要的，通常占森林火灾次数的99%以上。这一森林火灾成因的特点和规律，直接决定了森林防火社会性、群众性很强的基本特点，说明森林防火工作直接联系着林区社会的千家万户和每一个人。因此，面向林区社会，面向林区中的每一个人，千方百计培育林区社会成员的防火意识和用火文明，广泛组织和发动最广大群众预防森林火灾，是森林火灾预防工作最基础、最前沿和最重要的防线。只有把这方面的基础工作做好了，才能大幅度降低森林火灾的发生和危害率。

②群防体系是降低人为火源发生率的基础　有效控制住人为火源的发生数量，是预防森林火灾的根本方法，而要实现这一目标，除采取多种形式的规制性管理手段外，还要充分发挥林区社会成员在用火行为方面的自律、相互监督，形成以文明用火为荣、违法用火为耻的道德风尚影响。在一定程度上，社会成员之间的影响和约束要比管理行为约束来得更广泛、更持久和更快速。一旦形成公众积极参与的良好局面，效果会更加持久和广泛，因此，坚持不懈地牢固林区社会的森林火灾群防体系具有特别重要的意义。

③建立健全群防体系是森林防火工作的内在要求　森林防火管理工作目标是通过对自然性森林火险因素的应对和对人的管理来实现的，对自然性森林火险因素的应对属于不可控性森林火险要素，对人的管理则来自林区社会的生产生活活动之中。通过对林区社会经济活动的管理和科学疏导来防范森林火灾，是森林防火工作的法定方法和职能，在林区社会成员中建立起文明用火的社会基础是森林防火管理的重要措施之一，这个基础不够广泛和不够牢固，必然会产生大量的管理措施缺失，森林发生火灾的危险程度及危害程度都会大幅度提高，使森林防火工作陷入极为被动的局面。

（2）构建森林火灾群防体系的措施

①坚持开展森林防火宣传教育　做好森林火灾的预防工作，组织开展多种形式的宣传教育是森林防火工作的第一道工序，也是构建森林火灾群防体系最为重要、最为经常化的一项基础工作。只有年复一年、坚持不懈地进行多种形式的宣传和教育，才能不断提高林区群众依法用火的文明程度，才能构筑起牢固的群众性森林防火思想防线，有效控制森林火灾的发生。

把宣传教育作为森林防火工作的基础手段，在我国和世界至少有半个多世纪的历史，经历了由向局部群体告知到普遍宣传的发展历程。防火宣传中要把增强针对性和细节提示作为重点，林区社会中从事不同生产经济活动的人群和处于不同活动水平的人在森林防火注意事项上也有明显不同，不同场所防范森林火灾的侧重点也不同，应当区分山区居民、山区生产作业人员、森林旅游人员、森林经营管理者等不同层次，区分宣传教育的重点内容和提醒事项。森林防火宣传教育的方式方法和实施手段是随着经济社会发展而变化的，在防火期要呈现公共媒体齐宣传、部门单位齐行动、宣传设施高密度、宣传形式样式多、宣传内容细致化的综合协调态势。

②**坚持完善森林火灾群防组织形式** 森林火灾群防组织形式是专业森林防火管理力量在林区社会防火一线的延伸，是十分重要的补充力量。在我国，各地森林火灾群防组织的建立和普及程度差别很大，大体有以下几种存在形态："村民十户联防""乡规民约组"和专业性群防组织，其中专业性群防组织主要存在于南方集体林区以森林防火协会、群众义务森林消防队、防火护林队、联防联护队等形式存在。

③**构建专群联防联动机制** 对于一个森林区域来说，社会环境、自然环境和生产方式基本相同，在火源活动规律方面也具有一定程度的一致性。无论是预防森林火灾，还是扑救森林火灾，都需要有一个相对的整体概念和全局观念。既要注意群众个体对别人的影响，也要注意一个地方对另一个地方的影响。为确保相对大的区域的森林防火安全，在实践中就很自然地产生出了各种不同类型的森林防火联防联动行动组织。《森林防火条例》第七条规定："森林防火工作涉及两个以上行政区域的，有关地方人民政府应当建立森林防火联防机制，确定联防区域，建立联防制度，实行信息共享，并加强监督检查。"对于这样的组织和机制，政府和森林防火管理机构都应当给予积极支持，并主动担当倡导者、协调者，为当地森林防火安全再加上一层新的保护。实际工作中，应积极引导和发挥作用的联防联动形式有许多种，工作章程和机制、存在形态也不尽相同。

a. 按管辖区划分：村村联防和乡场联防；乡乡联防和乡、场、乡联防；县县联防和县、局、县联防；市市联防和省省联防。

b. 按单位性质划分：地方与企（事）业单位联防；军地联防。

无论哪种方式的联防，其基本要素都应当包括：有明确的联防理由和共同遵守的事项，有联防协议（或公约），有责任划分约定，有具体事项分工，以达到相互促进森林火灾预防，相互支援扑火工作，消灭防火工作死角和统一推行森林防火地区性特殊管理政策措施等的目的。

6.3.3.2 森林火灾火源综合管理体系的构建

火源是导致森林火灾发生的直接因素。只要涉及森林防火问题，就会不可避免地提及火源管理。通过搞好火源管理来有效减少或免除森林火灾的发生和危害，是森林防火工作至关重要的根本途径。也就是说，只有最大限度地切除了火源（人为性火源）与森林的接触，才能最大限度地减少森林火灾。这一根本途径看起来很简单，但由于火源与社会经济、社会文化及社会政治等许多方面的联系十分紧密，经世界各国近百年的努力和探索至今仍没有取得理想的效果。在当今社会，火源管理成效的好与差，仍然直接决定着一个地方甚至于一个国家森林防火工作有效性的高低。

（1）火源管理的基本手段

人为火源来自一定意识支配下的用火行为，能否对人为火源进行有效的管理是决定一个地方和单位森林防火成效的关键。在经过宣传教育人们有了防火意识后，能否继续产生不当的用火行为，则取决于他们对森林防火法规规章和管理制度的遵守程度。因此，火源管理的基本手段如下：

①依法管火手段　国家和地方都应当根据火源产生的社会性、群众性途径和特点，建立健全森林防火管理法规和规章，并对火源管理做出全面系统的强制性、规限性规定，为运用法制手段有效管理火源、预防森林火灾提供健全的法制依据，做到有法可依。在我国，国务院颁布实施的《森林防火条例》和地方发布实施的地方性《森林防火条例（或实施条例）》、地方政府发布实施的《森林防火条例实施办法》是依法组织开展火源管理工作的基本依据。因此，研究制定和全面贯彻落实森林防火管理法规规章，确定行为准则和法律责任，是开展森林防火工作最为基础的手段，应当在我国法制社会的建设进程中大力强化。

②行政管火手段　这是指森林防火政府机构或其授权单位（或组织）依靠行政组织，综合应用行政管理方法和行政执法方法，对能产生火源的各类活动进行的行政规制和行政管理行为，包括制定和发布政策、命令、通告、指令、指示等和下达指令性目标任务、整改规定等，还包括火源管理制度、入山管理制度、用火管理制度等的建设和落实，并按照行政管理层级自上而下地进行安排、贯彻和监督执行。行政管火手段是森林防火工作的运行载体和基本方法，必须保持其执行过程中的严肃性、权威性、适时有效性和法制性，也是各级森林防火管理机构必须履行好的基本职责。在实际工作中，要特别注意因地制宜、审时度势和有效运用。

③群众管火手段　这是建立在依法管火和普遍宣传教育基础上的、政府机构引导下的群众自我管火形式，一般以乡规民约为载体。这种手段是前两项手段的补充，对于火源管理具有非常好的促进和保障作用，越是实际应用的覆盖面大，当地的火源管理成效就会越显著，是森林防火工作水平的社会性指标之一。

（2）火源管理的基本任务

火源管理最根本的预期目标和任务是通过依法管理好林区社会成员的用火行为来大量减少或基本消除火源，进而预防森林火灾的发生。从管理学角度讲，可以概括为以下3个方面。

①全面查找出森林火灾发生的风险源　这是火源管理工作的切入点。要对林区社会各类生产活动的基本规律、居民生活的基本习惯、防火意识及火源管理能力强弱等因素进行全面细致的查找和分析，梳理出当地的火源及其与社会生产生活活动的关系，运用多种方法研究其发生、发展变化规律和特点，为采取控制对策提供依据。

②建立健全各种渠道的火源管理对策　针对各种火源产生的源头来分别研究制定出有效控制的对策措施，并将它们对应到某种方式的管理手段和途径中去，形成系统性的管理手段和管理决策，使之满足于森林火灾预防的基本需求。

③有计划、有针对性地组织火源管理活动　根据当地人为性火源的状况和森林经营管理、森林分布实际，以有效预防森林火灾发生为基本目标，科学合理地组织和分配、利用火源管

理所需的人力、物力资源，并综合运用行政、经济、法制、教育及示范等多种手段对火源实施有效管理。

（3）森林火灾火源综合管理体系的构成要素

森林火源综合管理作为一种进步性的管理观念和管理手段，应当具备以下特征性构成要素。

①**防控指标** 既要有以保持林区森林防火安全为前提的森林火灾发生率、危害率总体管理目标，又要有各个火源产生类别、群体不当用火的具体控制指标，形成相对完整的控制目标体系。这些目标，在一定程度上就是社会公众对火源产生数量或频率、范围方面的心理允许水平。

②**防控途径** 防控途径是通过营造林区广泛性的用火文明建设途径来实现的。在实际工作中，是通过实施一系列协调性思想培育措施来转变林区群众的思想观念和调整林区群众的用火行为，并且重点以普遍的教育和行为规范为主。

③**管理原则** 管理措施是建立在坚持全面覆盖和权益多赢原则基础上的，即在管理措施的施行面上要保持全面无疏漏和政策规定相对统一；在责任义务方面要全面考虑用火权益和用火危害因素，实行努力保障各方利益的"多赢"策略。

④**手段多样和有机协调机制** 管理行为符合当地林区社会经济实际，形成了系统性的森林火源管理具体措施集合体和有机协调运用的运行机制。

⑤**资源保障政策** 管理行为的实施主体，即政府或森林经营者具有保障预定控制目标所需要人力、物力资源配置的政策规定。

6.3.3.3 森林火灾预防绩效评价体系的构建

实施森林火灾预防是一项具有战略意义的社会化系统工程，除必须有相应的政策法规做依据，必须有系列化、综合化的管理措施做实施载体之外，还必须对森林火灾预防的进程和绩效进行监督和评价，指标体系是绩效评价的重要手段。

如何科学合理地进行森林火灾预防管理的绩效评价，进而在监督和评价过程中分析问题，找出薄弱环节和制约因素，提出完善和改进意见建议，确定强化对策，是目前我国森林防火管理过程中亟待解决的重要问题之一。但是，由于森林火灾预防的活动过程涉及林区社会诸多经济、自然要素间的相互作用和相互影响，使定量评价指标体系的建立十分困难，并在地区差异方面很突出，目前尚处于研究探讨阶段。

（1）森林火灾预防绩效定量评价的作用

近年来，我国各地不断尝试从政府和森林防火管理机构的管理活动、管理职能方面开展森林火灾预防绩效评价，总的来说收到了一定效果，有力地促进了各地预防工作的改进和提高，但从实践上看也确实存在定性描述多、定量指标体系标准不统一，难以达到客观准确评价的问题。建立森林火灾预防评估指标体系，用系统和定量分析的方法，科学、客观、准确地对一个地方或某项预防措施进行绩效评价，在森林防火发展规划制定、管理决策实施及整个的森林火灾预防管理过程中都具有重要作用。

①**反映森林火灾预防管理的基本状况** 所谓的森林火灾预防绩效评价指标，就是根据当地政府和社会公众对于森林火灾的控制目标追求，搜集相关信息资料和火灾预防的主要需

求,综合反映一个地方或某一方面预防森林火灾的基本能力状态和效率,进而对一个地方或一个方面的绩效做出全面、综合判断的标准。它具有标准的本质特征,但不是绝对的和直接的测量尺度,也不一定直接进行绩效评价,而是一种行为(或状态)的信号或行为的指导。

科学合理的森林火灾预防绩效评价指标体系,最基本的作用就是尽可能客观准确地反映出森林火灾预防的状况,反映某个特定区域或部门以及某个预防工作环节的森林火灾预防管理状况,力求用最重要的、最有代表性的指标来反映区域或方面的森林火灾预防系统管理的总体水平。

②**监测森林火灾预防能力水平的变化**　一个地方或单位森林火灾预防管理手段运用的有效与否,很大程度上是通过森林火灾的发生水平的变化表现出来的。在控制森林火灾发生方面,能力是内在因素。通过对有关森林火灾预防能力的定量评估,可以监测区域性或环节性森林火灾预防绩效水平的变化,即在动态中反映森林火灾预防绩效水平。一方面,可以监测森林火灾预防管理系统内部的资源配置子系统、政策法规支持子系统及森林火灾风险源等方面的发展变化;另一方面,可以间接地监测到森林防火政策措施和工作部署、计划等的执行情况和管理方面的进展情况。

③**比较多个分析对象的森林火灾预防状况**　这是森林火灾预防绩效评价应用最多和最主要的作用之一。在森林防火管理实践中,我们经常要在管辖范围内衡量多个区域或单位的森林火灾预防管理水平及能力。一是在同一管理层级的各个地区进行横向比较,即在同一时间区段内进行地区与地区、单位与单位之间的多个分析对象比较;二是对同一分析对象的不同时间段的森林火灾预防状况进行纵向比较,即对自身或所有管理单位不同时期的森林火灾预防状况进行对比分析。横向比较的作用,对于上一级管理机构来说是评价和衡量所属或所管辖地区各个单位之间的能力和发展水平的重要手段;对于一个单位或地区自身来说,是有助于认识自己位置和水平,查找不足和优势的重要方法。纵向比较的作用,则主要是研究发展趋势,判断其处在快速前进、停滞不前或后退等什么样的发展状态上,引导预防工作向前发展。

④**评价森林火灾预防管理的本质特征**　从一定意义上说,这是森林火灾预防绩效评价的核心作用。在应用森林火灾预防绩效评价指标体系进行相对定量的分析和评估过程中,对于导致森林火灾预防结果或水平的前因后果、利弊得失、能力强弱等都要做出一定程度的解释和评论,因而也就对森林火灾预防工作的管理状况做出了说明。只有通过这个过程和方法,才能准确把握住当地或评价事项的本质特征及深刻原因,进而使指标体系的价值取向引导作用得以发挥出来。

(2)森林火灾预防绩效评价的主要类别

①**区域性绩效评价**　森林火灾预防是森林防火工作的一个重要组成方面,必须站在区域安全或保障区域发展的整体高度上来总体布局和安排部署,并整体实施。在管理实践中,处于市(州、盟)级的政府部门和森林防火管理机构一般都要对下一个管理层级进行区域性森林火灾预防绩效评价。尽管在评价对象、评价内容和评价实施机构方面有很大的差异,但各地目前都定期或不定期地采取不同方式组织进行。

围绕森林火灾预防工作存在的突出问题，对某一个特定区域或单位进行评价，以科学、准确和客观地反映预防森林火灾的总体能力和水平，查找出制约森林火灾预防成效的主要矛盾和问题，明确该地区的主攻方向，有的放矢地进一步采取措施促进森林防火战略的实施，是森林防火实践中经常应用的管理手段之一。另外，还可以组织开展整个区域的森林火灾预防绩效评价，以便根据各个区域的自然、社会、经济和森林资源状况及制约条件、发展潜力等进一步研究各自的预防工作发展建设重点和整体规划，提出推进整个区域预防工作的对策，从而促进森林防火工作管理的科学化、系统化和规范化。

②**单项措施绩效评价** 森林火灾预防工作涉及林区社会活动的许多方面，既有政策法制保障方面的，也有资源性投入实质应对方面的，还有运行管理质量方面的工作行为和管理行为。在实际工作中，经常要对实施的森林火灾预防管理措施或手段进行成效评估，以决定更好发展的方向和管理措施。一般来说，单项的森林火灾预防绩效评价主要围绕预防资源配置力度、政策及环境保障、运行规范等来进行。实际工作中，往往根据需要和可能来确定。各个地方因发展水平和存在问题、社会经济条件等方面的不同，所评价的对象和内容也不同。

（3）森林火灾预防绩效评价指标的类型

森林火灾预防绩效评价指标的设定及其组成体系构建，主要目的是为了反映森林火灾预防的总体状况或某方面的程度，为更好发展提供管理决策依据。一般来说，评价对象和目的不同，其指标体系的结构和侧重点也会不同，通常可分为以下几种。

①**结果性指标** 这类指标侧重于森林火灾发生和危害控制方面的状态评价，主要以一定区域内的森林火灾发生率为主。它是以森林火灾现象为核心，将自然林火和人为引发林火合并统计来评价森林火灾预防管理水平的指标。这种指标虽然能直接反映森林火灾的预防成效，但由于影响火灾预防工作的社会经济活动过于复杂，各个地方又各有不同，一般说来很难直接体现当地的预防工作真实水平。因此，有的地方为了延伸对森林防火管理行为的监测和质量评价，还进一步将森林火灾受害率、森林火灾控制率或森林火灾案件查处率也加入其中来同步评价。

②**过程性指标** 这类指标在森林火灾发生指标的基础上，增加了诸如火源管理资源投入、社会环境营造、法规制度普及等方面基础工作的过程性指标，以更好地体现和反映森林火灾预防成果产生过程中的真实状况，找出成功经验和严重不足方面的引导或强化要素。目前，这类指标的确定和指标体系的构建尚没有全国统一的方法和标准，也是大家正在大力探索的重点问题之一。

③**人本性指标** 这是一类根据森林火灾预防的社会性特点而设计的指标，是以社会公众在森林火灾安全方面的普遍追求和心理承受力为依据，具有很强的社会价值取向因素。一般以林区社会公众对森林火灾预防工作成果的满意程度高低变化来评价。

④**投入性指标** 这类指标侧重于强调森林火灾预防的资源性投入因素，是基于森林火灾的可防性和可控性管理原理出发，把包括各种火源管理所需人力、物力资源配置作为主要评价要素，在过程性评价指标的基础上，增加了围绕预防森林火灾所投入的财政保障方面指标。这是现阶段我国森林火灾预防绩效评价的重点研究任务之一。

思考题

1. 简述森林火险预警响应的定义。
2. 简述森林火险预警响应的原则。
3. 简述森林火险预警响应的划分级别及分别对应的森林火险预警信号级别。
4. 简述各级防火机构构建森林火险预警响应机制的重点。
5. 简述基层林场森林火险预警响应状态的内容。

参考文献

杜建华，2015. 基于地面红外的森林火灾检测方法 [J]. 森林防火（2）：38-40.
傅泽强，2001. 内蒙古干草原火灾时空分布动态研究 [J]. 内蒙古气象（1）：28-30.
宫莉，2011. 林火对森林的影响和作用 [J]. 林业科技情报（3）：46，48.
谷建才，陆贵巧，吴斌，等，2006. 八达岭森林健康示范区森林火险等级区划的研究 [J]. 河北农业大学学报，29（3）：46-48.
郭朝辉，元雪勇，龚亚丽，等，2010. 环境减灾卫星影像森林火灾监测技术方法研究 [J]. 遥感信息（4）：85-88.
韩杏容，2007. 中国林业生态工程管理信息化建设研究 [D]. 北京：北京林业大学.
胡玥，武刚，梁莉，等，2007. 林火档案及其信息化管理 [J]. 河北林果研究，22（3）：283-285.
黄靖，夏智宏，2008. EOS/MODIS 资料在湖北省林火监测中的应用 [J]. 暴雨灾害，27（2）：182-185.
焦筱容，肖化顺，刘照程，2011. 基于 GIS 的广州市森林火险评价及区划研究 [J]. 河北林业科技（1）：15-18.
赖小龙，2015. 基于信息融合与铱星通信技术的林火监测系统研究与设计 [D]. 北京：北京林业大学.
李德华，2011. 西双版纳森林火险气象等级区划研究 [J]. 云南大学学报（自然科学版），33（S1）：49-54.
李杰，张靖岩，郭建中，等，2012. 基于聚类分析的我国火灾空间分布研究 [J]. 中国安全生产科学技术（02）：61-64.
李如年，2009. 基于 RFID 技术的物联网研究 [J]. 中国电子科学研究院学报，4（6）：594-597.
李云，徐伟，吴玮，2011. 灾害监测无人机技术应用与研究 [J]. 灾害学，26（1）：138-143.
梁占华，2010. 扑救森林火灾紧急避险研究 [D]. 长沙：中南大学.
罗鹏，2010. 林火协同监测技术研究 [D]. 北京：中国林业科学研究院.
彭禹，蔡邦成，2014. 森林火灾监测及相关技术综述 [J]. 安徽农业科学，42（32）：11355-11357.
邱知，陆亚刚，张红梅，2012. 林火卫星监测技术研究进展 [J]. 宁夏农林科技，53（8）：144-146.
邱志鹏，2009. 灾后恢复重建项目管理模式研究 [D]. 重庆：重庆大学.
施晨丹，2013. 基于视频图像的林火监测方法研究与系统实现 [D]. 南京：南京理工大学.
覃先林，2005. 遥感与地理信息系统技术相结合的林火预警方法的研究 [D]. 北京：中国林业科学研究院.

谭三清，2008. 聚类分析法在森林火险区划中的应用[J]. 中南林业科技大学学报，28（1）：127-129.

王雪峰，2011. 林业物联网技术导论[M]. 北京：中国林业出版社.

王颖，周铁军，李阳，2010. 物联网技术在林业信息化中的应用前景[J]. 湖北农业科学，49（10）：2601-2604.

吴保生，丘丽红，2009. 论我国自然灾害预警机制的建立与完善[J]. 兰州学刊（S1）：92-93，100.

吴雪琼，覃先林，李程，等，2010. 我国林火监测体系现状分析[J]. 内蒙古林业调查设计（3）：69-72.

肖化顺，刘小永，曾思齐，2012. 欧美国家林火研究现状与展望[J]. 西北林学院学报，27（2）：131-136.

张贵，刘峰，杨志高，2003. 基于RS和GIS的广州市森林火险区划研究[J]. 中南林业科技大学学报，23（4）：62-65.

张滨，2014. 把握航空护林特点规律科学开展飞行灭火工作[J]. 森林防火，9（3）：34-36.

张海波，童星，2015. 中国应急管理结构变化及其理论概化[J]. 中国社会科学（3）：58-84，206.

张惠莲，2010. 中国林火研究现状与发展趋势[J]. 安徽农业科学，38（36）：20932-20933.

赵凤君，舒立福，2014. 林火气象与预测预警[M]. 北京：中国林业出版社.

赵凤君，王明玉，舒立福，2010. 森林火旋风研究进展[J]. 应用生态学报（4）：1056-1062.

祝必琴，张丽霞，彭家武，等，2009. 基于RS和GIS的庐山森林火险区划研究[J]. 江西农业大学学报，31（3）：441-448.

GHOBADI G J, GHOLIZADEH B, DASHLIBURUN O M, 2012. Forest fire risk zone mapping from geographic information system in northern forestsof iran（case study, golestan province）[J]. International Journal of Agriculture and Crop Sciences, 4（12）：818-824.

KOUTSLAS N, XANTHOPOULOS G, FOUNDA D, et al, 2013. On the relationships between forest fires and weather conditions in Greece from long-term national observations（1894—2010）[J]. International Journal of Wildland Fire, 22（4）：493-507.

附录 国家森林草原火灾应急预案

1 总则

1.1 指导思想

以习近平新时代中国特色社会主义思想为指导，深入贯彻落实习近平总书记关于防灾减灾救灾的重要论述和关于全面做好森林草原防灭火工作的重要指示精神，按照党中央、国务院决策部署，坚持人民至上、生命至上，进一步完善体制机制，依法有力有序有效处置森林草原火灾，最大程度减少人员伤亡和财产损失，保护森林草原资源，维护生态安全。

1.2 编制依据

《中华人民共和国森林法》《中华人民共和国草原法》《中华人民共和国突发事件应对法》《森林防火条例》《草原防火条例》和《国家突发公共事件总体应急预案》等。

1.3 适用范围

本预案适用于我国境内发生的森林草原火灾应对工作。

1.4 工作原则

森林草原火灾应对工作坚持统一领导、协调联动，分级负责、属地为主，以人为本、科学扑救，快速反应、安全高效的原则。实行地方各级人民政府行政首长负责制，森林草原火灾发生后，地方各级人民政府及其有关部门立即按照任务分工和相关预案开展处置工作。省级人民政府是应对本行政区域重大、特别重大森林草原火灾的主体，国家根据森林草原火灾应对工作需要，及时启动应急响应、组织应急救援。

1.5 灾害分级

按照受害森林草原面积、伤亡人数和直接经济损失，森林草原火灾分为一般森林草原火灾、较大森林草原火灾、重大森林草原火灾和特别重大森林草原火灾四个等级，具体分级标准按照有关法律法规执行。

2 主要任务

2.1 组织灭火行动

科学运用各种手段扑打明火、开挖（设置）防火隔离带、清理火线、看守火场，严防次生灾害发生。

2.2 解救疏散人员

组织解救、转移、疏散受威胁群众并及时妥善安置和开展必要的医疗救治。

2.3 保护重要目标

保护民生和重要军事目标并确保重大危险源安全。

2.4 转移重要物资

组织抢救、运送、转移重要物资。

2.5 维护社会稳定

加强火灾发生地区及周边社会治安和公共安全工作，严密防范各类违法犯罪行为，加强重点目标守卫和治安巡逻，维护火灾发生地区及周边社会秩序稳定。

3 组织指挥体系

3.1 森林草原防灭火指挥机构

国家森林草原防灭火指挥部负责组织、协调和指导全国森林草原防灭火工作。国家森林草原防灭火指挥部总指挥由国务院领导同志担任，副总指挥由国务院副秘书长和公安部、应急管理部、国家林草局、中央军委联合参谋部负责同志担任。指挥部办公室设在应急管理部，由应急管理部、公安部、国家林草局共同派员组成，承担指挥部的日常工作。必要时，国家林草局可以按程序提请以国家森林草原防灭火指挥部名义部署相关防火工作。

县级以上地方人民政府按照"上下基本对应"的要求，设立森林（草原）防（灭）火指挥机构，负责组织、协调和指导本行政区域（辖区）森林草原防灭火工作。

3.2 指挥单位任务分工

公安部负责依法指导公安机关开展火案侦破工作，协同有关部门开展违规用火处罚工作，组织对森林草原火灾可能造成的重大社会治安和稳定问题进行预判，并指导公安机关协同有关部门做好防范处置工作；森林公安任务分工"一条不增、一条不减"，原职能保持不变，业务上接受林草部门指导。应急管理部协助党中央、国务院组织特别重大森林草原火灾应急处置工作；按照分级负责原则，负责综合指导各地区和相关部门的森林草原火灾防控工作，开展森林草原火灾综合监测预警工作、组织指导协调森林草原火灾的扑救及应急救援工作。国家林草局履行森林草原防火工作行业管理责任，具体负责森林草原火灾预防相关工作，指导开展防火巡护、火源管理、日常检查、宣传教育、防火设施建设等，同时负责森林草原火情早期处理相关工作。中央军委联合参谋部负责保障军委联合作战指挥中心对解放军和武警部队参加森林草原火灾抢险行动实施统一指挥，牵头组织指导相关部队抓好遂行森林草原火灾抢险任务准备，协调办理兵力调动及使用军用航空器相关事宜，协调做好应急救援航空器飞行管制和使用军用机场时的地面勤务保障工作。国家森林草原防灭火指挥部办公室发挥牵头抓总作用，强化部门联动，做到高效协同，增强工作合力。国家森林草原防灭火指挥部其他成员单位承担的具体防灭火任务按《深化党和国家机构改革方案》、"三定"规定和《国家森林草原防灭火指挥部工作规则》执行。

3.3 扑救指挥

森林草原火灾扑救工作由当地森林（草原）防（灭）火指挥机构负责指挥。同时发生3起以上或者同一火场跨两个行政区域的森林草原火灾，由上一级森林（草原）防（灭）火指挥机构指挥。跨省（自治区、直辖市）界且预判为一般森林草原火灾，由当地县级森林（草原）防（灭）火指挥机构分别指挥；跨省（自治区、直辖市）界且预判为较大森林草原火灾，由当地设区的市级森林（草原）防（灭）火指挥机构分别指挥；跨省（自治区、直辖市）界且预判为重大、特别重大森林草原火灾，由省级森林（草原）防（灭）火指挥机构分别指挥，国家森林草原防灭火指挥部负责协调、指导。特殊情况，由国家森林草原防灭火指挥部统一指挥。

地方森林（草原）防（灭）火指挥机构根据需要，在森林草原火灾现场成立火场前线指挥部，规范现场指挥机制，由地方行政首长担任总指挥，合理配置工作组，重视发挥专家作用；有国家综合性消防救援队伍参与灭火的，最高指挥员进入火场前线指挥部，参与决策和现场组织指挥，发挥专业作用；根据任务变化和救援力量规模，相应提高指挥等级。参加前方扑火的单位和个人要服从火场前线指挥部的统一指挥。

地方专业防扑火队伍、国家综合性消防救援队伍执行森林草原火灾扑救任务，接受火灾发生地县级以上地方人民政府森林（草原）防（灭）火指挥机构的指挥；执行跨省（自治区、直辖市）界森林草原火灾扑救任务的，由火场前线指挥部统一指挥；或者根据国家森林草原防灭火指挥部明确的指挥关系执行。国家综合性消防救援队伍内部实施垂直指挥。

解放军和武警部队遂行森林草原火灾扑救任务，对应接受国家和地方各级森林（草原）防（灭）火指挥机构统一领导，部队行动按照军队指挥关系和指挥权限组织实施。

3.4 专家组

各级森林（草原）防（灭）火指挥机构根据工作需要会同有关部门和单位建立本级专家组，对森林草原火灾预防、科学灭火组织指挥、力量调动使用、灭火措施、火灾调查评估规划等提出咨询意见。

4 处置力量

4.1 力量编成

扑救森林草原火灾以地方专业防扑火队伍、应急航空救援队伍、国家综合性消防救援队伍等受过专业培训的扑火力量为主，解放军和武警部队支援力量为辅，社会救援力量为补充。必要时可动员当地林区职工、机关干部及当地群众等力量协助做好扑救工作。

4.2 力量调动

根据森林草原火灾应对需要，应首先调动属地扑火力量，邻近力量作为增援力量。

跨省（自治区、直辖市）调动地方专业防扑火队伍增援扑火时，由国家森林草原防灭火指挥部统筹协调，由调出省（自治区、直辖市）森林（草原）防（灭）火指挥机构组织实施，调入省（自治区、直辖市）负责对接及相关保障。

跨省（自治区、直辖市）调动国家综合性消防救援队伍增援扑火时，由火灾发生地省级人民政府或者应急管理部门向应急管理部提出申请，按有关规定和权限逐级报批。

需要解放军和武警部队参与扑火时，由国家森林草原防灭火指挥部向中央军委联合参谋部提出用兵需求，或者由省级森林（草原）防（灭）火指挥机构向所在战区提出用兵需求。

5 预警和信息报告

5.1 预警

5.1.1 预警分级

根据森林草原火险指标、火行为特征和可能造成的危害程度，将森林草原火险预警级别划分为四个等级，由高到低依次用红色、橙色、黄色和蓝色表示，具体分级标准按照有关规定执行。

5.1.2 预警发布

由应急管理部门组织，各级林草、公安和气象主管部门加强会商，联合制作森林草原火险预警信息，并通过预警信息发布平台和广播、电视、报刊、网络、微信公众号以及应急广播等方式向涉险区域相关部门和社会公众发布。国家森林草原防灭火指挥部办公室适时向省级森林（草原）防（灭）火指挥机构发送预警信息，提出工作要求。

5.1.3 预警响应

当发布蓝色、黄色预警信息后，预警地区县级以上地方人民政府及其有关部门密切关注天气情况和森林草原火险预警变化，加强森林草原防火巡护、卫星林火监测和瞭望监测，做好预警信息发布和森林草原防火宣传工作，加强火源管理，落实防火装备、物资等各项扑火准备，当地各级各类森林消防队伍进入待命状态。

当发布橙色、红色预警信息后，预警地区县级以上地方人民政府及其有关部门在蓝色、黄色预警响应措施的基础上，进一步加强野外火源管理，开展森林草原防火检查，加大预警信息播报频次，做好物资调拨准备，地方专业防扑火队伍、国家综合性消防救援队伍视情对力量部署进行调整，靠前驻防。

各级森林（草原）防（灭）火指挥机构视情对预警地区森林草原防灭火工作进行督促和指导。

5.2 信息报告

地方各级森林（草原）防（灭）火指挥机构按照"有火必报"原则，及时、准确、逐级、规范报告森林草原火灾信息。以下森林草原火灾信息由国家森林草原防灭火指挥部办公室向国务院报告：

（1）重大、特别重大森林草原火灾；
（2）造成3人以上死亡或者10人以上重伤的森林草原火灾；
（3）威胁居民区或者重要设施的森林草原火灾；
（4）火场距国界或者实际控制线5 km以内，并对我国或者邻国森林草原资源构成威胁的森林草原火灾；
（5）经研判需要报告的其他重要森林草原火灾。

6 应急响应

6.1 分级响应

根据森林草原火灾初判级别、应急处置能力和预期影响后果，综合研判确定本级响应级别。按照分级响应的原则，及时调整本级扑火组织指挥机构和力量。火情发生后，按任务分工组织进行早期处置；预判可能发生一般、较大森林草原火灾，由县级森林（草原）防（灭）火指挥机构为主组织处置；预判可能发生重大、特别重大森林草原火灾，分别由设区的市级、省级森林（草原）防（灭）火指挥机构为主组织处置；必要时，应及时提高响应级别。

6.2 响应措施

火灾发生后，要先研判气象、地形、环境等情况及是否威胁人员密集居住地和重要危险设施，科学组织施救。

6.2.1 扑救火灾

立即就地就近组织地方专业防扑火队伍、应急航空救援队伍、国家综合性消防救援队伍等力量参与扑救，力争将火灾扑灭在初起阶段。必要时，组织协调当地解放军和武警部队等救援力量参与扑救。

各扑火力量在火场前线指挥部的统一调度指挥下，明确任务分工，落实扑救责任，科学组织扑救，在确保扑火人员安全情况下，迅速有序开展扑救工作，严防各类次生灾害发生。现场指挥员要认真分析地理环境、气象条件和火场态势，在扑火队伍行进、宿营地选择和扑火作业时，加强火场管理，时刻注意观察天气和火势变化，提前预设紧急避险措施，确保各类扑火人员安全。不得动员残疾人、孕妇和未成年人以及其他不适宜参加森林草原火灾扑救的人员参加扑救工作。

6.2.2 转移安置人员

当居民点、农牧点等人员密集区受到森林草原火灾威胁时，及时采取有效阻火措施，按照紧急疏散方案，有组织、有秩序地及时疏散居民和受威胁人员，确保人民群众生命安全。妥善做好转移群众安置工作，确保群众有住处、有饭吃、有水喝、有衣穿、有必要的医疗救治条件。

6.2.3 救治伤员

组织医护人员和救护车辆在扑救现场待命，如有伤病员迅速送医院治疗，必要时对重伤员实施异地救治。视情派出卫生应急队伍赶赴火灾发生地，成立临时医院或者医疗点，实施现场救治。

6.2.4 保护重要目标

当军事设施、核设施、危险化学品生产储存设施设备、油气管道、铁路线路等重要目标物和公共卫生、社会安全等重大危险源受到火灾威胁时，迅速调集专业队伍，在专业人员指导并确保救援人员安全的前提下全力消除威胁，组织抢救、运送、转移重要物资，确保目标安全。

6.2.5 维护社会治安

加强火灾受影响区域社会治安、道路交通等管理，严厉打击盗窃、抢劫、哄抢救灾物资、传播谣言、堵塞交通等违法犯罪行为。在金融单位、储备仓库等重要场所加强治安巡逻，维护社会稳定。

6.2.6 发布信息

通过授权发布、发新闻稿、接受记者采访、举行新闻发布会和通过专业网站、官方微博、微信公众号等多种方式、途径，及时、准确、客观、全面向社会发布森林草原火灾和应对工作信息，回应社会关切。加强舆论引导和自媒体管理，防止传播谣言和不实信息，及时辟谣澄清，以正视听。发布内容包括起火原因、起火时间、火灾地点、过火面积、损失情况、扑救过程和火案查处、责任追究情况等。

6.2.7 火场清理看守

森林草原火灾明火扑灭后，继续组织扑火人员做好防止复燃和余火清理工作，划分责任区域，并留足人员看守火场。经检查验收，达到无火、无烟、无汽后，扑火人员方可撤离。原则上，参与扑救的国家综合性消防救援力量、跨省（自治区、直辖市）增援的地方专业防扑火力量不担负后续清理和看守火场任务。

6.2.8 应急结束

在森林草原火灾全部扑灭、火场清理验收合格、次生灾害后果基本消除后，由启动应急响应的机构决定终止应急响应。

6.2.9 善后处置

做好遇难人员的善后工作，抚慰遇难者家属。对因扑救森林草原火灾负伤、致残或者死亡的人员，当地政府或者有关部门按照国家有关规定给予医疗、抚恤、褒扬。

6.3 国家层面应对工作

森林草原火灾发生后，根据火灾严重程度、火场发展态势和当地扑救情况，国家层面应对工作设定Ⅳ级、Ⅲ级、Ⅱ级、Ⅰ级4个响应等级，并通知相关省（自治区、直辖市）根据响应等级落实相应措施。

6.3.1 Ⅳ级响应

6.3.1.1 启动条件

（1）过火面积超过 500 hm^2 的森林火灾或者过火面积超过 5000 hm^2 的草原火灾；

（2）造成 1~3 人死亡或者 1~10 人重伤的森林草原火灾；

（3）舆情高度关注，中共中央办公厅、国务院办公厅要求核查的森林草原火灾；

（4）发生在敏感时段、敏感地区，24 h 尚未得到有效控制、发展态势持续蔓延扩大的森林草原火灾；

（5）发生距国界或者实际控制线 5 km 以内且对我国森林草原资源构成一定威胁的境外森林火灾；

（6）发生距国界或者实际控制线 5 km 以外 10 km 以内且对我国森林草原资源构成一定威胁的境外草原火灾；

（7）同时发生 3 起以上危险性较大的森林草原火灾。

符合上述条件之一时，经国家森林草原防灭火指挥部办公室分析评估，认定灾情达到启动标准，由国家森林草原防灭火指挥部办公室常务副主任决定启动Ⅳ级响应。

6.3.1.2 响应措施

（1）国家森林草原防灭火指挥部办公室进入应急状态，加强卫星监测，及时连线调度火灾信息；

（2）加强对火灾扑救工作的指导，根据需要预告相邻省（自治区、直辖市）地方专业防扑火队伍、国家综合性消防救援队伍做好增援准备；

（3）根据需要提出就近调派应急航空救援飞机的建议；

（4）视情发布高森林草原火险预警信息；

（5）根据火场周边环境，提出保护重要目标物及重大危险源安全的建议；

（6）协调指导中央媒体做好报道。

6.3.2 Ⅲ级响应

6.3.2.1 启动条件

（1）过火面积超过 1000 hm^2 的森林火灾或者过火面积超过 8000 hm^2 的草原火灾；

（2）造成 3~10 人死亡或者 10~50 人重伤的森林草原火灾；

（3）发生在敏感时段、敏感地区，48 h 尚未扑灭明火的森林草原火灾；

（4）境外森林火灾蔓延至我国境内；

（5）发生距国界或实际控制线 5 km 以内或者蔓延至我国境内的境外草原火灾。

符合上述条件之一时，经国家森林草原防灭火指挥部办公室分析评估，认定灾情达到启动标准，由国家森林草原防灭火指挥部办公室主任决定启动Ⅲ级响应。

6.3.2.2 响应措施

（1）国家森林草原防灭火指挥部办公室及时调度了解森林草原火灾最新情况，组织火场连线、视频会商调度和分析研判；根据需要派出工作组赶赴火场，协调、指导火灾扑救工作；

（2）根据需要调动相关地方专业防扑火队伍、国家综合性消防救援队伍实施跨省（自治区、直辖市）增援；

（3）根据需要调派应急航空救援飞机跨省（自治区、直辖市）增援；
（4）气象部门提供天气预报和天气实况服务，做好人工影响天气作业准备；
（5）指导做好重要目标物和重大危险源的保护；
（6）视情及时组织新闻发布会，协调指导中央媒体做好报道。

6.3.3 Ⅱ级响应

6.3.3.1 启动条件

（1）过火面积超过 10 000 hm^2 的森林火灾或者过火面积超过 15 000 hm^2 的草原火灾；
（2）造成 10~30 人死亡或者 50~100 人重伤的森林草原火灾；
（3）发生在敏感时段、敏感地区，72 h 未得到有效控制的森林草原火灾；
（4）境外森林草原火灾蔓延至我国境内，72 h 未得到有效控制。

符合上述条件之一时，经国家森林草原防灭火指挥部办公室分析评估，认定灾情达到启动标准并提出建议，由担任应急管理部主要负责同志的国家森林草原防灭火指挥部副总指挥决定启动Ⅱ级响应。

6.3.3.2 响应措施

在Ⅲ级响应的基础上，加强以下应急措施：
（1）国家森林草原防灭火指挥部组织有关成员单位召开会议联合会商，分析火险形势，研究扑救措施及保障工作；会同有关部门和专家组成工作组赶赴火场，协调、指导火灾扑救工作；
（2）根据需要增派地方专业防扑火队伍、国家综合性消防救援队伍跨省（自治区、直辖市）支援，增派应急航空救援飞机跨省（自治区、直辖市）参加扑火；
（3）协调调派解放军和武警部队跨区域参加火灾扑救工作；
（4）根据火场气象条件，指导、督促当地开展人工影响天气作业；
（5）加强重要目标物和重大危险源的保护；
（6）根据需要协调做好扑火物资调拨运输、卫生应急队伍增援等工作；
（7）视情及时组织新闻发布会，协调指导中央媒体做好报道。

6.3.4 Ⅰ级响应

6.3.4.1 启动条件

（1）过火面积超过 100 000 hm^2 的森林火灾或者过火面积超过 150 000 hm^2 的草原火灾（含入境火），火势持续蔓延；
（2）造成 30 人以上死亡或者 100 人以上重伤的森林草原火灾；
（3）国土安全和社会稳定受到严重威胁，有关行业遭受重创，经济损失特别巨大；
（4）火灾发生地省级人民政府已经没有能力和条件有效控制火场蔓延。

符合上述条件之一时，经国家森林草原防灭火指挥部办公室分析评估，认定灾情达到启动标准并提出建议，由国家森林草原防灭火指挥部总指挥决定启动Ⅰ级响应。必要时，国务院直接决定启动Ⅰ级响应。

6.3.4.2 响应措施

国家森林草原防灭火指挥部组织各成员单位依托应急部指挥中心全要素运行，由总指挥或者党中央、国务院指定的负责同志统一指挥调度；火场设国家森林草原防灭火指挥部火场前线指挥部，下设综合协调、抢险救援、医疗救治、火灾监测、通信保障、交通保障、社会治安、宣传报道等工作组；总指挥根据需要率工作组赴一线组织指挥火灾扑救工作，主要随行部门为副总指挥单位，其他随行部门根据火灾扑救需求确定。采取以下措施：

（1）组织火灾发生地省（自治区、直辖市）党委和政府开展抢险救援救灾工作；

（2）增调地方专业防扑火队伍、国家综合性消防救援队伍，解放军和武警部队等跨区域参加火灾扑救工作；增调应急航空救援飞机等扑火装备及物资支援火灾扑救工作；

（3）根据省级人民政府或者省级森林（草原）防（灭）火指挥机构的请求，安排生活救助物资，增派卫生应急队伍加强伤员救治，协调实施跨省（自治区、直辖市）转移受威胁群众；

（4）指导协助抢修通信、电力、交通等基础设施，保障应急通信、电力及救援人员和物资交通运输畅通；

（5）进一步加强重要目标物和重大危险源的保护，防范次生灾害；

（6）进一步加强气象服务，紧抓天气条件组织实施人工影响天气作业；

（7）建立新闻发布和媒体采访服务管理机制，及时、定时组织新闻发布会，协调指导中央媒体做好报道，加强舆论引导工作；

（8）决定森林草原火灾扑救其他重大事项。

6.3.5　启动条件调整

根据森林草原火灾发生的地区、时间敏感程度，受害森林草原资源损失程度，经济、社会影响程度，启动国家森林草原火灾应急响应的标准可酌情调整。

6.3.6　响应终止

森林草原火灾扑救工作结束后，由国家森林草原防灭火指挥部办公室提出建议，按启动响应的相应权限终止响应，并通知相关省（自治区、直辖市）。

7　综合保障

7.1　输送保障

增援扑火力量及携行装备的机动输送，近距离以摩托化方式为主，远程以高铁、航空方式投送，由铁路、民航部门下达输送任务，由所在地森林（草原）防（灭）火指挥机构、国家综合性消防救援队伍联系所在地铁路、民航部门实施。

7.2　物资保障

应急管理部、国家林草局会同国家发展和改革委、财政部研究建立集中管理、统一调拨，平时服务、战时应急，采储结合、节约高效的应急物资保障体系。加强重点地区森林草原防灭火物资储备库建设，优化重要物资产能保障和区域布局，针对极端情况下可能出现的阶段性物资供应短缺，建立集中生产调度机制。科学调整中央储备规模结构，合理确定灭火、防护、侦通、野外生存和大型机械等常规储备规模，适当增加高技术灭火装备、特种装备器材储备。地方森林（草原）防（灭）火指挥机构根据本地森林草原防灭火工作需要，建立本级森林草原防灭火物资储备库，储备所需的扑火机具、装备和物资。

7.3 资金保障

县级以上地方人民政府应当将森林草原防灭火基础设施建设纳入本级国民经济和社会发展规划，将防灭火经费纳入本级财政预算，保障森林草原防灭火所需支出。

8 后期处置

8.1 火灾评估

县级以上地方人民政府组织有关部门对森林草原火灾发生原因、肇事者及受害森林草原面积和蓄积、人员伤亡、其他经济损失等情况进行调查和评估。必要时，上一级森林（草原）防（灭）火指挥机构可发督办函督导落实或者提级开展调查和评估。

8.2 火因火案查处

地方各级人民政府组织有关部门对森林草原火灾发生原因及时取证、深入调查，依法查处涉火案件，打击涉火违法犯罪行为，严惩火灾肇事者。

8.3 约谈整改

对森林草原防灭火工作不力导致人为火灾多发频发的地区，省级人民政府及其有关部门应及时约谈县级以上地方人民政府及其有关部门主要负责人，要求其采取措施及时整改。必要时，国家森林草原防灭火指挥部及其成员单位按任务分工直接组织约谈。

8.4 责任追究

为严明工作纪律，切实压实压紧各级各方面责任，对森林草原火灾预防和扑救工作中责任不落实、发现隐患不作为、发生事故隐瞒不报、处置不得力等失职渎职行为，依据有关法律法规追究属地责任、部门监管责任、经营主体责任、火源管理责任和组织扑救责任。有关责任追究按照《中华人民共和国监察法》等法律法规规定的权限、程序实施。

8.5 工作总结

各级森林（草原）防（灭）火指挥机构及时总结、分析火灾发生的原因和应吸取的经验教训，提出改进措施。党中央、国务院领导同志有重要指示批示的森林草原火灾和特别重大森林草原火灾，以及引起社会广泛关注和产生严重影响的重大森林草原火灾，扑救工作结束后，国家森林草原防灭火指挥部向国务院报送火灾扑救工作总结。

8.6 表彰奖励

根据有关规定,对在扑火工作中贡献突出的单位、个人给予表彰奖励;对扑火工作中牺牲人员符合评定烈士条件的,按有关规定办理。

9 附则

9.1 涉外森林草原火灾

当发生境外火烧入或者境内火烧出情况时,已签订双边协定的按照协定执行;未签订双边协定的由国家森林草原防灭火指挥部、外交部共同研究,与相关国家联系采取相应处置措施进行扑救。

9.2 预案演练

国家森林草原防灭火指挥部办公室会同成员单位制订应急演练计划并定期组织演练。

9.3 预案管理与更新

预案实施后,国家森林草原防灭火指挥部会同有关部门组织预案学习、宣传和培训,并根据实际情况适时组织进行评估和修订。县级以上地方人民政府应急管理部门结合当地实际编制森林草原火灾应急预案,报本级人民政府批准,并报上一级人民政府应急管理部门备案,形成上下衔接、横向协同的预案体系。

9.4 以上、以下、以内、以外的含义

本预案所称以上、以内包括本数,以下、以外不包括本数。

9.5 预案解释

本预案由国家森林草原防灭火指挥部办公室负责解释。

9.6 预案实施时间

本预案自印发之日起实施。

附件 国家森林草原防灭火指挥部火场前线指挥部组成及任务分工

国家森林草原防灭火指挥部根据需要设立火场前线指挥部,下设相应的工作组。各工作组组成及任务分工如下:

一、综合协调组

由应急管理部牵头,外交部(仅涉外火灾时参加)、国家发展和改革委、公安部、工业和信息化部、交通运输部、中国国家铁路集团有限公司、国家林草局、中国气象局、中国民航局、中央军委联合参谋部等部门和单位参加。

主要职责：传达贯彻党中央、国务院、中央军委指示；密切跟踪汇总森林草原火情和扑救进展，及时向中央报告，并通报国家森林草原防灭火指挥部各成员单位；综合协调内部日常事务，督办重要工作；视情协调国际救援队伍现场行动。

二、抢险救援组

由应急管理部牵头，外交部（仅涉外火灾时参加）、国家林草局等部门和单位参加。

主要职责：指导灾区制定现场抢险救援方案和组织实施工作；根据灾情变化，适时提出调整抢险救援力量的建议；协调调度应急救援队伍和物资参加抢险救援；指导社会救援力量参与抢险救援；组织协调现场应急处置有关工作；视情组织国际救援队伍开展现场行动。

三、医疗救治组

由国家卫生健康委牵头，中央军委后勤保障部等部门和单位参加。

主要职责：组织指导灾区医疗救助和卫生防疫工作；统筹协调医疗救护队伍和医疗器械、药品支援灾区；组织指导灾区转运救治伤员、做好伤亡统计；指导灾区、安置点防范和控制各种传染病等疫情暴发流行。

四、火灾监测组

由应急管理部牵头，国家林草局、中国气象局等部门和单位参加。

主要职责：组织火灾风险监测，指导次生衍生灾害防范；调度相关技术力量和设备，监视灾情发展；指导灾害防御和灾害隐患监测预警。

五、通信保障组

由工业和信息化部牵头，应急管理部、国家林草局等部门和单位参加。

主要职责：协调做好指挥机构在灾区时的通信和信息化组网工作；建立灾害现场指挥机构、应急救援队伍与应急部指挥中心以及其他指挥机构之间的通信联络；指导修复受损通信设施，恢复灾区通信。

六、交通保障组

由交通运输部牵头，公安部、应急管理部、中国民航局、中央军委后勤保障部、中国国家铁路集团有限公司等部门和单位参加。

主要职责：统筹协调做好应急救援力量赴灾区和撤离时的交通保障工作；指导灾区道路抢通抢修；协调抢险救灾物资、救援装备以及基本生活物资等交通保障。

七、军队工作组

由中央军委联合参谋部牵头，应急管理部等部门和单位参加。

主要职责：参加国家层面军地联合指挥，加强现地协调指导，保障军委联合指挥作战中心与国家森林草原防灭火指挥部建立直接对接。

八、专家支持组

由专家组成员组成。

主要职责：组织现场灾情会商研判，提供技术支持；指导现场监测预警和隐患排查工作；指导地方开展灾情调查和灾损评估；参与制定抢险救援方案。

九、灾情评估组

由国家林草局牵头，应急管理部等部门和单位参加。

主要职责：指导开展灾情调查和灾时跟踪评估，为抢险救灾决策提供信息支持；参与制定救援救灾方案。

十、群众生活组

由应急管理部牵头，外交部、国家发展和改革委、民政部、财政部、住房和城乡建设部、商务部、国家粮食和储备局、中国红十字会总会等部门和单位参加。

主要职责：制定受灾群众救助工作方案；下拨中央救灾款物并指导发放；统筹灾区生活必需品市场供应，指导灾区油、电、气等重要基础设施抢修；指导做好受灾群众紧急转移安置、过渡期救助和因灾遇难人员家属抚慰等工作；组织国内捐赠、国际援助接收等工作。

十一、社会治安组

由公安部牵头，相关部门和单位参加。

主要职责：做好森林草原火灾有关违法犯罪案件查处工作；指导协助灾区加强现场管控和治安管理工作；维护社会治安和道路交通秩序，预防和处置群体性事件，维护社会稳定；协调做好火场前线指挥部在灾区时的安全保卫工作。

十二、宣传报道组

由中央宣传部牵头，国家广播电视总局、国务院新闻办、应急管理部等部门和单位参加。

主要职责：统筹新闻宣传报道工作；指导做好现场发布会和新闻媒体服务管理；组织开展舆情监测研判，加强舆情管控；指导做好科普宣传；协调做好党和国家领导同志在灾区现场指导处置工作的新闻报道。